Analysis · Stochastik · Geometrie

Mathematik-KOMPAKT

STARK

Bildnachweis
Titelbild: © avdeev007/iStock
Seite 1: © Stellar60/Dreamstime.com
Seite 89: © Ausstellung mathematik be-greifen des Pädagogischen Zentrums Rheinland-Pfalz
Seite 127: © Paul Keleher – Wikimedia Commons. „This file is licensed under the Creative Commons Attribution 2.0 Generic license."

© 2019 Stark Verlag GmbH
www.stark-verlag.de

Das Werk und alle seine Bestandteile sind urheberrechtlich geschützt.
Jede vollständige oder teilweise Vervielfältigung, Verbreitung und Veröffentlichung bedarf der ausdrücklichen Genehmigung des Verlages. Dies gilt insbesondere für Vervielfältigungen, Mikroverfilmungen sowie die Speicherung und Verarbeitung in elektronischen Systemen.

Inhalt

Vorwort

Analysis 1

1 Reelle Funktionen 3
1.1 Definition und Grundbegriffe 3
1.2 Katalog der Elementarfunktionen 8
1.3 Einfluss von Formvariablen 10
1.4 Spiegelungen und Funktionen mit Absolutbetrag 12
1.5 Spezielle Funktionen 15
1.6 Umkehrfunktion 20
1.7 Verkettung von Funktionen 21
1.8 Funktionenscharen 22

2 Grenzwert und Stetigkeit 23
2.1 Verhalten für $x \to \pm\infty$ 23
2.2 Verhalten für $x \to x_0$ 28
2.3 Stetigkeit 31
2.4 Asymptoten 34

3 Differenzieren reeller Funktionen 37
3.1 Steigung und Ableitung 37
3.2 Differenzierbarkeit an einer Nahtstelle 41
3.3 Ableitungsfunktion 43
3.4 Ableitungsregeln 45
3.5 Höhere Ableitungen 48
3.6 Monotonie und Extremwerte 50

3.7	Krümmung und Wendepunkte	52
3.8	Newton-Verfahren	57

4 Kurvendiskussion — 61

4.1	Kriterien	61
4.2	Ganzrationale Funktion	63
4.3	Gebrochen-rationale Funktion	65
4.4	Nichtrationale Funktion	67
4.5	Ganzrationale Funktionen mit vorgegebenen Eigenschaften	69
4.6	Extremwertaufgaben	71

5 Integralrechnung — 75

5.1	Stammfunktion und unbestimmtes Integral	75
5.2	Das bestimmte Integral	77
5.3	Hauptsatz der Differenzial- und Integralrechnung	83
5.4	Integrationsverfahren	85

Stochastik — 89

6 Wahrscheinlichkeit — 91

6.1	Definition einer Wahrscheinlichkeitsverteilung	91
6.2	Unabhängigkeit	94
6.3	Zufallsvariable	98
6.4	Maßzahlen	101

7 Bernoulli-Kette und Binomialverteilung — 105

7.1	Binomialkoeffizient	105
7.2	Urnenmodelle	107
7.3	Bernoulli-Experiment und Bernoulli-Kette	110

7.4 Binomialverteilte Zufallsvariablen 112

7.5 Signifikanztest 119

Geometrie 127

8 Koordinatengeometrie im Raum 129

8.1 Dreidimensionales kartesisches Koordinatensystem 129

8.2 Vektoren im Anschauungsraum 133

8.3 Linearkombination, lineare Abhängigkeit und Unabhängigkeit 144

8.4 Längenmessung.. 148

8.5 Kreis- und Kugelgleichung................................ 150

8.6 Winkelmessung und Skalarprodukt 152

8.7 Vektorprodukt 157

8.8 Berechnung von Flächeninhalten 160

8.9 Berechnung von Volumina 161

9 Geraden und Ebenen im Raum 165

9.1 Geradengleichungen 165

9.2 Ebenengleichungen in Parameterform 167

9.3 Ebenengleichungen in Normalenform 171

9.4 Lagebeziehungen zwischen Geraden und Ebenen 173

9.5 Hesse'sche Normalenform und Abstände 180

9.6 Winkelbestimmungen 186

Stichwortverzeichnis 189

Autor: Alfred Müller

Hinweis:
Die entsprechend gekennzeichneten Kapitel enthalten ein **Lernvideo**. An den jeweiligen Stellen im Buch befindet sich ein QR-Code, der mit einem Smartphone oder Tablet gescannt werden kann.

Im Hinblick auf eine eventuelle Begrenzung des Datenvolumens wird empfohlen, beim Ansehen der Videos eine WLAN-Verbindung zu nutzen. Falls keine Möglichkeit besteht, den QR-Code zu scannen, sind die Lernvideos auch auffindbar unter:
http://qrcode.stark-verlag.de/900152V

Vorwort

Liebe Schülerinnen und Schüler,

dieses Kompendium bietet eine knappe und dabei ausreichende Zusammenstellung der mathematischen Inhalte der **Oberstufe in Bayern** und gliedert sich in die drei Bereiche **Analysis (Infinitesimalrechnung), Stochastik** und **Geometrie**, wobei besonders das für die Abiturprüfung notwendige Wissen enthalten ist.

- Wichtige **Definitionen, Merksätze** und **Anleitungen zur Berechnung von Aufgaben** sind hervorgehoben.

- **Graphen von Funktionen** veranschaulichen den Unterrichtsstoff zusätzlich.

- Charakteristische und prägnante **Beispiele** verdeutlichen die jeweiligen Stoffinhalte.

- Das **Stichwortverzeichnis** führt schnell und treffsicher zum jeweils gesuchten Begriff.

Zu ausgewählten Themen gibt es **Lernvideos** und **Animationen**, in denen wichtige Zusammenhänge dargestellt werden. An den entsprechenden Stellen im Buch befindet sich ein QR-Code, der mit einem Smartphone oder Tablet gescannt werden kann. Eine Zusammenstellung aller Videos und Animationen ist über den nebenstehenden QR-Code abrufbar.

Dieses Buch ist somit ideal geeignet zum schnellen Nachschlagen von Begriffen, zur zeitsparenden Wiederholung von Unterrichtsstoff sowie zur Vorbereitung auf Klausuren und auf die Abiturprüfung.

Alfred Müller

Analysis ◄

1 Reelle Funktionen

In der Analysis werden als wesentliche Inhalte Funktionen, ihre Eigenschaften und ihre Anwendungen auf mathematische und außermathematische Probleme betrachtet. Denn immer dann, wenn die Werte zweier Größen voneinander abhängen, liegt potenziell eine Funktion vor. Sowohl in der Natur als auch im täglichen Leben gibt es eine große Anzahl solcher Abhängigkeiten, die meist direkt oder wenigstens in einer Näherung als Funktion geschrieben werden können.

1.1 Definition und Grundbegriffe

Im Folgenden werden von der Definition der Funktion ausgehend grundlegende Begriffe geklärt und Verknüpfungen der Funktionen aus dem Katalog der Elementarfunktionen untersucht.

> **Funktion**
> - Eine **Funktion f** ordnet die Elemente einer Menge D_f (**Definitionsmenge**) eindeutig den Elementen einer Menge W_f (**Wertemenge**) zu.
> - Die Funktion f heißt **reelle Funktion**, wenn D_f und W_f Teilmengen der Menge der reellen Zahlen sind, d. h., $D_f \subseteq \mathbb{R}$ und $W_f \subseteq \mathbb{R}$ gelten.

Man schreibt:
$f: x \mapsto f(x)$ Funktionszuordnung
$y = f(x)$ Funktionsgleichung
$f = \{(x \mid y) \mid x \in D_f \wedge y \in W_f \wedge y = f(x)\}$ Funktion

Die Variable $x \in D_f$ wird **unabhängige** Variable genannt. Die Variable y ist **abhängig** davon, was für x in den Funktionsterm f(x) eingesetzt wird, und heißt **Funktionswert**.

Reelle Funktionen

Die zusammengehörenden Paare (x|y) kann man in ein rechtwinkliges (kartesisches) **Koordinatensystem** eintragen. Es ergibt sich der **Graph G_f** der Funktion f.

Beispiel

$f: x \mapsto \frac{1}{2}x^2 - x - \frac{3}{2}$ bzw.

$y = f(x) = \frac{1}{2}x^2 - x - \frac{3}{2}$, $D_f = \mathbb{R}$, $W_f = [-2; \infty[$

Graph:

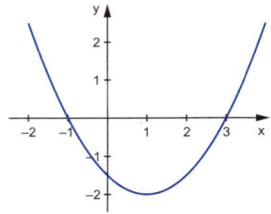

Anhand des Graphen werden weitere **Grundbegriffe** geklärt:

> **Schnittpunkte mit den Achsen**
> Schnittpunkte mit der **x-Achse (Nullstellen)**: $y = f(x) = 0$
> Schnittpunkte mit der **y-Achse**: $x = 0$

Beispiel

Für die Funktion mit der Gleichung $f(x) = \frac{1}{2}x^2 - x - \frac{3}{2}$ bedeutet dies:

1. $\frac{1}{2}x^2 - x - \frac{3}{2} = 0 \Rightarrow x = -1 \vee x = 3$

   Somit schneidet der Graph von f die x-Achse in den Punkten $N_1(-1|0)$ und $N_2(3|0)$.

2. $y = f(0) = -\frac{3}{2}$

   Also schneidet der Graph von f die y-Achse im Punkt $T\left(0 \left| -\frac{3}{2}\right.\right)$.

Reelle Funktionen

Monotonie
Eine Funktion f heißt **monoton zunehmend** oder **steigend** (**abnehmend** oder **fallend**), wenn für alle $x_1, x_2 \in D_f$ gilt:
$x_1 \leq x_2 \Rightarrow f(x_1) \leq f(x_2)$ $(x_1 \leq x_2 \Rightarrow f(x_1) \geq f(x_2))$

Sie heißt **streng monoton zunehmend** oder **steigend** (**abnehmend** oder **fallend**), wenn für alle $x_1, x_2 \in D_f$ gilt:
$x_1 < x_2 \Rightarrow f(x_1) < f(x_2)$ $(x_1 < x_2 \Rightarrow f(x_1) > f(x_2))$

Der Graph G_f **steigt (fällt)** dann streng monoton.

Anschaulich:

Der Graph G_f steigt streng monoton, wenn in Richtung wachsender x-Werte die y-Werte zunehmen.

Der Graph G_f fällt streng monoton, wenn in Richtung wachsender x-Werte die y-Werte abnehmen.

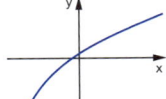 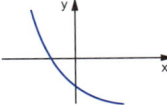

Der Graph der Funktion f mit der Gleichung $f(x) = \frac{1}{2}x^2 - x - \frac{3}{2}$ ist für $x < 1$, d. h. für $x \in\,]-\infty;\, 1[$, streng monoton abnehmend und für $x > 1$, d. h. für $x \in\,]1;\, \infty[$, streng monoton zunehmend.

Beispiel

Extremwerte
Eine Funktion hat an der Stelle x_0 ein **relatives Maximum (Minimum)**, wenn die Funktionswerte (y-Werte) in einer Umgebung von x_0 kleiner (größer) als der Funktionswert $f(x_0)$ sind.
Der Graph besitzt einen **Hochpunkt (Tiefpunkt)** $(x_0\,|\,f(x_0))$.

Der größte (kleinste) Funktionswert in der Definitionsmenge D_f ist ein **absolutes (globales) Maximum (Minimum)**.

Beispiel

Für $f(x) = \frac{1}{2}x^2 - x - \frac{3}{2}$ gilt:

Für $x = 1$ liegt ein (relatives) Minimum vor, weil $f(1) = -2$ der kleinste Wert der Funktion f ist. Der Graph G_f hat den Tiefpunkt $T(1 | -2)$.

> **Achsensymmetrie**
> Der Graph G_f einer Funktion f ist **achsensymmetrisch** zur **y-Achse**, wenn für alle $x \in D_f$ gilt: $f(-x) = f(x)$
> Eine solche Funktion heißt eine **gerade** Funktion.

Beispiel

Der Graph der Funktion $y = f(x) = -x^2 + 2$ ist achsensymmetrisch zur y-Achse, weil
$$f(-x) = -(-x)^2 + 2$$
$$= -x^2 + 2 = f(x)$$
gilt.

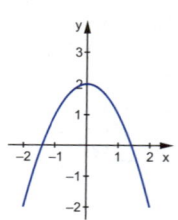

> **Punktsymmetrie**
> Der Graph G_f einer Funktion f ist **punktsymmetrisch** zum **Ursprung O(0|0)**, wenn für alle $x \in D_f$ gilt: $f(-x) = -f(x)$
> Eine solche Funktion heißt eine **ungerade** Funktion.

Beispiel

Der Graph der Funktion $y = f(x) = x^3 - 3x$ ist punktsymmetrisch zum Ursprung, weil
$$f(-x) = (-x)^3 - 3(-x)$$
$$= -x^3 + 3x = -f(x)$$
gilt.

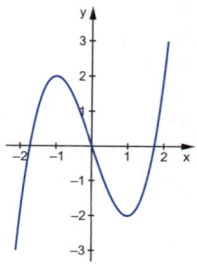

Reelle Funktionen

Periodische Funktionen
Eine Funktion f heißt periodisch, wenn es eine Zahl p > 0 gibt, sodass für alle $x \in D_f$ gilt: $f(x+p) = f(x)$, d. h., die y-Werte wiederholen sich jeweils nach p Einheiten.

Der Graph der gezeichneten Funktion $f: x \mapsto \sin x + 2\cos x$ hat die Periode $p = 2\pi$.

Beispiel

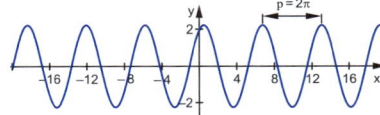

Schnittpunkte zweier Funktionsgraphen
In einem Schnittpunkt $S(x_0 | y_0)$ der Graphen G_f und G_g zweier Funktionen f und g muss gelten: $y_0 = f(x_0) = g(x_0)$, d. h., zur Bestimmung der x-Werte der Schnittpunkte setzt man die beiden Funktionsterme gleich und löst dann die Gleichung $f(x) = g(x)$.

Die Graphen der gezeichneten Funktionen
$f: x \mapsto x^2 - 4x + 3$ und $g: x \mapsto \frac{1}{2}x - \frac{1}{2}$
schneiden sich in den Punkten $S_1(1|0)$ und $S_2\left(\frac{7}{2} \mid \frac{5}{4}\right)$, denn:

Beispiel

$f(x) = g(x) \Rightarrow x^2 - 4x + 3 = \frac{1}{2}x - \frac{1}{2}$
$x^2 - \frac{9}{2}x + \frac{7}{2} = 0$

$x_{1;2} = \frac{1}{2}\left(\frac{9}{2} \pm \sqrt{\frac{81}{4} - \frac{56}{4}}\right) = \frac{1}{2}\left(\frac{9}{2} \pm \frac{5}{2}\right)$

$x_1 = 1; \ x_2 = \frac{7}{2}$

$g(1) = 0; \ g\left(\frac{7}{2}\right) = \frac{5}{4}$

$\Rightarrow S_1(1|0); \ S_2\left(\frac{7}{2} \mid \frac{5}{4}\right)$

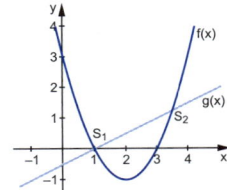

1.2 Katalog der Elementarfunktionen

(1) **Lineare Funktion**
$f: x \mapsto x \quad (y = x)$
$D_f = \mathbb{R}; \; W_f = \mathbb{R}$

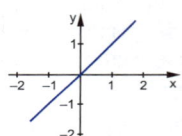

(2) **Betragsfunktion**
$f: x \mapsto |x| \quad (y = |x|)$
$y = |x| = \begin{cases} x & \text{für } x \geq 0 \\ -x & \text{für } x < 0 \end{cases}$
$D_f = \mathbb{R}; \; W_f = \mathbb{R}_0^+$

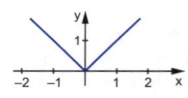

(3) **Quadratische Funktion**
$f: x \mapsto x^2 \quad (y = x^2)$
$D_f = \mathbb{R}; \; W_f = \mathbb{R}_0^+$

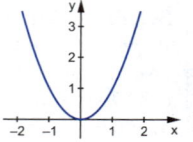

(4) **Wurzelfunktion**
$f: x \mapsto \sqrt{x} \quad (y = \sqrt{x})$
$D_f = \mathbb{R}_0^+; \; W_f = \mathbb{R}_0^+$

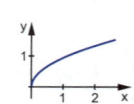

(5) **Potenzfunktion**
$f: x \mapsto x^n \;\wedge\; n \in \mathbb{N}$
$ \wedge\; n \geq 3$
$D_f = \mathbb{R};$
$W_f = \begin{cases} \mathbb{R}, & n \text{ ungerade} \\ \mathbb{R}_0^+, & n \text{ gerade} \end{cases}$

Graphen: **Parabeln**

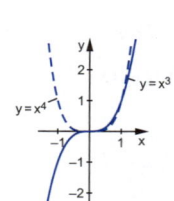

Reelle Funktionen

(6) **Potenzfunktion**

$f: x \mapsto x^{-n} \land n \in \mathbb{N}$

$D_f = \mathbb{R}\setminus\{0\}$;

$W_f = \begin{cases} \mathbb{R}\setminus\{0\}, & \text{n ungerade} \\ \mathbb{R}^+, & \text{n gerade} \end{cases}$

Graphen: **Hyperbeln**

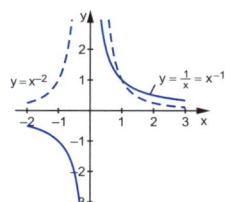

(7) **Exponentialfunktion**

$f: x \mapsto a^x \land a \in \mathbb{R}^+ \setminus \{1\}$

$D_f = \mathbb{R}; \quad W_f = \mathbb{R}^+$

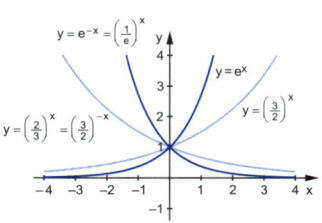

Die Exponentialfunktion mit der Euler'schen Zahl e als Basis heißt **natürliche Exponentialfunktion $y = f(x) = e^x$**. Die Euler'sche Zahl e ist eine transzendent irrationale Zahl, die über

$$e = \lim_{n \to \infty} \left(1 + \frac{1}{n}\right)^n = 2{,}7182818\ldots$$

berechnet werden kann.

(8) **Logarithmusfunktion**

$f: x \mapsto \log_a x \land a \in \mathbb{R}^+ \setminus \{1\}$

$D_f = \mathbb{R}^+; \quad W_f = \mathbb{R}$

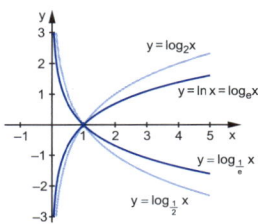

Die Logarithmusfunktion mit der Euler'schen Zahl e als Basis heißt **natürliche Logarithmusfunktion $y = \log_e x = \ln x$**.

Reelle Funktionen

(9) **Sinusfunktion**
f: $x \mapsto \sin x$ ($y = \sin x$)
$D_f = \mathbb{R}$; $W_f = [-1; 1]$

(10) **Kosinusfunktion**
f: $x \mapsto \cos x$ ($y = \cos x$)
$D_f = \mathbb{R}$; $W_f = [-1; 1]$

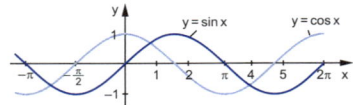

1.3 Einfluss von Formvariablen

Führt man in die Funktionsgleichung einer Elementarfunktion eine Konstante als Formvariable ein, so erhält man eine Verschiebung oder eine Streckung, bei mehreren Formvariablen eine Kombination dieser Abbildungen.

$f(x) \mapsto g(x) = f(x) + d$, $d \in \mathbb{R}$
Verschiebung um d in y-Richtung, $D_f = D_g$

Beispiel
$f(x) = x^2$; $D_f = \mathbb{R}$; $W_f = \mathbb{R}_0^+$
$g(x) = x^2 - 1$; $D_g = \mathbb{R}$; $W_g = [-1; \infty[$

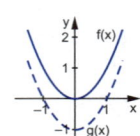

$f(x) \mapsto g(x) = a \cdot f(x)$, $a \in \mathbb{R}$
Multiplikation der Funktionswerte mit a, $D_f = D_g$

Beispiel
1. $f(x) = x$; $D_f = \mathbb{R}$; $W_f = \mathbb{R}$
$g(x) = \frac{1}{2}x$; $D_g = \mathbb{R}$; $W_g = \mathbb{R}$

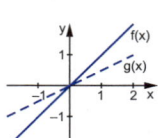

2. $f(x) = 0{,}5^x$; $D_f = \mathbb{R}$; $W_f = \mathbb{R}^+$
$g(x) = 2 \cdot 0{,}5^x$; $D_g = \mathbb{R}$; $W_g = \mathbb{R}^+$

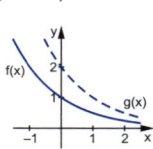

Reelle Funktionen

$f(x) \mapsto g(x) = f(x + c), c \in \mathbb{R}$
Verschiebung um −c in x-Richtung, $W_f = W_g$

1. $f(x) = x^3$; $D_f = \mathbb{R}$; $W_f = \mathbb{R}$
   $g(x) = (x-1)^3$; $D_g = \mathbb{R}$; $W_g = \mathbb{R}$

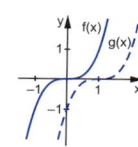

Beispiel

2. $f(x) = x^2$; $D_f = \mathbb{R}$; $W_f = \mathbb{R}_0^+$
   $g(x) = (x+1)^2$; $D_g = \mathbb{R}$; $W_g = \mathbb{R}_0^+$

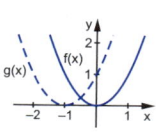

$f(x) \mapsto g(x) = f(bx), b \in \mathbb{R} \setminus \{0\}$
Formveränderung in x-Richtung:
$|b| > 1$: Stauchung; $0 < |b| < 1$: Dehnung; $W_f = W_g$

1. $f(x) = \sin x$; $D_f = \mathbb{R}$; $W_f = [-1; 1]$
   $g(x) = \sin(2x)$; $D_g = \mathbb{R}$; $W_g = [-1; 1]$

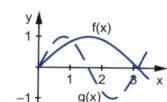

Beispiel

2. $f(x) = 2^x$; $D_f = \mathbb{R}$; $W_f = \mathbb{R}^+$
   $g(x) = 2^{\frac{1}{2}x}$; $D_g = \mathbb{R}$; $W_g = \mathbb{R}^+$

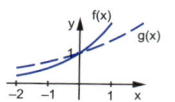

Wenn alle diese Formvariablen zusammenwirken, ergibt sich eine
Funktion $g: x \mapsto g(x) = a \cdot f(b(x+c)) + d$

1. $y = g(x)$
   $= 2 \cdot \sin\left(2\left(x - \frac{\pi}{2}\right)\right) + 1$
   $D_g = \mathbb{R}$, $W_g = [-1; 3]$

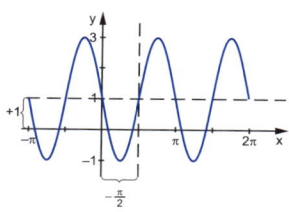

Beispiel

2. $y = g(x) = \frac{1}{2} \cdot 2^{x-2} - 1$

$D_g = \mathbb{R}$, $W_g = \,]-1;\infty[$

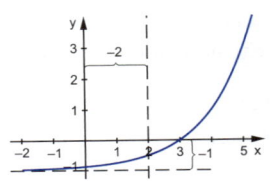

3. $y = g(x) = \frac{2}{x-1}$

$D_g = \mathbb{R} \setminus \{1\}$,
$W_g = \mathbb{R} \setminus \{0\}$

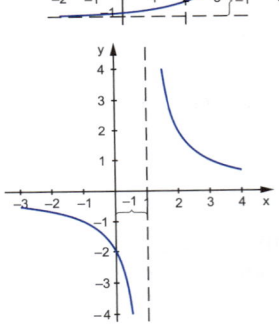

1.4 Spiegelungen und Funktionen mit Absolutbetrag

Spiegelungen an x- und y-Achse sowie am Ursprung und das Einbringen von Absolutbeträgen der Variable bewirken ebenfalls Formänderungen der Funktionsgraphen.

Spiegelung an der y-Achse: $f(x) \mapsto g(x) = f(-x)$

Beispiel

1. $f(x) = x \implies g(x) = -x$

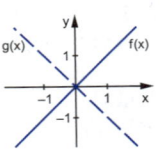

2. $f(x) = x^2 \implies$
$g(x) = f(-x) = (-x)^2 = x^2$

Der Graph von $f(x) = x^2$ ist symmetrisch zur y-Achse; d. h., es gilt $f(-x) = f(x)$ und damit $g(x) = f(x)$.

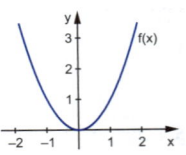

Spiegelung an der x-Achse: $f(x) \mapsto g(x) = -f(x)$

1. $f(x) = 2^x \implies g(x) = -2^x$

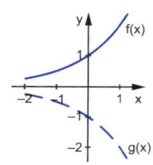

Beispiel

2. $f(x) = \sin x \implies g(x) = -\sin x$

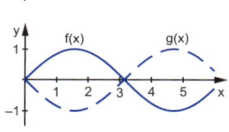

Anmerkung:
Es gibt keine Funktion außer $f(x) = 0$, die einen zur x-Achse symmetrischen Graphen besitzt, weil es sonst x-Werte gäbe, zu denen mehr als ein y-Wert gehörte.

Punktspiegelung am Ursprung: $f(x) \mapsto g(x) = -f(-x)$

1. $f(x) = 2^x \implies g(x) = -2^{-x}$

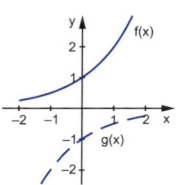

Beispiel

2. $f(x) = x^3 \implies$
   $g(x) = -f(-x) = -(-x)^3 = x^3$

   Der Graph von $f(x) = x^3$ ist punktsymmetrisch zum Ursprung; d. h., es gilt $f(-x) = -f(x)$ und damit $g(x) = f(x)$.

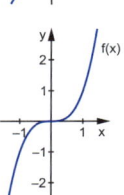

Reelle Funktionen

Funktionen, in denen ein **absoluter Betrag** auftritt, können **abschnittsweise** geschrieben werden.

Beispiel

1. $y = f(x) = 2^{|x-2|}, D_f = \mathbb{R}$
$= \begin{cases} 2^{x-2} & \text{für } x \geq 2 \\ 2^{-(x-2)} & \text{für } x < 2 \end{cases}$

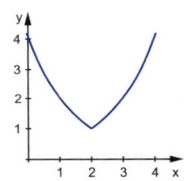

2. $y = f(x) = |x - 2|, D_f = \mathbb{R}$
$= \begin{cases} x - 2 & \text{für } x \geq 2 \\ -(x - 2) & \text{für } x < 2 \end{cases}$

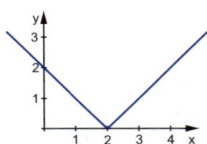

Absolutbetrag von Funktionen: $g(x) = |f(x)|$
Der Graph G_g der Funktion g entsteht aus dem Graphen G_f der Funktion f wie folgt: Alle Teile des Graphen G_f, die unterhalb der x-Achse liegen, werden an dieser gespiegelt. Die Anteile mit $y \geq 0$ bleiben unverändert.

Beispiel

$g(x) = |f(x)| = \left| \frac{1}{2}x^2 - x - 4 \right|, D_g = D_f = \mathbb{R}$

Graph G_f von f: \quad\quad Graph G_g von g:
$W_f = [-4,5; \infty[$ \quad\quad $W_g = \mathbb{R}_0^+$

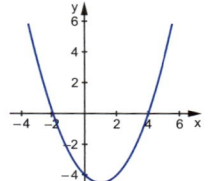
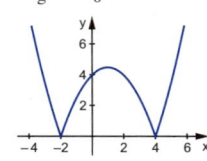

Reelle Funktionen

Funktion von einem Absolutbetrag: $g(x) = f(|x|)$

Der Graph G_g der Funktion g entsteht aus dem Graphen G_f der Funktion f wie folgt: Alle Teile des Graphen G_f, die links von der y-Achse liegen, werden ersetzt durch das Spiegelbild des Teils des Graphen G_f mit $x \geq 0$ an der y-Achse. Die Anteile mit $x \geq 0$ bleiben unverändert.

$g(x) = f(|x|) = \frac{1}{2}|x|^2 - |x| - 4 = \frac{1}{2}x^2 - |x| - 4, \ D_f = D_g = \mathbb{R}$

Beispiel

Graph G_f von f: $\qquad$ Graph G_g von g:
$W_f = [-4,5; \infty[\qquad W_g = [-4,5; \infty[$

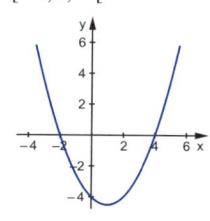 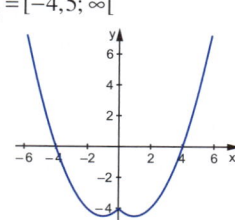

1.5 Spezielle Funktionen

Im Folgenden werden Funktionen mit ähnlichen Eigenschaften zu Gruppen zusammengefasst.

> **Die allgemeine lineare Funktion**
> $y = f(x) = mx + t, \ D_f = \mathbb{R} \qquad$ m: Steigung
> $\qquad\qquad\qquad\qquad\qquad\qquad$ t: y-Abschnitt

Im nebenstehenden Beispiel $y = \frac{1}{2}x + 1$
gilt: $m = \frac{\Delta y}{\Delta x} = \frac{1}{2}, \ t = 1$

Es gilt ferner, dass jede lineare Gleichung $ax + by + c = 0 \ \land \ b \neq 0$ eine Gerade als Graphen besitzt, da sie umgeformt werden kann:

$ax + by + c = 0 \ \Rightarrow \ by = -ax - c \ \Rightarrow \ y = -\frac{a}{b}x - \frac{c}{b} = mx + t$

Beispiel

Formen Sie $2x - 3y + 2 = 0$ so um, dass die Form $y = mx + t$ entsteht. Zeichnen Sie den Graphen.

Lösung:
$2x - 3y + 2 = 0$
$3y = 2x + 2$
$y = \tfrac{2}{3}x + \tfrac{2}{3}$
$m = \tfrac{2}{3},\ t = \tfrac{2}{3}$

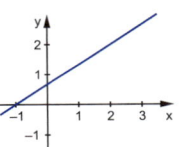

Die allgemeine quadratische Funktion

Die allgemeine quadratische Funktion f hat die Funktionsgleichung $y = f(x) = ax^2 + bx + c \;\wedge\; a \neq 0$, $D_f = \mathbb{R}$, ihr Graph heißt **Parabel**.

Besitzt die zugehörige Parabel den Scheitel $S(s_1|s_2)$, so lässt sich die Funktion durch die **Scheitelform**
$y = f(x) = ax^2 + bx + c = a \cdot (x - s_1)^2 + s_2$
darstellen.

Besitzt die zugehörige Parabel die Schnittpunkte $N_1(x_1|0)$ und $N_2(x_2|0)$ mit der x-Achse (Nullstellen), so lässt sich die Funktion in **Linearfaktoren** zerlegen zu
$y = f(x) = ax^2 + bx + c = a \cdot (x - x_1) \cdot (x - x_2)$.

Beispiel

1. $y = \tfrac{1}{2}x^2 - x - 4,\ D_f = \mathbb{R}$

   Schnittpunkte mit der x-Achse:
   $\tfrac{1}{2}x^2 - x - 4 = 0$
   $x_{1;2} = \tfrac{1}{1}\left(1 \pm \sqrt{1+8}\right) = 1 \pm 3$
   $x_1 = -2 \;\Rightarrow\; N_1(-2|0)$
   $x_2 = 4 \;\Rightarrow\; N_2(4|0)$

   Aufspaltung in Linearfaktoren:
   $y = \tfrac{1}{2}x^2 - x - 4 = \tfrac{1}{2} \cdot (x+2) \cdot (x-4)$

Scheitelform:
$$y = \tfrac{1}{2}(x^2 - 2x + 1) - 4 - \tfrac{1}{2}$$
$$= \tfrac{1}{2}(x-1)^2 - \tfrac{9}{2}$$
$\Rightarrow\ S\left(1 \left| -\tfrac{9}{2}\right.\right)$ Scheitel
$W_f = \left[-\tfrac{9}{2}; \infty\right[$

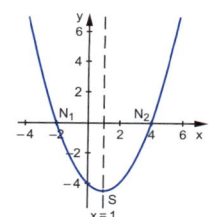

2. Gegeben ist die quadratische Funktion
f: $x \mapsto y = f(x) = -\tfrac{1}{4}x^2 - \tfrac{1}{2}x + 2$, $D_f = \mathbb{R}$.

Bestimmen Sie die Koordinaten des Scheitels S sowie die Wertemenge und geben Sie eine Aufspaltung in Linearfaktoren sowie die Bereiche mit $y \geq 0$ bzw. $y \leq 0$ an. Zeichnen Sie die zugehörige Parabel.

Lösung:
Scheitelbestimmung:
$$y = -\tfrac{1}{4}x^2 - \tfrac{1}{2}x + 2$$
$$= -\tfrac{1}{4}(x^2 + 2x + 1) + 2 + \tfrac{1}{4}$$
$$y = -\tfrac{1}{4}(x+1)^2 + \tfrac{9}{4}$$
$\Rightarrow$ Scheitel $S\left(-1 \left| \tfrac{9}{4}\right.\right)$

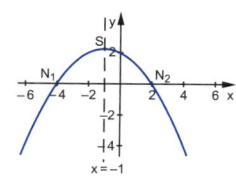

Wertemenge $W_f = \left]-\infty; \tfrac{9}{4}\right]$

Aufspaltung in Linearfaktoren:
$$-\tfrac{1}{4}x^2 - \tfrac{1}{2}x + 2 = 0 \qquad |\cdot(-4)$$
$$x^2 + 2x - 8 = 0$$
$$x_{1;2} = \tfrac{1}{2}(-2 \pm \sqrt{4+32}) = \tfrac{1}{2}(-2 \pm 6)$$
$$x_1 = -4 \ \Rightarrow\ N_1(-4|0)$$
$$x_2 = 2 \ \ \Rightarrow\ N_2(2|0)$$
$$y = -\tfrac{1}{4}(x+4)\cdot(x-2)$$
$$y \geq 0 \ \text{für}\ x \in [-4; 2]$$
$$y \leq 0 \ \text{für}\ x \in\ ]-\infty; -4] \cup [2; \infty[$$

Ganzrationale Funktionen
Eine Funktion f ist eine ganzrationale Funktion, wenn ihr Funktionsterm ein Polynom in x ist. Für jede ganzrationale Funktion f gilt $D_f = \mathbb{R}$.

Beispiel

1. $f(x) = 5x^4 + 3x^3 - 2x^2 - x + 6$
   ist eine ganzrationale Funktion 4. Grades.

2. $f(x) = x^5 - x + 1$
   ist eine ganzrationale Funktion 5. Grades.

3. $f(x) = 1$
   ist eine ganzrationale Funktion 0. Grades.

Besitzt die ganzrationale Funktion f an der Stelle $x = x_0$ eine Nullstelle, so kann der Faktor $(x - x_0)$ abgespalten werden, d. h. $f(x) = (x - x_0) \cdot g(x)$. Den Term $g(x)$ erhält man aus $f(x)$ durch Polynomdivision durch $(x - x_0)$.

n-fache Nullstelle
Kann man bei einer Funktion f den Faktor $(x - x_0)^n$ abspalten, so heißt x_0 eine n-fache Nullstelle.

Beispiel

Die Funktion f mit $f(x) = x^3 - 3x^2 + 4x - 2$ hat an der Stelle $x = 1$ eine Nullstelle, weil $f(1) = 0$ gilt.

$$
\begin{array}{l}
(x^3 - 3x^2 + 4x - 2) : (x - 1) = x^2 - 2x + 2 \\
\underline{-(x^3 - x^2)} \\
 -2x^2 + 4x \\
 \underline{-(-2x^2 + 2x)} \\
 2x - 2 \\
 \underline{-(2x - 2)} \\

\end{array}
$$

$\Rightarrow f(x) = x^3 - 3x^2 + 4x - 2 = (x - 1) \cdot (x^2 - 2x + 2)$

Reelle Funktionen

(Gebrochen-)Rationale Funktion
Eine Funktion f ist eine (gebrochen-)rationale Funktion, wenn sie als Quotient zweier ganzrationaler Funktionen g und h dargestellt werden kann, d. h. $f(x) = \frac{g(x)}{h(x)}$.

Für jede rationale Funktion gilt: $D_f = \mathbb{R} \setminus \{x \mid h(x) = 0\}$, d. h., die Nullstellen des Nenners gehören nicht zum Definitionsbereich.

Offenbar ist die Menge der ganzrationalen Funktionen in der Menge der rationalen Funktionen enthalten.

Beispiel

1. $f(x) = \frac{x^2 - 4}{x + 1}$, $D_f = \mathbb{R} \setminus \{-1\}$

2. $f(x) = \frac{x + 5}{x^2 - 9}$, $D_f = \mathbb{R} \setminus \{-3; 3\}$

3. $f(x) = \frac{4x^2 + 3x - 5}{1} = 4x^2 + 3x - 5$, $D_f = \mathbb{R}$

Nichtrationale Funktionen
Alle Funktionen, die sich nicht als Quotient zweier Polynome in x darstellen lassen, heißen nichtrationale Funktionen.

Beispiel

1. $f(x) = 2^x$, $D_f = \mathbb{R}$

2. $f(x) = \log_{10}(x + 2)$, $D_f = \,]-2; \infty[$
   Im Logarithmus dürfen nur positive Ausdrücke stehen.

3. $f(x) = \sqrt{1 - x^2}$, $D_f = [-1; 1]$
   Unter der Wurzel dürfen nur nichtnegative Ausdrücke stehen.

4. $f(x) = \sin\left(x + \frac{\pi}{2}\right)$, $D_f = \mathbb{R}$

1.6 Umkehrfunktion

Auch die umgekehrte Zuordnung kann eine Funktion sein. Es gilt:

Umkehrfunktion
Eine Funktion f ist umkehrbar, wenn es zu jedem $y \in W_f$ auch nur genau ein $x \in D_f$ gibt, d. h., wenn die Zuordnungen $x \mapsto y$ und $y \mapsto x$ beide eindeutig sind.

Wenn eine Funktion in einem Intervall streng monoton ist, dann ist jedem x aus dem Intervall genau ein y zugeordnet und umgekehrt. Somit ist die Funktion in diesem Monotoniebereich umkehrbar. Die Umkehrfunktion zur Funktion f wird mit f^{-1} bezeichnet. Bei der Bildung der Umkehrfunktion werden die Paare $(x|y)$ vertauscht zu $(y|x)$. Man kann also die Funktionsgleichung der Umkehrfunktion bestimmen, indem man in der Funktionsgleichung $y = f(x)$ die Variablen x und y vertauscht und diese Gleichung dann (falls möglich) nach y auflöst. Dadurch vertauschen sich auch Definitionsmenge und Wertemenge, d. h. $D_{f^{-1}} = W_f$ und $W_{f^{-1}} = D_f$. Daraus ergibt sich auch der Graph $G_{f^{-1}}$ der Umkehrfunktion f^{-1}: Der Graph G_f der Funktion f wird an der Winkelhalbierenden $y = x$ gespiegelt.

Beispiel
$y = f(x) = \frac{1}{2}x^2 - x - \frac{3}{2} = \frac{1}{2}(x-1)^2 - 2$
Die Funktion f ist in $]-\infty; 1[$ bzw. in $]1; \infty[$ streng monoton und dort jeweils umkehrbar. Hier wird $D_f =]1; \infty[$ gewählt; dann ist $W_f =]-2; \infty[$.

Bestimmung der Umkehrfunktion:

$f^{-1}:$
$$x = \frac{1}{2}(y-1)^2 - 2$$
$$\frac{1}{2}(y-1)^2 = x + 2 \qquad |\cdot 2$$
$$(y-1)^2 = 2x + 4$$
$$y - 1 = \overset{+}{(-)}\sqrt{2x+4}$$
$$y = f^{-1}(x) = 1 + \sqrt{2x+4}$$

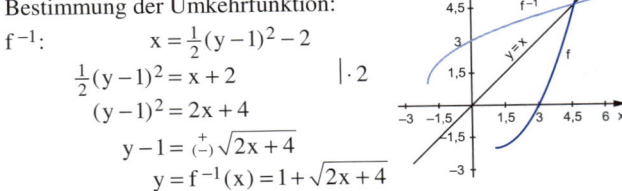

Es gilt jetzt $D_{f^{-1}} =]-2; \infty[$ und $W_{f^{-1}} =]1; \infty[$. Den Graphen $G_{f^{-1}}$ erhält man durch Spiegelung an der Geraden $y = x$.

1.7 Verkettung von Funktionen

Neue Funktionen werden gewonnen, wenn man eine Funktion in eine andere einsetzt.

Verketten zweier Funktionen
Das Verketten von zwei Funktionen g und h zu einer Funktion f entspricht dem Nacheinanderausführen der beiden Funktionszuordnungen. Dabei darf die Schnittmenge der Wertemenge von h und der Definitionsmenge von g nicht leer sein.
$g: x \mapsto g(x) \land h: x \mapsto h(x) \Rightarrow f: x \mapsto g(h(x))$
(Andere Schreibweise: $f(x) = (g \circ h)(x)$; gelesen: „h vor g")

Die Funktion g heißt **äußere Funktion**, die Funktion h **innere Funktion**. Man erhält den Wert des Funktionsterms an einer Stelle x_0, indem man zuerst $h(x_0)$ berechnet und dann diesen Wert in die Funktion g einsetzt.

Die Verkettung ist im Allgemeinen **nicht kommutativ**.

Beispiel

1. $g(x) = \sqrt{x+1}$, $D_g = [-1; \infty[$, $W_g = \mathbb{R}_0^+$;
   $h(x) = x^3 + 2$, $D_h = W_h = \mathbb{R}$
   $\Rightarrow W_h \cap D_g = [-1; \infty[$, $W_g \cap D_h = \mathbb{R}_0^+$
   $f(x) = g(h(x)) = \sqrt{(x^3+2)+1} = \sqrt{x^3+3}$
   $\tilde{f}(x) = h(g(x)) = (\sqrt{x+1})^3 + 2 = \sqrt{(x+1)^3} + 2 \neq g(h(x))$

2. $g(x) = \ln(x-2)$, $D_g =]2; \infty[$, $W_g = \mathbb{R}$;
   $h(x) = \sqrt{2-x^2}$, $D_h = [-\sqrt{2}; \sqrt{2}]$, $W_h = [0; \sqrt{2}]$
   Die Verkettung
   $g(h(x)) = \ln(\sqrt{2-x^2} - 2)$
   ist wegen $D_g \cap W_h = \{\}$ nicht möglich, da im Argument der Logarithmusfunktion immer etwas Negatives stehen würde.
   Dagegen existiert die Verkettung
   $h(g(x)) = \sqrt{2 - [\ln(x-2)]^2}$ für alle x mit $|\ln(x-2)| \leq \sqrt{2}$.

1.8 Funktionenscharen

Kann eine Formvariable in einer Funktionsgleichung mehrere Werte annehmen, so entstehen entsprechend auch mehrere Funktionen.

> **Funktionenschar**
> Enthält eine Funktionsgleichung neben der Gleichungsvariablen noch eine Formvariable, so spricht man von einer Funktionenschar.

Beispiel $f_a(x) = ax^2 - 2x, \ a \in \mathbb{R}, \ D_{f_a} = \mathbb{R}$
Es gilt z. B.:
$f_1(x) = x^2 - 2x$
$f_{-2}(x) = -2x^2 - 2x$
$f_{\frac{1}{2}}(x) = \frac{1}{2}x^2 - 2x$

Enthält ein Punkt P einer Scharkurve einen Parameter, so beschreibt er in der Regel eine Kurve mit der Gleichung $y = g(x)$, wenn der Parameter alle erlaubten Werte annimmt.
Man erhält die Kurvengleichung $y = g(x)$, wenn man aus der x-Koordinate den Parameter frei rechnet und diesen Ausdruck in die y-Koordinate einsetzt.

Beispiel

1. $P\left(\frac{1}{2}a \ \big| \ 2a^2\right)$
   $x = \frac{1}{2}a \ \land \ y = 2a^2$
   $\Downarrow$
   $a = 2x \ \Rightarrow \ y = g(x) = 2 \cdot (2x)^2 = 8x^2$

2. $P(1 \,|\, 2a) \quad \Rightarrow \quad$ Die Gleichung der Kurve ist $x = 1$.

3. $P(-5a \,|\, 4) \quad \Rightarrow \quad$ Die Gleichung der Kurve ist $y = 4$.

2 Grenzwert und Stetigkeit

Im Folgenden wird das Verhalten von Funktionen bei Annäherung an „kritische" Werte untersucht, insbesondere das Verhalten im Unendlichen und bei Annäherung an eine Definitionslücke.

2.1 Verhalten für $x \to \pm\infty$

Funktionen mit rechts- bzw. linksseitig unbegrenzter Definitionsmenge können sich im Unendlichen unterschiedlich verhalten.

Konvergenz
Kommen die Funktionswerte f(x) einer bestimmten reellen Zahl a beliebig nahe, wenn x gegen ∞ bzw. $-\infty$ strebt, so spricht man von Konvergenz und schreibt:
$$\lim_{x \to \infty} f(x) = a \quad \text{bzw.} \quad \lim_{x \to -\infty} f(x) = a$$

Bestimmte Divergenz
Wachsen die Funktionswerte f(x) über alle Grenzen, wenn x gegen ∞ bzw. $-\infty$ strebt, so sagt man, dass f bestimmt gegen ∞ divergiert, und schreibt:
$$\lim_{x \to \infty} f(x) = \infty \quad \text{bzw.} \quad \lim_{x \to -\infty} f(x) = \infty$$

Unterschreiten die Funktionswerte f(x) jede negative reelle Zahl, wenn x gegen ∞ bzw. $-\infty$ strebt, so sagt man, dass f bestimmt gegen $-\infty$ divergiert, und schreibt:
$$\lim_{x \to \infty} f(x) = -\infty \quad \text{bzw.} \quad \lim_{x \to -\infty} f(x) = -\infty$$

Unbestimmte Divergenz
Wenn f weder konvergiert noch bestimmt divergiert, so heißt f unbestimmt divergent.

Grenzwert und Stetigkeit

Beispiel

1. a) $\lim\limits_{x \to \infty} 2^{-x} = 0$ b) $\lim\limits_{x \to -\infty} 4^x - 1 = -1$

   c) $\lim\limits_{x \to \pm\infty} \dfrac{2x^2}{x^2+1} = 2$

2. a) $\lim\limits_{x \to \infty} 3x^2 = +\infty$ b) $\lim\limits_{x \to -\infty} \dfrac{1}{2} x^3 = -\infty$

3. $\lim\limits_{x \to \infty} \sin x$ existiert nicht (die Funktion $x \mapsto \sin x$ ist unbestimmt divergent), da die Werte der Sinusfunktion stets zwischen -1 und $+1$ schwanken.

Das Verhalten der Elementarfunktionen für $x \to \infty$ bzw. für $x \to -\infty$ ist aus dem „Katalog der Elementarfunktionen" bekannt und wird bei den folgenden Überlegungen vorausgesetzt.
Wie sieht das Verhalten bei zusammengesetzten Funktionen aus?
Dabei helfen die **Grenzwertsätze**. Wie man sie auf das Verhalten einer Funktion für $x \to \infty$ bzw. für $x \to -\infty$ anwendet, zeigen die folgenden Beispiele. Die Berechnung des Grenzwertes wird durch die Betrachtung des Graphen überprüft.

> **Grenzwert einer Summe = Summe der Grenzwerte**
> $$\lim_{x \to \pm\infty} (f(x)+g(x)) = \lim_{x \to \pm\infty} f(x) + \lim_{x \to \pm\infty} g(x)$$

Beispiel

1. $\lim\limits_{x \to \infty} \left(\dfrac{1}{x} + \dfrac{2}{x^2} \right) = \lim\limits_{x \to \infty} \dfrac{1}{x} + \lim\limits_{x \to \infty} \dfrac{2}{x^2}$
   $= 0 + 0 = 0$

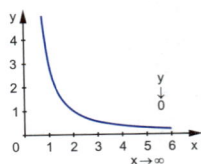

2. $\lim\limits_{x \to -\infty} \left(2 + \dfrac{1}{x^4} \right) = \lim\limits_{x \to -\infty} 2 + \lim\limits_{x \to -\infty} \dfrac{1}{x^4}$
   $= 2 + 0 = 2$

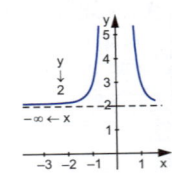

Grenzwert und Stetigkeit

Grenzwert einer Differenz = Differenz der Grenzwerte
$$\lim_{x \to \pm\infty} (f(x) - g(x)) = \lim_{x \to \pm\infty} f(x) - \lim_{x \to \pm\infty} g(x)$$

Beispiel

1. $\lim\limits_{x \to \infty} \left(\frac{1}{x} - \frac{x}{2}\right) = \lim\limits_{x \to \infty} \frac{1}{x} - \lim\limits_{x \to \infty} \frac{x}{2}$
   $= 0 - \infty = -\infty$

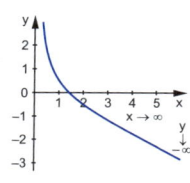

2. $\lim\limits_{x \to -\infty} \left(\frac{1}{x} - 1\right) = \lim\limits_{x \to -\infty} \frac{1}{x} - \lim\limits_{x \to -\infty} 1$
   $= 0 - 1 = -1$

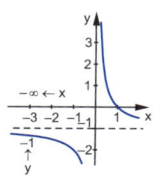

Grenzwert eines Produktes = Produkt der Grenzwerte
$$\lim_{x \to \pm\infty} (f(x) \cdot g(x)) = \lim_{x \to \pm\infty} f(x) \cdot \lim_{x \to \pm\infty} g(x)$$

Aus dem Grenzwertsatz für Produkte folgt, dass der Grenzwert einer Potenz gleich der Potenz des Grenzwertes ist.

Beispiel

1. $\lim\limits_{x \to -\infty} (x^2 + 2x) = \lim\limits_{x \to -\infty} x \cdot (x + 2)$
   $= \lim\limits_{x \to -\infty} x \cdot \lim\limits_{x \to -\infty} (x + 2)$
   $= (-\infty) \cdot (-\infty)$
   $= +\infty$

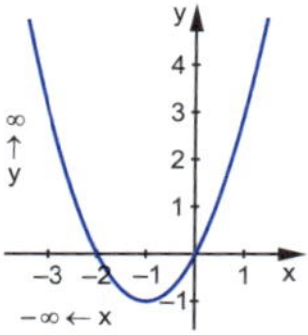

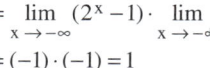

2. $\lim\limits_{x \to -\infty} (2^x - 1)^2 = \lim\limits_{x \to -\infty} (2^x - 1) \cdot \lim\limits_{x \to -\infty} (2^x - 1)$
   $= (-1) \cdot (-1) = 1$

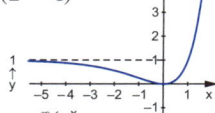

Der Grenzwert kann auch wie folgt berechnet werden:
$$\lim_{x \to -\infty} (2^x - 1)^2 = \left[\lim_{x \to -\infty} (2^x - 1)\right]^2 = (-1)^2 = 1$$

Grenzwert eines Quotienten = Quotient der Grenzwerte
$$\lim_{x \to \pm\infty} \frac{f(x)}{g(x)} = \frac{\lim_{x \to \pm\infty} f(x)}{\lim_{x \to \pm\infty} g(x)} \wedge \lim_{x \to \pm\infty} g(x) \neq 0$$

Beispiel

1. $\lim\limits_{x \to -\infty} \dfrac{2x^2 - 3}{5x^2 + 1} = \lim\limits_{x \to -\infty} \dfrac{2 - \frac{3}{x^2}}{5 + \frac{1}{x^2}}$

$= \dfrac{\lim\limits_{x \to -\infty} \left(2 - \frac{3}{x^2}\right)}{\lim\limits_{x \to -\infty} \left(5 + \frac{1}{x^2}\right)}$

$= \dfrac{\lim\limits_{x \to -\infty} 2 - \lim\limits_{x \to -\infty} \frac{3}{x^2}}{\lim\limits_{x \to -\infty} 5 + \lim\limits_{x \to -\infty} \frac{1}{x^2}} = \dfrac{2 - 0}{5 + 0} = \dfrac{2}{5} = 0,4$

Bei Verwendung dieses Grenzwertsatzes ist das Verhalten des Betrags $|x|$ zu beachten:

2. $\lim\limits_{x \to \infty} \dfrac{\sqrt{x^2 + 2}}{2x + 3} = \lim\limits_{x \to \infty} \dfrac{|x|\sqrt{1 + \frac{2}{x^2}}}{x\left(2 + \frac{3}{x}\right)} = \lim\limits_{x \to \infty} \dfrac{x\sqrt{1 + \frac{2}{x^2}}}{x\left(2 + \frac{3}{x}\right)} = \lim\limits_{x \to \infty} \dfrac{\sqrt{1 + \frac{2}{x^2}}}{2 + \frac{3}{x}}$

$= \dfrac{\lim\limits_{x \to \infty} \sqrt{1 + \frac{2}{x^2}}}{\lim\limits_{x \to \infty} \left(2 + \frac{3}{x}\right)} = \dfrac{1}{2}$, weil $|x| = x$ für $x > 0$

$$\lim_{x \to -\infty} \frac{\sqrt{x^2+2}}{2x+3} = \lim_{x \to -\infty} \frac{|x|\sqrt{1+\frac{2}{x^2}}}{x\left(2+\frac{3}{x}\right)} = \lim_{x \to -\infty} \frac{-x\sqrt{1+\frac{2}{x^2}}}{x\left(2+\frac{3}{x}\right)}$$

$$= \lim_{x \to -\infty} \frac{-\sqrt{1+\frac{2}{x^2}}}{2+\frac{3}{x}} = \frac{\lim_{x \to -\infty} -\sqrt{1+\frac{2}{x^2}}}{\lim_{x \to -\infty} \left(2+\frac{3}{x}\right)}$$

$$= -\frac{1}{2}, \text{ weil } |x| = -x \text{ für } x < 0$$

Es ist sinnvoll, die folgende Zusammenstellung **häufig auftretender Grenzwerte** zu lernen. Sie gestattet zusammen mit den Grenzwertsätzen eine schnelle Bestimmung von Grenzwerten.

---

1. $\lim_{x \to \pm\infty} \frac{a}{x^n} = 0$, $a \in \mathbb{R}$, $n \in \mathbb{N}$

2. $f(x) = \frac{a_n x^n + a_{n-1} x^{n-1} + \ldots + a_1 x + a_0}{b_m x^m + b_{m-1} x^{m-1} + \ldots + b_1 x + b_0}$, $a_i, b_i \in \mathbb{R}$, $a_n \neq 0$, $b_m \neq 0$, $n, m \in \mathbb{N}_0$

   $n < m$: $\lim_{x \to \pm\infty} f(x) = 0$

   $n = m$: $\lim_{x \to \pm\infty} f(x) = \frac{a_n}{b_m}$

   $n > m$: $\lim_{x \to \pm\infty} f(x)$ nähert sich an $+\infty$ oder $-\infty$ an.

3. $f(x) = a^x$: $\quad a > 1$: $\quad \lim_{x \to \infty} f(x) = \infty$; $\lim_{x \to -\infty} f(x) = 0$

   $\quad\quad\quad\quad\quad 0 < a < 1$: $\lim_{x \to \infty} f(x) = 0$; $\lim_{x \to -\infty} f(x) = \infty$

4. $f(x) = \log_a x$: $\quad a > 1$: $\quad \lim_{x \to \infty} f(x) = \infty$

   $\quad\quad\quad\quad\quad\quad\; 0 < a < 1$: $\lim_{x \to \infty} f(x) = -\infty$

5. $f(x) = \sin x$: $\lim_{x \to \pm\infty} \sin x$ existiert nicht, da die Werte zwischen -1 und $+1$ schwanken.

   Entsprechendes gilt für $f(x) = \cos x$.

6. $\lim_{x \to \infty} \frac{x^r}{e^x} = 0$, $r > 0$

7. $\lim_{x \to \infty} \frac{\log_a x}{x^r} = 0$, $r > 0$, $a \in \mathbb{R}^+ \setminus \{1\}$

Mit diesen Grenzwerten kann man die folgenden Beispiele ohne weitere Rechnung lösen:

Beispiel

1. $\lim\limits_{x \to \pm\infty} \frac{x^2 + 2x - 1}{x^3 + x^2 - 6x + 5} = 0$ (Nr. 2: Fall n < m)

2. $\lim\limits_{x \to \pm\infty} \frac{x^2 - 2x + 5}{2x^2 + 6x - 1} = \frac{1}{2}$ (Nr. 2: Fall n = m)

3. $\lim\limits_{x \to \pm\infty} \frac{x^2 + 3x + 1}{2x - 1} = \pm\infty$ (Nr. 2: Fall n > m)

4. $\lim\limits_{x \to -\infty} 4^x = 0$ (Nr. 3: Fall a > 1)

5. $\lim\limits_{x \to \pm\infty} (-3x^2) = -\infty$ (Grenzwert Elementarfunktion)

6. $\lim\limits_{x \to \pm\infty} |x| = +\infty$ (Grenzwert Elementarfunktion)

7. $\lim\limits_{x \to \infty} (x^2 \cdot e^{-x}) = \lim\limits_{x \to \infty} \frac{x^2}{e^x} = 0$ (Nr. 6)

8. $\lim\limits_{x \to \infty} \frac{x^3}{\log_a x} = \infty$ (Nr. 7 und Kehrwert)

9. $\lim\limits_{x \to -\infty} \frac{10^{99}}{x} = 0$ (Nr. 1)

2.2 Verhalten für $x \to x_0$

Bei den Betrachtungen z. B. zu den gebrochen-rationalen Funktionen stellt sich heraus, dass es Funktionen gibt, deren Definitionsmengen bestimmte Werte x_0 nicht enthalten. Deshalb interessiert in diesem Abschnitt, wie sich der Graph einer Funktion bei der Annäherung an eine solche Stelle x_0 verhält.

> **Konvergenz**
> Streben die Funktionswerte f(x) gegen eine bestimmte reelle Zahl a, wenn x gegen x_0 läuft, so sagt man „f konvergiert für $x \to x_0$ gegen a" und schreibt: $\lim\limits_{x \to x_0} \mathbf{f(x) = a}$

Zur Berechnung des Grenzwerts kann man im Funktionsterm x durch x_0+h (bzw. x_0-h) ersetzen und nur Werte $h>0$ zulassen. Streben dann die Funktionswerte $f(x_0+h)$ (bzw. $f(x_0-h)$) für $h \to 0$ gegen die reelle Zahl R (bzw. L), sagt man, dass f rechtsseitig gegen R (bzw. linksseitig gegen L) konvergiert, und schreibt:

$$\lim_{x \to x_0+0} f(x) = \lim_{x \to x_0^+} f(x) = \lim_{x \overset{>}{\to} x_0} f(x) = R$$

(bzw. $\lim_{x \to x_0-0} f(x) = \lim_{x \to x_0^-} f(x) = \lim_{x \overset{<}{\to} x_0} f(x) = L$)

Der Grenzwert von f(x) für $x \to x_0$ existiert genau dann, wenn rechts- und linksseitiger Grenzwert existieren und gleich sind. Es gilt dann:

$$\lim_{x \to x_0+0} f(x) = \lim_{x \to x_0-0} f(x) = \lim_{x \to x_0} f(x)$$

Beispiel

1. $\lim_{x \to 2+0} \left(\frac{1}{2}x^2 - 1\right) = 1$

   $\lim_{x \to 2-0} \left(\frac{1}{2}x^2 - 1\right) = 1$

   $\Rightarrow \lim_{x \to 2} \left(\frac{1}{2}x^2 - 1\right) = 1 = f(2)$

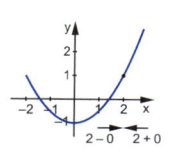

2. $\lim_{x \to 1+0} \frac{x^2-3x+2}{x-1} = \lim_{h \to 0} \frac{(1+h)^2-3(1+h)+2}{(1+h)-1}$

   $= \lim_{h \to 0} \frac{1+2h+h^2-3-3h+2}{1+h-1}$

   $= \lim_{h \to 0} \frac{h^2-h}{h} = \lim_{h \to 0} \frac{h-1}{1} = -1$

   $\lim_{x \to 1-0} \frac{x^2-3x+2}{x-1} = \lim_{h \to 0} \frac{(1-h)^2-3(1-h)+2}{(1-h)-1}$

   $= \lim_{h \to 0} \frac{1-2h+h^2-3+3h+2}{1-h-1}$

   $= \lim_{h \to 0} \frac{h^2+h}{-h} = \lim_{h \to 0} \frac{h+1}{-1} = -1$

   $\Rightarrow \lim_{x \to 1} \frac{x^2-3x+2}{x-1} = -1$

Wegen
$$\frac{x^2-3x+2}{x-1} = \frac{(x-1)(x-2)}{x-1} = x-2$$
kann f(x) in $D_f = \mathbb{R}\setminus\{1\}$ auch in der Form $f(x) = x-2$ geschrieben werden. An der Stelle $x=1$ liegt eine Definitionslücke vor (siehe Seite 33 f.).

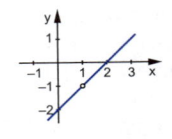

3. $\lim\limits_{x \to 0-0} 2^{\frac{1}{x}} = 0$

   $\lim\limits_{x \to 0+0} 2^{\frac{1}{x}} = +\infty$

   $\Rightarrow$ Der Grenzwert für $x \to 0$ existiert nicht.

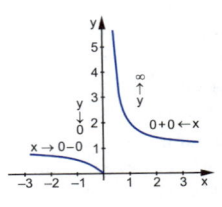

Die **Grenzwertsätze** gelten im gleichen Wortlaut wie für $x \to \pm\infty$.

Beispiel

1. $\lim\limits_{x \to 2}(x^2+6x-5) = \lim\limits_{x \to 2} x^2 + \lim\limits_{x \to 2} 6x - \lim\limits_{x \to 2} 5$
   $= 4+12-5 = 11$

2. $\lim\limits_{x \to 1} \frac{x^2-2x+1}{x-1} = \lim\limits_{x \to 1} \frac{(x-1)^2}{x-1} = \lim\limits_{x \to 1}(x-1) = 0$ in $D_f = \mathbb{R}\setminus\{1\}$

3. $f(x) = \frac{x^2-4x+3}{x^2+x-2} = \frac{(x-1)(x-3)}{(x-1)(x+2)}$, $D_f = \mathbb{R}\setminus\{1;-2\}$

   $\lim\limits_{x \to 1} f(x) = \lim\limits_{x \to 1} \frac{x-3}{x+2} = -\frac{2}{3}$

   $\lim\limits_{x \to -2+0} f(x) = \lim\limits_{x \to -2+0} \frac{x-3}{x+2} = \lim\limits_{h \to 0} \frac{-2+h-3}{-2+h+2}$
   $= \lim\limits_{h \to 0} \frac{-5+h}{h} = -\infty$

   $\lim\limits_{x \to -2-0} f(x) = \lim\limits_{x \to -2-0} \frac{x-3}{x+2} = \lim\limits_{h \to 0} \frac{-2-h-3}{-2-h+2}$
   $= \lim\limits_{h \to 0} \frac{-5-h}{-h} = \lim\limits_{h \to 0} \frac{5+h}{h} = +\infty$

Die folgenden **Grenzwerte** sollte man kennen:

1. $\lim\limits_{x \to 0} \frac{\sin x}{x} = 1$

2. $\lim\limits_{x \to 0} (x^r \cdot \log_a x) = 0, \quad r > 0, \ a \in \mathbb{R}^+ \setminus \{1\}$

3. $\lim\limits_{x \to 0} \frac{a^x - 1}{x} = \ln a, \ a \in \mathbb{R}^+$

1. $\lim\limits_{x \to 0} \frac{\sin(2x)}{x} = \lim\limits_{x \to 0} 2 \cdot \frac{\sin(2x)}{2x} = 2 \cdot \lim\limits_{x \to 0} \frac{\sin(2x)}{2x} = 2 \cdot 1 = 2$

Beispiel

2. $\lim\limits_{x \to 0} (x^2 \cdot \ln x) = 0$

Die quadratische Funktion konvergiert, wie jede Potenzfunktion mit positivem Exponenten, „stärker" als die Logarithmusfunktion.

2.3 Stetigkeit

Stetigkeit ist allgemein die Eigenschaft, nicht sprunghaft abzulaufen. Diese Eigenschaft wird auf Funktionen übertragen, anschaulich klar gemacht und mithilfe von Grenzwerten definiert.
Bei zwei Beispielen wird der Verlauf der Graphen jeweils an der Stelle $x_0 = 1$ betrachtet.

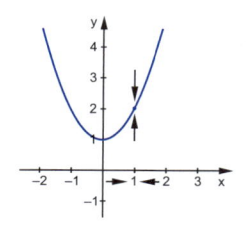

$f_1(x) = x^2 + 1,$
$D_f = \mathbb{R}$

$f_2(x) = \begin{cases} x + 1 & \text{für } x \geq 1 \\ x & \text{für } x < 1 \end{cases},$
$D_f = \mathbb{R}$

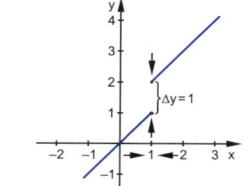

Bei der Funktion f_1 stellt man fest, dass sich die Funktionswerte bei Annäherung von links und von rechts an $x_0 = 1$ immer mehr an den Funktionswert $f_1(1) = 2$ annähern. Der Graph reißt nicht ab, d. h., er kann durchgehend gezeichnet werden.
Die Funktion f_1 ist an der Stelle $x_0 = 1$ stetig.

Die Funktion f_2 hat an der Stelle $x_0 = 1$ eine endliche Sprungstelle mit $\Delta y = 1$. Der Graph reißt ab, d. h., er kann nicht durchgehend gezeichnet werden.
Die Funktion f_2 ist an der Stelle $x_0 = 1$ unstetig.

Stetigkeit an der Stelle x_0
Eine Funktion $f: x \mapsto f(x)$ ist an der Stelle $x_0 \in D_f$ **stetig**, wenn sich bei Annäherung von links und bei Annäherung von rechts an den Wert x_0 jeweils der Wert $f(x_0)$ ergibt, d. h.,
wenn $\lim\limits_{x \to x_0 - 0} f(x) = \lim\limits_{x \to x_0 + 0} f(x) = f(x_0)$ gilt.

Anmerkungen:
- Jede Funktion, die durch einen geschlossenen Ausdruck gegeben ist, ist an jeder Stelle ihres Definitionsbereichs stetig.
- Wenn eine Funktion an einer Stelle x_0 nicht definiert ist, so ist sie dort nicht stetig.

Unstetig heißt, dass der Funktionsgraph an einer Stelle sprunghaft verläuft. Dabei können endliche oder unendliche Sprünge auftreten. Häufig kann eine Lücke im Graphen auch so geschlossen werden, dass der neue Graph stetig verläuft.

Abschnittsweise definierte Funktion und endliche Sprungstelle
Die Funktion f ist an der Stelle $x = x_0$ definiert, die Grenzwerte sind zwar endlich, stimmen aber nicht mit dem Funktionswert $f(x_0)$ überein.

$$f(x) = \begin{cases} 2x & \text{für } x < 2 \\ 5 & \text{für } x = 2, \\ 8-x & \text{für } x > 2 \end{cases} \quad D_f = \mathbb{R}$$

Beispiel

f hat an der Stelle $x_0 = 2$ eine endliche Sprungstelle, da

$\lim\limits_{x \to 2-0} f(x) = 4$,
$\lim\limits_{x \to 2+0} f(x) = 6$ und
$f(2) = 5$

gilt und sich damit die Werte jeweils um 1 unterscheiden.

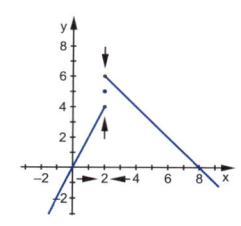

Abschnittsweise definierte Funktion und unendliche Sprungstelle

Die Funktion f ist an der Stelle $x = x_0$ definiert, aber ein Grenzwert ist unendlich.

$$f(x) = \begin{cases} x+1 & \text{für } x \geq 0 \\ \frac{1}{x} & \text{für } x < 0, \end{cases} \quad D_f = \mathbb{R}$$

Beispiel

f hat an der Stelle $x_0 = 0$ eine unendliche Sprungstelle, weil

$\lim\limits_{x \to 0-0} f(x) = -\infty$,
$\lim\limits_{x \to 0+0} f(x) = 1$ und
$f(0) = 1$

gilt. Bei Annäherung von rechts an die Stelle $x_0 = 0$ stimmen Grenzwert und Funktionswert überein. Die Funktion f ist **einseitig** stetig.

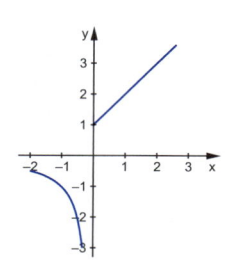

Funktion mit Definitionslücke, die stetig behoben werden kann

Die Funktion f ist an der Stelle $x = x_0$ nicht definiert, aber die Grenzwerte stimmen überein.

Beispiel

$f(x) = \frac{x^2-1}{x-1}$, $D_f = \mathbb{R} \setminus \{1\}$

An der Stelle $x_0 = 1$ liegt eine Definitionslücke vor. Wegen

$f(x) = \frac{x^2-1}{x-1} = \frac{(x+1)(x-1)}{x-1} = x+1$

gilt: Man kann die Definitionslücke durch die Vorgabe $f(1) = 2$ schließen. Man erhält eine stetige Fortsetzung f^* der Funktion f auf ganz $\mathbb{R}$ durch die Gleichung

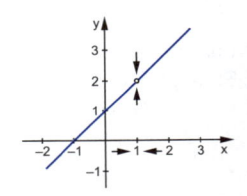

$f^*(x) = x+1 = \begin{cases} \frac{x^2-1}{x-1} & \text{für } x \in \mathbb{R} \setminus \{1\} \\ 2 & \text{für } x = 1 \end{cases}$ mit $D_{f^*} = \mathbb{R}$.

2.4 Asymptoten

Geraden, denen sich der Graph einer Funktion beliebig genau nähert, heißen Asymptoten. Man unterscheidet drei Sorten.

Asymptoten
- Eine **senkrechte** (vertikale) Asymptote liegt an einer Unendlichkeitsstelle vor.
- Eine **waagrechte** (horizontale) Asymptote liegt vor, wenn der Grenzwert für $x \to \infty$ oder/und für $x \to -\infty$ existiert. Gilt z. B. $\lim_{x \to \infty} f(x) = a$ bzw. $\lim_{x \to -\infty} f(x) = b$, so sind $y = a$ bzw. $y = b$ waagrechte Asymptoten.
- Eine **schiefe** (schräge) Asymptote (Gerade mit der Gleichung $y = g(x) = mx + t$) liegt vor, wenn $\lim_{x \to \pm\infty} [f(x) - g(x)] = 0$ gilt.

Beispiel

1. $f(x) = e^x$ hat für $x \to -\infty$ den Grenzwert $\lim_{x \to -\infty} e^x = 0$.

    $\Rightarrow$ $y = 0$ ist waagrechte Asymptote.

2. $f(x) = \ln x$ hat für $x \to 0+0$ den Grenzwert $\lim\limits_{x \to 0+0} \ln x = -\infty$.

   $\Rightarrow$ $x = 0$ ist senkrechte Asymptote.

3. $f(x) = x + 1 + \frac{\ln x}{x^2}$ hat die schräge Asymptote $y = g(x) = x + 1$, denn:

   $$\lim_{x \to \pm\infty} [f(x) - g(x)] = \lim_{x \to \pm\infty} \frac{\ln x}{x^2} = 0$$

Für gebrochen-rationale Funktionen gilt allgemein:

Asymptoten gebrochen-rationaler Funktionen
Eine gebrochen-rationale Funktion der Form

$f(x) = \frac{a_n x^n + a_{n-1} x^{n-1} + \ldots + a_1 x + a_0}{b_m x^m + b_{m-1} x^{m-1} + \ldots + b_1 x + b_0}$ mit $a_n, b_m \neq 0$ besitzt

- für $x \to \pm\infty$ die horizontale Asymptote g: $y = 0$, wenn $n < m$.
- für $x \to \pm\infty$ die horizontale Asymptote g: $y = \frac{a_n}{b_m}$, wenn $n = m$.
- für $x \to \pm\infty$ eine schräge Asymptote, wenn $n = m + 1$.
- für jede Polstelle x_0 eine vertikale Asymptote mit der Gleichung $x = x_0$.

Beispiel

1. Der Graph der gezeichneten Funktion

   f: $x \mapsto \frac{2x+3}{x-1}$, $D_f = \mathbb{R} \setminus \{1\}$

   hat die vertikale (senkrechte) Asymptote $x = 1$ und die horizontale (waagrechte) Asymptote $y = 2$, weil

   $\lim\limits_{x \to 1 \pm 0} f(x) = \pm\infty$ und

   $\lim\limits_{x \to \pm\infty} f(x) = 2$

   gilt.

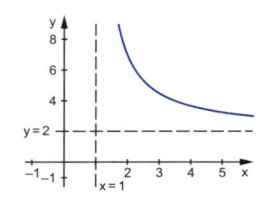

2. Der Graph der gezeichneten Funktion

   f: $x \mapsto \frac{2x^2-x-2}{x-1}$, $D_f = \mathbb{R}\setminus\{1\}$

   hat die vertikale Asymptote $x = 1$, denn:

   $\lim\limits_{x \to 1 \pm 0} f(x) = \mp\infty$,

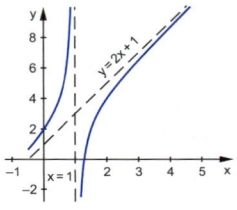

   und die schräge Asymptote $y = 2x + 1$, die man aus der Polynomdivision von Zähler durch Nenner erhält:

   $$\begin{array}{l}(2x^2-x-2):(x-1) = 2x+1-\frac{1}{x-1}\\\underline{-(2x^2-2x)}\\\quad\quad x-2\\\quad\underline{-(x-1)}\\\quad\quad\quad -1\end{array}$$

   $y = 2x + 1$ ist schräge Asymptote, weil $\lim\limits_{x \to \pm\infty} \frac{1}{x-1} = 0$ gilt

   und der Graph sich somit an diese Gerade annähert.

3. Die Funktion

   $y = f(x) = x + 2 - \frac{3}{x^2+1}$

   hat die schiefe Asymptote $y = x + 2$, weil

   $\lim\limits_{x \to \pm\infty} \frac{3}{x^2+1} = 0$

   gilt und der Graph sich somit an die Gerade $y = x + 2$ annähert.

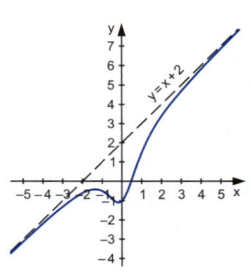

3 Differenzieren reeller Funktionen

Auch wenn das Tangentenproblem als Aufgabe der Differenzialrechnung seit alten Zeiten bekannt war, bereitete der infinitesimale Übergang von der Sekanten- zur Tangentensteigung rechentechnische Schwierigkeiten. Diese Probleme wurden erst Ende des 17. Jahrhunderts von Isaac Newton und Gottfried Wilhelm Leibniz unabhängig voneinander gelöst. Ihre Arbeiten erlaubten eine Abstraktion auf einen von der Anschauung unabhängigen Kalkül, sodass man diesen Zeitpunkt als die Geburtsstunde der Differenzialrechnung betrachtet.

3.1 Steigung und Ableitung

Bei einer Funktion f interessiert man sich nicht nur für den Funktionswert an einer Stelle x_0, sondern auch dafür, welche Änderungstendenz die Funktion an dieser Stelle hat: Nimmt sie zu oder nimmt sie ab und wie „groß" ist diese Änderung?

An der nebenstehenden Skizze erkennt man, dass die Steilheit, d. h. die Steigung des Graphen G_f an der Stelle x_0, ein geeignetes Maß dieser Änderungstendenz ist.

Der Begriff der Steigung ist von der linearen Funktion, d. h. von der Geraden her bekannt. Dort gilt:

$m = \frac{y_1 - y_0}{x_1 - x_0} = \frac{f(x_1) - f(x_0)}{x_1 - x_0} = \frac{\Delta y}{\Delta x}$

$\wedge \; \tan \alpha = m$

Bei einem gekrümmten Graphen kann man diesen durch ein Geradenstück, eine Sekante, ersetzen. Der Term
$\frac{\Delta y}{\Delta x} = \frac{f(x) - f(x_0)}{x - x_0} = \frac{f(x_0 + h) - f(x_0)}{h}$
heißt **Differenzenquotient**.

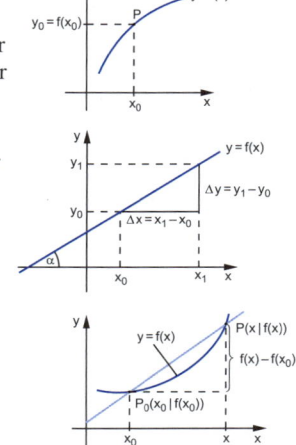

Die Steigung der Sekante nähert sich immer mehr der **Steigung der Tangente** an, wenn der Punkt Q auf den Punkt P_0 zuwandert. Diese Tangentensteigung wird als **Steigung der Kurve** mit der Gleichung $y = f(x)$ im Punkt $P_0(x_0 | y_0)$ definiert.

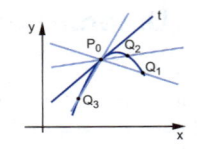

Ableitung

Der Grenzwert des Differenzenquotienten
$$m = \lim_{\Delta x \to 0} \frac{\Delta y}{\Delta x} = \lim_{x \to x_0} \frac{f(x) - f(x_0)}{x - x_0} = \lim_{h \to 0} \frac{f(x_0 + h) - f(x_0)}{h}$$
$$= f'(x_0)$$
heißt **Differenzialquotient**, wird mit $f'(x_0)$ bezeichnet und gibt die Steigung der Tangente und damit die Steigung der Kurve im Punkt $P_0(x_0 | f(x_0))$ an.
Die Funktion f heißt an der Stelle x_0 **differenzierbar** und $f'(x_0)$ heißt die **Ableitung** von f an der Stelle x_0.

Anmerkung:
Bei einer zeitabhängigen Größe $y = f(x)$ ist die **mittlere Änderungsrate** die Änderung der Größe y zwischen zwei Zeiten x_1 und x_2, entspricht also der Steigung $m_s = \frac{\Delta y}{\Delta x}$ der Sekante, dem Differenzquotienten.
Die **momentane** oder **lokale Änderungsrate** ist die auf einen Zeitpunkt x_0 („sehr kurzer Zeitraum Δx") bezogene Änderung der zeitabhängigen Größe y, d. h. die Steigung $m_t = \lim_{\Delta x \to 0} \frac{\Delta y}{\Delta x}$ der Tangente (der Differenzialquotient).

Beispiel Ist $s = s(t)$ eine Weg-Zeit-Funktion, dann ist $\overline{v} = \frac{\Delta s}{\Delta t}$ die mittlere Änderungsrate (d. h. die mittlere Geschwindigkeit) und
$v = \lim_{\Delta t \to 0} \frac{\Delta s}{\Delta t}$ die momentane Änderungsrate (d. h. die Momentangeschwindigkeit).

Mit den einführenden Überlegungen ergibt sich:

Steigung und Gleichung der Tangente
Die Gleichung der **Tangente t** in einem Punkt $P_0(x_0 | f(x_0))$ bestimmt man wie folgt: Man wählt einen beliebigen Punkt $P(x | f(x))$ auf dem Graphen und bildet den Differenzenquotienten
$\frac{\Delta y}{\Delta x} = \frac{f(x) - f(x_0)}{x - x_0}$ (Steigung der Sekante).

Die **Tangentensteigung** erhält man aus
$m = \lim\limits_{x \to x_0} \frac{\Delta y}{\Delta x} = f'(x_0)$.

Die **Tangentengleichung** durch den Punkt $P_0(x_0 | f(x_0))$ erhält man über t: $y = m \cdot (x - x_0) + y_0 \land m = f'(x_0)$

Bestimmen Sie die Gleichung der Tangente t im Punkt $P_0(2|2)$ des Graphen der Funktion f mit $y = \frac{1}{2}x^2$.

Beispiel

Lösung:
Man wählt einen beliebigen Punkt $P\left(x \mid \frac{1}{2}x^2\right)$ und bildet den Differenzenquotienten:
$\frac{\Delta y}{\Delta x} = \frac{\frac{1}{2}x^2 - 2}{x - 2} = \frac{\frac{1}{2}(x-2)(x+2)}{x-2} = \frac{1}{2}(x + 2)$

Die Tangentensteigung erhält man als:

$m = f'(2) = \lim\limits_{x \to 2} \frac{\Delta y}{\Delta x} = 2$

Damit ergibt sich als gesuchte Tangentengleichung:
t: $y = 2 \cdot (x - 2) + 2 = 2x - 2$
Im Scheitel S(0|0) der Parabel liegt eine waagrechte Tangente vor, d. h., die Steigung ist null.
Es gilt also:
$f'(0) = 0 \land$ t: $y = 0$

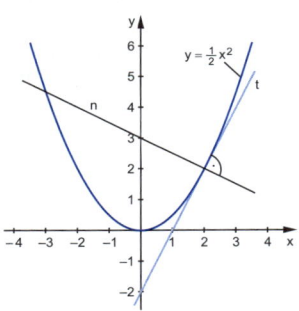

Wenn die Richtung der Tangente t festlegt, kennt man auch die Lotrichtung. Es gilt:

Normale
Die Gerade n durch einen Punkt $P_0(x_0|f(x_0))$, die senkrecht auf der Tangente t steht, heißt Normale. Für ihre Steigung gilt:
$m_n = -\frac{1}{m_t}$

Beispiel

Bestimmen Sie die Gleichung der Normalen n zur Tangente t im Punkt $P_0(2|2)$ der Funktion f: $y = \frac{1}{2}x^2$.

Lösung:
Im letzten Beispiel wurde berechnet: $m_t = 2$. Daraus folgt:
$m_n = -\frac{1}{2} \implies y = -\frac{1}{2} \cdot (x-2) + 2 = -\frac{1}{2}x + 3$

Mit der Steigung m der Tangente t liegt der Schnittwinkel mit der x-Achse und damit auch der mit der y-Achse fest. Es gilt:

Schnittwinkel mit den Koordinatenachsen
- Die Tangente t mit der Steigung m schneidet die **x-Achse** unter dem **Schnittwinkel α**, für den gilt: $\tan\alpha = m$ ($0° < \alpha < 180°$).
- Unter dem **Schnittwinkel β** einer Geraden mit der **y-Achse** versteht man den **spitzen** Winkel ($0° < \beta < 90°$), den die Gerade und die y-Achse einschließen.

m > 0:

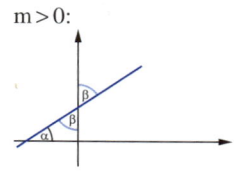

m < 0:

Für m > 0 gilt:
$\beta = 90° - \alpha$

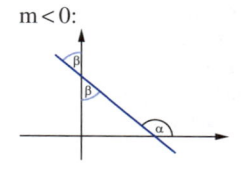

Für m < 0 gilt:
$\beta = 90° - (180° - \alpha) = \alpha - 90°$

Beispiel

Eine Gerade hat die Steigung m = 2.
Bestimmen Sie die Schnittwinkel mit den Koordinatenachsen.

Lösung:
$\tan \alpha = 2 \Rightarrow \alpha = 63{,}43°$
Es gilt: $\beta = 90° - 63{,}43 = 26{,}57°$

3.2 Differenzierbarkeit an einer Nahtstelle

Aus der Definition der Differenzierbarkeit folgt die Stetigkeit einer Funktion f: Die Annäherung an die Stelle x_0 von links und von rechts muss auf den gleichen Grenzwert führen.

> **Stetigkeit und Differenzierbarkeit**
> Eine in x_0 differenzierbare Funktion f muss in x_0 stetig sein. Die Ableitung einer Funktion ist nur im Inneren von D_f definiert, an Randpunkten existiert nur ein einseitiger Grenzwert.
> An einer isolierten Stelle x_0 ist eine Funktion f nicht differenzierbar.

An der Nahtstelle einer abschnittsweise definierten Funktion kann man nur dann eine Tangente zeichnen, wenn die Funktion stetig ist und die beiden Äste des Graphen die gleiche Steigung besitzen.
Es gilt folglich:

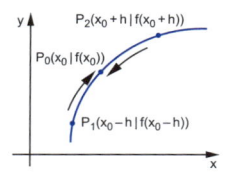

> **Differenzierbarkeit an einer Nahtstelle**
> Eine **abschnittsweise definierte Funktion** f ist an einer Nahtstelle $x = x_0$ differenzierbar, wenn gilt:
> - f ist für $x = x_0$ stetig und
> - $\lim\limits_{x \to x_0 + 0} \dfrac{\Delta y}{\Delta x} = \lim\limits_{x \to x_0 - 0} \dfrac{\Delta y}{\Delta x} = f'(x_0)$.

Beispiel

1. $f(x) = \begin{cases} x-1 & \text{für } x \leq 1 \\ x+1 & \text{für } x > 1 \end{cases}$, $D_f = \mathbb{R}$

    Existiert f'(1)?

    Lösung:
    Obwohl

    $\lim\limits_{x \to 1+0} \frac{\Delta y}{\Delta x} = \lim\limits_{x \to 1-0} \frac{\Delta y}{\Delta x} = 1$ (konstante Geradensteigung)

    gilt, ist die Funktion f an der Stelle $x_0 = 1$ nicht differenzierbar, weil sie dort unstetig ist.

    Es gilt dort:
    $\lim\limits_{x \to 1-0} f(x) = f(1) = 0$

    $\lim\limits_{x \to 1+0} f(x) = 2$

    Für x = 1 liegt eine endliche Sprungstelle vor. Der Graph bestätigt die Rechnung.

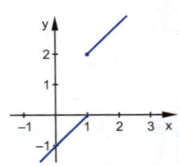

Das folgende Beispiel zeigt: **Eine stetige Funktion muss nicht notwendig differenzierbar sein.**

2. $f(x) = \begin{cases} x^2 & \text{für } x \geq 1 \\ 2-x & \text{für } x < 1 \end{cases}$, $D_f = \mathbb{R}$

    Existiert f'(1)?

    Lösung:
    $\left. \begin{array}{l} \lim\limits_{x \to 1+0} f(x) = 1 \\ \lim\limits_{x \to 1-0} f(x) = 1 \\ f(1) = 1 \end{array} \right\}$ f ist für $x_0 = 1$ stetig.

    Rechtsseitiger Steigungswert mit $P_1(x \mid x^2)$:

    $\lim\limits_{x \to 1+0} \frac{\Delta y}{\Delta x} = \lim\limits_{x \to 1+0} \frac{x^2 - 1}{x - 1}$

    $= \lim\limits_{x \to 1+0} \frac{(x+1)(x-1)}{x-1}$

    $= \lim\limits_{x \to 1+0} (x+1) = 2$

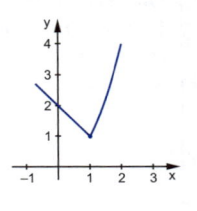

Linksseitiger Steigungswert mit $P_2(x\,|\,2-x)$:

$\lim\limits_{x \to 1-0} \frac{\Delta y}{\Delta x} = -1$ (konstante Geradensteigung)

Die Grenzwerte stimmen nicht überein, d. h., es gibt an der Nahtstelle $x_0 = 1$ keine Ableitung. Der Graph G_f ist zwar stetig, hat aber an der Stelle $x_0 = 1$ einen „Knick".

3.3 Ableitungsfunktion

Fragt man nicht nach der Steigung in einem bestimmten Punkt, sondern in einem beliebigen Punkt $P_0(x_0\,|\,f(x_0))$, so wird jedem x_0 eindeutig eine Ableitung $f'(x_0)$ zugeordnet, die über

$f'(x_0) = \lim\limits_{x \to x_0} \frac{f(x)-f(x_0)}{x-x_0}$

bestimmt wird. Diese Zuordnung ist eine Funktion. Es wird festgelegt:

> **Ableitungsfunktion**
> Die Menge aller $x \in D_f$, in denen eine Ableitung f' existiert, heißt **Differenzierbarkeitsmenge $D_{f'}$**.
> Die Funktion $f'\colon x \mapsto f'(x)$, $x \in D_{f'}$ heißt **Ableitungsfunktion**.

Für die Ableitungsfunktion kennt man die symbolische Schreibweise nach Leibniz:

$f'(x) = \frac{df(x)}{dx} = \frac{d}{dx}f(x) = \frac{dy}{dx} = y'$ Gelesen: „dy nach dx"

Auf Seite 39 wurde die Steigung der Tangente (die Ableitung) der Funktion

$f\colon x \mapsto f(x) = \frac{1}{2}x^2$

im Punkt $P_0(2\,|\,2)$ berechnet. Was ergibt die Ableitung in einem beliebigen Punkt $P_0\left(x_0\,\big|\,\frac{1}{2}x_0^2\right)$?

Beispiel

Lösung:
Wie bei der Berechnung der Ableitung wird ein Punkt $P\left(x \mid \frac{1}{2}x^2\right)$ des Graphen von f verwendet und der Grenzwert des Differenzquotienten gebildet:

$$f'(x_0) = \lim_{x \to x_0} \frac{\frac{1}{2}x^2 - \frac{1}{2}x_0^2}{x - x_0} = \lim_{x \to x_0} \frac{\frac{1}{2}(x^2 - x_0^2)}{x - x_0}$$

$$= \lim_{x \to x_0} \frac{\frac{1}{2}(x - x_0)(x + x_0)}{x - x_0} = \lim_{x \to x_0} \frac{1}{2}(x + x_0) = x_0$$

$\Rightarrow f'(x) = x$

Ableitungsfunktionen von Elementarfunktionen

1. $f(x) = c \;\land\; c \in \mathbb{R} \;\Rightarrow\; f'(x) = 0$
2. $f(x) = x \;\Rightarrow\; f'(x) = 1$
3. $f(x) = x^2 \;\Rightarrow\; f'(x) = 2x$
4. $f(x) = x^3 \;\Rightarrow\; f'(x) = 3x^2$
5. Allgemein (Potenzregel):
   $f(x) = x^n \;\land\; n \in \mathbb{N} \;\Rightarrow\; f'(x) = n \cdot x^{n-1}$
   Diese Ableitungsregel lässt sich auf alle $n \in \mathbb{R} \setminus \{0\}$ erweitern!
6. $f(x) = \frac{1}{x} \;\Rightarrow\; f'(x) = -\frac{1}{x^2}$
7. $f(x) = \sqrt{x} \;\Rightarrow\; f'(x) = \frac{1}{2\sqrt{x}}$
8. $f(x) = \sin x \;\Rightarrow\; f'(x) = \cos x$
9. $f(x) = \cos x \;\Rightarrow\; f'(x) = -\sin x$
10. $f(x) = e^x \;\Rightarrow\; f'(x) = e^x$
11. $f(x) = a^x \;\Rightarrow\; f'(x) = a^x \cdot \ln a$
12. $f(x) = \ln x \;\Rightarrow\; f'(x) = \frac{1}{x}$
13. $f(x) = \log_a x \;\Rightarrow\; f'(x) = \frac{1}{x \cdot \ln a}$

3.4 Ableitungsregeln

Im Allgemeinen setzen sich Funktionen, die in der Praxis benötigt werden, aus Elementarfunktionen zusammen. Zur Differenziation solcher Funktionen benötigt man die folgenden Ableitungsregeln.
Im Folgenden wird davon ausgegangen, dass die Funktionen
g: $x \mapsto g(x)$ und h: $x \mapsto h(x)$ in einem gemeinsamen Bereich D' differenzierbar sind.

> **Ableitung von Summe und Differenz zweier Funktionen**
> $f(x) = g(x) \pm h(x) \implies f'(x) = g'(x) \pm h'(x)$
> Die Ableitung einer Summe (Differenz) ist gleich der Summe (Differenz) der Ableitungen.

$f(x) = x^3 + x^2 - x + 5 \implies f'(x) = 3x^2 + 2x - 1$ **Beispiel**

> **Ableitung einer Funktion mit konstantem Faktor**
> $f(x) = k \cdot g(x) \implies f'(x) = k \cdot g'(x)$
> Der konstante Faktor bleibt erhalten.

Beispiel

1. $f(x) = 6x^3 + 2x^2 - 8x + 5 \implies f'(x) =$
$= 6 \cdot (3x^2) + 2 \cdot (2x) - 8 \cdot (1)$
$= 18x^2 + 4x - 8$

2. $f(x) = 2x^2 + \frac{4}{x} \implies f'(x) = 4x - \frac{4}{x^2}$

3. $f(x) = 6\sqrt{x} - 3x + 2 \implies f'(x) = \frac{3}{\sqrt{x}} - 3$

4. $f(x) = 2\sin x - 3x \implies f'(x) = 2\cos x - 3$

Differenzieren reeller Funktionen

> **Produktregel**
> $f(x) = g(x) \cdot h(x) \implies f'(x) = g'(x) \cdot h(x) + g(x) \cdot h'(x)$

Beispiel

1. $f(x) = x^2 \cdot (2x^2 - 3x + 2)$
   Mit der Produktregel:
   $$f'(x) = 2x \cdot (2x^2 - 3x + 2) + x^2 \cdot (4x - 3)$$
   $$= 4x^3 - 6x^2 + 4x + 4x^3 - 3x^2$$
   $$= 8x^3 - 9x^2 + 4x$$

   Direkt:
   $$f(x) = x^2 \cdot (2x^2 - 3x + 2)$$
   $$= 2x^4 - 3x^3 + 2x^2$$
   $$\implies f'(x) = 8x^3 - 9x^2 + 4x$$

2. $f(x) = x \cdot \sin x$
   Kann nur mit der Produktregel differenziert werden:
   $f'(x) = 1 \cdot \sin x + x \cdot \cos x = \sin x + x \cdot \cos x$

3. $f(x) = x^2 \cdot e^x$
   $f'(x) = 2x \cdot e^x + x^2 \cdot e^x = (2x + x^2) \cdot e^x$

4. $f(x) = x \cdot \ln x$
   $f'(x) = 1 \cdot \ln x + x \cdot \frac{1}{x} = \ln x + 1$

> **Quotientenregel**
> $f(x) = \frac{g(x)}{h(x)} \wedge h(x) \neq 0 \implies f'(x) = \frac{g'(x) \cdot h(x) - g(x) \cdot h'(x)}{[h(x)]^2}$

Anmerkung:
Den Nenner in der Ableitung lässt man immer als Potenz stehen, der Zähler wird ausmultipliziert und zusammengefasst.

Beispiel

1. $f(x) = \frac{x^2 - 1}{x^2 + 1}$, $D_f = \mathbb{R}$

   $$f'(x) = \frac{2x(x^2 + 1) - (x^2 - 1) \cdot 2x}{(x^2 + 1)^2} = \frac{2x^3 + 2x - 2x^3 + 2x}{(x^2 + 1)^2} = \frac{4x}{(x^2 + 1)^2}$$

Differenzieren reeller Funktionen

2. $f(x) = \frac{x^2}{2-x}$, $D_f = \mathbb{R}\setminus\{2\}$

   $f'(x) = \frac{2x(2-x) - x^2 \cdot (-1)}{(2-x)^2} = \frac{4x - 2x^2 + x^2}{(2-x)^2} = \frac{4x - x^2}{(2-x)^2}$

3. $f(x) = \frac{1}{x+2}$, $D_f = \mathbb{R}\setminus\{-2\}$

   $f'(x) = \frac{0 \cdot (x+2) - 1 \cdot 1}{(x+2)^2} = \frac{-1}{(x+2)^2}$

4. $f(x) = \frac{e^x}{x}$, $D_f = \mathbb{R}\setminus\{0\}$

   $f'(x) = \frac{e^x \cdot x - e^x \cdot 1}{x^2} = \frac{e^x(x-1)}{x^2}$

Kettenregel
$f(x) = g(h(x)) \implies f'(x) = g'(h(x)) \cdot h'(x)$

Anmerkung:
Die Kettenregel kann auch symbolisch in der Leibniz-Form angegeben werden:

$\frac{dy}{dx} = \frac{dy}{du} \cdot \frac{du}{dx}$ bzw. mehrfach: $\frac{dy}{dx} = \frac{dy}{du} \cdot \frac{du}{dv} \cdot \frac{dv}{...} \cdot ... \cdot \frac{...}{dx}$

1. $f(x) = (x^2+1)^2$ mit $h(x) = x^2+1$ und $g(u) = u^2$ **Beispiel**
   $f'(x) = 2 \cdot h(x) \cdot h'(x) = 2 \cdot (x^2+1) \cdot 2x = 4x(x^2+1) = 4x^3 + 4x$

2. $f(x) = \sqrt{3x^3 + 5x^2}$ mit $h(x) = 3x^3 + 5x^2$ und $g(u) = \sqrt{u}$

   $f'(x) = \frac{1}{2\sqrt{h(x)}} \cdot h'(x) = \frac{1}{2\sqrt{3x^3 + 5x^2}} \cdot (9x^2 + 10x) = \frac{9x^2 + 10x}{2\sqrt{3x^3 + 5x^2}}$

3. $f(x) = \sin(3x)$ mit $h(x) = 3x$ und $g(u) = \sin u$
   $f'(x) = \cos(h(x)) \cdot h'(x) = \cos(3x) \cdot 3 = 3 \cdot \cos(3x)$
   Es gilt allgemein:

   $f(x) = \sin(k \cdot x) \implies f'(x) = k \cdot \cos(k \cdot x)$
   $f(x) = \cos(k \cdot x) \implies f'(x) = -k \cdot \sin(k \cdot x)$

4. $f(x) = \frac{x^2}{(x-1)^2}$, $D_f = \mathbb{R}\setminus\{1\}$

Verwendung der Quotientenregel und der Kettenregel:
$$f'(x) = \frac{2x(x-1)^2 - x^2 \cdot 2(x-1)}{(x-1)^4} = \frac{(x-1)[2x^2 - 2x - 2x^2]}{(x-1)^4} = \frac{-2x}{(x-1)^3}$$

5. $f(x) = x^2 \cdot \sin\sqrt{x}$, $D_f = \mathbb{R}_0^+$

Verwendung der Produktregel und der Kettenregel:
$$f'(x) = 2x \cdot \sin\sqrt{x} + x^2 \cdot \cos\sqrt{x} \cdot \frac{1}{2\sqrt{x}}$$
$$= 2x\sin\sqrt{x} + \frac{x^2}{2\sqrt{x}}\cos\sqrt{x}$$

6. $f(x) = \sqrt{\sin(3x^2)}$, $D_f = \mathbb{R}$

Zweimalige Verwendung der Kettenregel:
$$f'(x) = \frac{1}{2\sqrt{\sin(3x^2)}} \cdot \cos(3x^2) \cdot 6x = \frac{3x \cdot \cos(3x^2)}{\sqrt{\sin(3x^2)}}$$

7. $f(x) = x \cdot e^{-\frac{1}{2}x^2}$, $D_f = \mathbb{R}$

Verwendung der Produktregel und der Kettenregel:
$$f'(x) = 1 \cdot e^{-\frac{1}{2}x^2} + x \cdot e^{-\frac{1}{2}x^2} \cdot (-x) = e^{-\frac{1}{2}x^2}(1-x^2)$$

8. $f(x) = \frac{\ln(1-x^2)}{x}$, $D_f = \,]{-1;1[}\setminus\{0\}$

Verwendung der Quotientenregel und der Kettenregel:
$$f'(x) = \frac{\frac{1}{1-x^2} \cdot (-2x) \cdot x - \ln(1-x^2) \cdot 1}{x^2} = \frac{\frac{-2x^2 - (1-x^2)\ln(1-x^2)}{1-x^2}}{x^2}$$
$$= -\frac{2x^2 + (1-x^2)\ln(1-x^2)}{x^2(1-x^2)}$$

3.5 Höhere Ableitungen

Häufig ist die Ableitungsfunktion f' einer Funktion f wieder differenzierbar. Für die Ableitungsfunktion der Ableitungsfunktion f' schreibt man (f'(x))' = f''(x) und nennt diese **Ableitungsfunktion 2. Ordnung** oder **2. Ableitung**. Es wird festgelegt:

Differenzieren reeller Funktionen

Höhere Ableitungen
Die Ableitungsfunktion f' einer Funktion f wird als **1. Ableitung** bezeichnet.
Ist auch f' differenzierbar, so erhält man die **2. Ableitung** f'' von f.
Existiert die n-te Ableitung $f^{(n)}(x)$, dann heißt die Funktion f **n-mal differenzierbar**.

Beispiel

1. $f(x) = 2x^3 - \frac{1}{2}x^2 + 3x, \; D_f = \mathbb{R}$

   $f'(x) = 6x^2 - x + 3$
   $f''(x) = 12x - 1$
   $f'''(x) = 12$
   $f^{(4)}(x) = 0$
   usw.

2. $f(x) = \sin x, \; D_f = \mathbb{R}$
   $f'(x) = \cos x$
   $f''(x) = -\sin x$
   $f'''(x) = -\cos x$
   $f^{(4)}(x) = \sin x = f(x)$ usw.

3. $f(x) = \frac{2x^2 - 8}{x^2 - 2}, \; D_f = \mathbb{R} \setminus \{\pm\sqrt{2}\}$

   $f'(x) = \frac{4x(x^2-2) - (2x^2-8) \cdot 2x}{(x^2-2)^2} = \frac{4x^3 - 8x - 4x^3 + 16x}{(x^2-2)^2} = \frac{8x}{(x^2-2)^2}$

   $f''(x) = \frac{8 \cdot (x^2-2)^2 - 8x \cdot 2(x^2-2) \cdot 2x}{(x^2-2)^4} = \frac{(x^2-2) \cdot [8x^2 - 16 - 32x^2]}{(x^2-2)^4}$
   $= \frac{-24x^2 - 16}{(x^2-2)^3}$

4. $f(x) = \sqrt{x^2+1}, \; D_f = \mathbb{R}$

   $f'(x) = \frac{1}{2\sqrt{x^2+1}} \cdot 2x = \frac{x}{\sqrt{x^2+1}}$

   $f''(x) = \frac{1 \cdot \sqrt{x^2+1} - x \cdot \frac{1}{2\sqrt{x^2+1}} \cdot 2x}{(\sqrt{x^2+1})^2} = \frac{\sqrt{x^2+1} - \frac{x^2}{\sqrt{x^2+1}}}{x^2+1} = \frac{\frac{x^2+1-x^2}{\sqrt{x^2+1}}}{x^2+1}$
   $= \frac{1}{(x^2+1) \cdot \sqrt{x^2+1}} = \frac{1}{\sqrt{(x^2+1)^3}}$

5. $f(x) = x \cdot e^{-x}$, $D_f = \mathbb{R}$
$f'(x) = 1 \cdot e^{-x} + x \cdot e^{-x} \cdot (-1) = (1-x) \cdot e^{-x}$
$f''(x) = -1 \cdot e^{-x} + (1-x) \cdot e^{-x} \cdot (-1) = e^{-x}(-1 - 1 + x)$
$ = (x-2) \cdot e^{-x}$

3.6 Monotonie und Extremwerte

Wenn eine Funktion f in einem Punkt $P_0(x_0 | f(x_0))$ eine **positive** Tangentensteigung besitzt, dann gibt es eine Umgebung von x_0, in der f streng monoton **zunehmend (wachsend)** ist.
Es gilt:

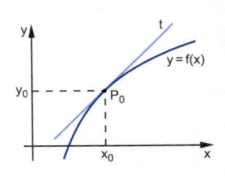

Streng monoton zunehmende Funktion
$f'(x) > 0$ für $x \in \,]a; b[\;\Rightarrow\;$ f ist in $I = \,]a; b[$ streng monoton zunehmend.

Beispiel

$f(x) = \ln x$, $D_f = \mathbb{R}^+$
$f'(x) = \frac{1}{x} > 0$ für $x \in \mathbb{R}^+ \;\Rightarrow\;$ f ist streng monoton zunehmend.

Wenn eine Funktion f in einem Punkt $P_0(x_0 | f(x_0))$ eine **negative** Tangentensteigung besitzt, dann gibt es eine Umgebung von x_0, in der f streng monoton **abnehmend (fallend)** ist.
Es gilt:

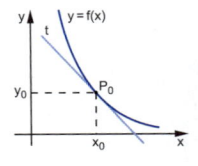

Streng monoton abnehmende Funktion
$f'(x) < 0$ für $x \in \,]a; b[\;\Rightarrow\;$ f ist in $I = \,]a; b[$ streng monoton abnehmend.

Beispiel

$f(x) = e^{-x}$, $D_f = \mathbb{R}$
$f'(x) = -e^{-x} < 0$ für $x \in \mathbb{R} \;\Rightarrow\;$ f ist streng monoton abnehmend.

Im Falle f'(x)=0 liegt eine **waagrechte (horizontale)** Tangente vor.

1. $f(x) = x^2 - 2x + 2$
   $f'(x) = 2x - 2$
   waagrechte Tangente für f'(x)=0,
   d. h. für x = 1;
   f'(x) < 0 für x < 1 und
   f'(x) > 0 für x > 1.

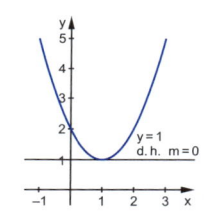

2. $f(x) = x^3 - 3x^2 + 3x$
   $f'(x) = 3x^2 - 6x + 3$
   waagrechte Tangente für
   f'(x) = 0, d. h. für x = 1;
   ansonsten f'(x) > 0 für alle
   $x \neq 1$.

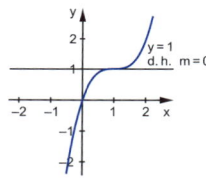

Wenn eine Funktion f an einer Stelle $x = x_0$ einen **Extremwert** besitzen soll, dann ist es notwendig, dass eine waagrechte Tangente vorliegt, d. h. $f'(x_0) = 0$ gilt. Ein Extremwert liegt im Falle von $f'(x_0) = 0$ nur dann vor, wenn das Wachsen in Fallen (relatives Maximum oder Hochpunkt) bzw. das Fallen in Wachsen (relatives Minimum oder Tiefpunkt) übergeht, d. h., wenn die 1. Ableitung f' an der Stelle $x = x_0$ ihr Vorzeichen ändert.

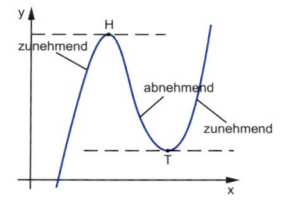

Extrema
- Der Graph G_f einer in $x = x_0$ differenzierbaren Funktion f besitzt bei x_0 einen **Hochpunkt**, wenn f' an der Stelle x_0 das Vorzeichen vom Positiven ins Negative wechselt.
- Der Graph G_f einer in $x = x_0$ differenzierbaren Funktion f besitzt bei x_0 einen **Tiefpunkt**, wenn f' an der Stelle x_0 das Vorzeichen vom Negativen ins Positive wechselt.

Differenzieren reeller Funktionen

Zur Berechnung der Extremwerte bildet man die 1. Ableitung und setzt diese gleich null, d. h., man löst die Gleichung $f'(x_0)=0$. Die sich ergebenden Nullstellen werden auf Vorzeichenwechsel untersucht.

Beispiel

1. $f(x) = x^3 - 3x^2$, $D_f = \mathbb{R}$
   $f'(x) = 3x^2 - 6x$
   $f'(x) = 0$: $3x(x-2) = 0$
   $\Rightarrow x = 0 \lor x = 2$

   Monotoniebereiche:
   $f'(x) > 0$ für $x \in\ ]-\infty;\ 0\ [\ \cup\ ]\ 2;\ \infty\ [$
   $\Rightarrow$ streng monoton zunehmend
   $f'(x) < 0$ für $x \in\ ]\ 0;\ 2\ [$
   $\Rightarrow$ streng monoton abnehmend

   f' wechselt sowohl in $x=0$ als auch in $x=2$ das Vorzeichen.
   Mit $f(0)=0$ und $f(2)=-4$ sowie der Monotonie folgt:
   Hochpunkt (relatives Maximum) $H(0|0)$
   Tiefpunkt (relatives Minimum) $T(2|-4)$

An Stellen, an denen f nicht differenzierbar ist, müssen gesonderte Untersuchungen ausgeführt werden.

2. $f(x) = |x|$, $D_f = \mathbb{R}$
   Die Funktion f ist an der Stelle $x = 0$ nicht differenzierbar. Am Graphen erkennt man, dass der Punkt $T(0|0)$ ein Tiefpunkt ist, weil f für $x = 0$ stetig ist und dort das Fallen in Wachsen übergeht.

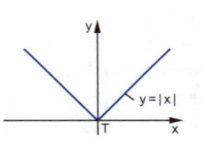

3.7 Krümmung und Wendepunkte

Die 2. Ableitung f" ist die 1. Ableitung der Ableitungsfunktion f'. Die 2. Ableitung gibt folglich die Änderungstendenz der Steigung an. Dabei gilt:

Differenzieren reeller Funktionen

Krümmung
Der Graph G_f einer Funktion f heißt im Intervall $]a; b[$ **rechtsgekrümmt**, wenn die Steigung der Tangente in diesem Intervall streng monoton abnimmt, **linksgekrümmt**, wenn sie streng monoton zunimmt.

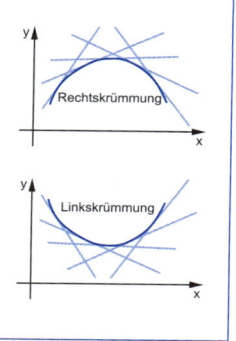

Es gilt:
$f''(x) < 0$ für $x \in I \Rightarrow$
G_f ist in I rechtsgekrümmt.
$f''(x) > 0$ für $x \in I \Rightarrow$
G_f ist in I linksgekrümmt.

Beispiel

Für die Funktion f mit $f(x) = x^3 - 3x^2$, $D_f = \mathbb{R}$ ist $f''(x) = 6x - 6$:
für $x < 1$ ist $f''(x) < 0$: Rechtskrümmung
für $x > 1$ ist $f''(x) > 0$: Linkskrümmung
Die Krümmung kann am Graphen bestätigt werden.

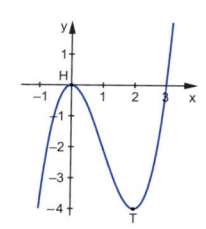

Aus dem Krümmungsverhalten einer Funktion kann man auf die Art eines Extremwertes schließen. Ausreichende Erkennungsmerkmale für Extrempunkte ergeben sich aus den obigen Bildern.

Extremwerte
$f'(x_0) = 0 \wedge f''(x_0) > 0$
$\Rightarrow$ f hat für $x = x_0$ ein **lokales Minimum** (G_f hat einen Tiefpunkt), weil eine waagrechte Tangente und Linkskrümmung vorliegen.

$f'(x_0) = 0 \wedge f''(x_0) < 0$
$\Rightarrow$ f hat für $x = x_0$ ein **lokales Maximum** (G_f hat einen Hochpunkt), weil eine waagrechte Tangente und Rechtskrümmung vorliegen.

Beispiel Bei der Funktion $f: x \mapsto f(x) = x^3 - 3x^2$, $D_f = \mathbb{R}$, liegen die Extrempunkte bei $x = 0$ bzw. $x = 2$. Die 2. Ableitung $f''(x) = 6x - 6$ liefert (genauso wie die Monotoniebetrachtung):
$f''(0) = -6 < 0 \Rightarrow$ Hochpunkt $H(0|0)$ bzw.
$f''(2) = 6 > 0 \Rightarrow$ Tiefpunkt $T(2|-4)$

In den Punkten, in denen der Graph G_f sein Krümmungsverhalten ändert, d. h. sich von der Rechts- in die Linkskrümmung bzw. umgekehrt wendet, liegt ein **Wendepunkt** vor. Die Bedingung $f''(x) = 0$ ist dafür notwendig. Ausreichend ist wieder ein Wechsel der Krümmung, d. h. ein Wechsel des Vorzeichens von f''. Das ist dann der Fall, wenn die Nullstelle der 2. Ableitung eine einfache Nullstelle ist. Es gilt:

> **Wendestelle**
> $f''(x_0) = 0 \land x_0$ ist eine einfache Nullstelle von f'' (bzw. $f'''(x_0) \neq 0$),
> $\Rightarrow x_0$ ist eine Wendestelle des Graphen.
>
> Wegen $f''(x_0) = (f'(x_0))' = 0$ folgt, dass die Steigung des Graphen im Wendepunkt im Allgemeinen einen Extremwert besitzt, d. h., sie ist dort dem Betrag nach relativ am größten.

Beispiel Bei der Funktion f mit $f(x) = x^3 - 3x^2$, $D_f = \mathbb{R}$, folgt aus $f''(x) = 6x - 6$:
$f''(x_0) = 0$
$\Rightarrow x_0 = 1 \land$ einfache Nullstelle
$\Rightarrow$ Wendestelle mit $f(1) = -2$
$\Rightarrow W(1|-2)$ ist ein Wendepunkt des Graphen.

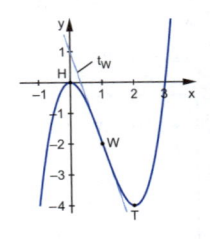

Die Tangente des Graphen G_f einer Funktion f in einem Wendepunkt heißt **Wendetangente t_W**.

Beispiel Bei der Funktion f mit $f(x) = x^3 - 3x^2$, $D_f = \mathbb{R}$, gilt:
$f'(1) = -3 \Rightarrow t_W: y = -3 \cdot (x - 1) - 2 = -3x + 1$

Sind an der Stelle x_0 erste und zweite Ableitung null, d. h. $f'(x_0)=0$, $f''(x_0)=0$, und ist x_0 Wendestelle, so heißt der Punkt $P_0(x_0|f(x_0))$ **Terrassenpunkt** (Wendepunkt mit waagrechter Tangente).

Beispiel

Für $f(x)=\frac{1}{3}x^3+1$, $D_f = \mathbb{R}$ mit
$f'(x)=x^2$, $f''(x)=2x$, $f'''(x)=2 \neq 0$
folgt:
Der Punkt $P(0|1)$ ist Terrassenpunkt des Graphen G_f und $y=1$ ist Wendetangente.

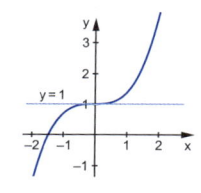

Mithilfe der Funktionsgleichung und ihrer Ableitungen kann die Problematik des Schneidens und des Berührens einfach beschrieben werden.

> **Schnitt und Berührung**
>
> Liegt ein Punkt $P_0(x_0|y_0)$ auf den Graphen G_f und G_g der Funktionen f und g, so ist er **Schnittpunkt**, falls die Funktionswerte $f(x_0)$ und $g(x_0)$ übereinstimmen, d. h. $f(x_0)=g(x_0)$ gilt. 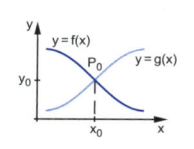
>
> Ein Punkt $P_0(x_0|y_0)$ heißt **Berührpunkt** (doppelt zu zählender Schnittpunkt), falls dort sowohl die Funktionswerte als auch die Werte der ersten Ableitungen übereinstimmen, d. h. $f(x_0)=g(x_0) \land f'(x_0)=g'(x_0)$ gilt. 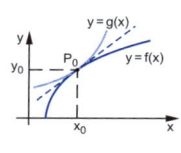
>
> Ein Punkt $P_0(x_0|y_0)$ heißt **durchdringender Berührpunkt** (dreifach zu zählender Schnittpunkt), falls dort die Funktionswerte und die Werte der ersten und der zweiten Ableitungen übereinstimmen, 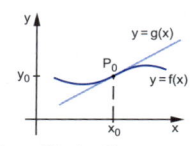
> d. h. $f(x_0)=g(x_0) \land f'(x_0)=g'(x_0) \land f''(x_0)=g''(x_0)$ gilt.
> Die Wendetangente durchdringt im Wendepunkt den Graphen berührend.

Beispiel

Untersuchen Sie die Graphen der Funktionen
$y = f(x) = x^3 - 6x^2 + 9x$ und $y = g(x) = -3x + 8$
auf gemeinsame Punkte.

Lösung:
$$x^3 - 6x^2 + 9x = -3x + 8$$
$$x^3 - 6x^2 + 12x - 8 = 0$$
$$(x-2)^3 = 0$$

$\Rightarrow$ Für $x = 2$, d. h. im Punkt $P(2|2)$, liegt ein dreifach zu zählender Schnittpunkt, also durchdringende Berührung vor.

Ein schwieriges Problem in Aufgabenstellungen ist die Bestimmung einer Tangente, die man von einem Punkt außerhalb eines Graphen an diesen legen kann. Deshalb wird diese Berechnung besonders herausgestellt.

Tangente von einem Punkt außerhalb des Graphen

Gegeben ist ein Punkt $P(x_1|y_1)$, der nicht auf dem Graphen G_f liegt. Man wählt den Berührpunkt $B(x|f(x)) \in G_f$ in allgemeiner Form und bestimmt die Steigung m der Tangente auf die beiden Arten $m = f'(x)$ und $m = \frac{f(x) - y_1}{x - x_1}$.

Setzt man diese beiden Ausdrücke gleich, so lassen sich die Koordinaten des Berührpunktes und die Gleichung der Tangente daraus bestimmen.

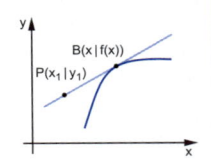

Beispiel

Tangente vom Punkt $P(-1|2)$ an den Graphen der Funktion
$f: x \mapsto -\frac{1}{2}x^2 + 2x + \frac{5}{2}$

Der Berührpunkt lautet in allgemeiner Form:
$B(x|f(x)) = B\left(x \mid -\frac{1}{2}x^2 + 2x + \frac{5}{2}\right)$

Für die Steigung m der Tangente ergibt sich:

$m = f'(x) = -x + 2$ bzw. $m = \frac{\Delta y}{\Delta x} = \frac{-\frac{1}{2}x^2 + 2x + \frac{5}{2} - 2}{x - (-1)} = \frac{-\frac{1}{2}x^2 + 2x + \frac{1}{2}}{x + 1}$

Gleichsetzen der Ausdrücke:

$$-x + 2 = \frac{-\frac{1}{2}x^2 + 2x + \frac{1}{2}}{x+1} \quad | \cdot (x+1)$$

$$-x^2 + 2x - x + 2 = -\frac{1}{2}x^2 + 2x + \frac{1}{2}$$

$$\frac{1}{2}x^2 + x - \frac{3}{2} = 0$$

$$\frac{1}{2}(x-1)(x+3) = 0$$

$$\Rightarrow x = 1 \;\vee\; x = -3$$

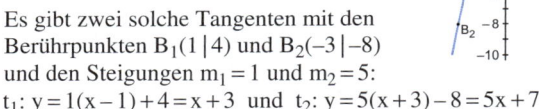

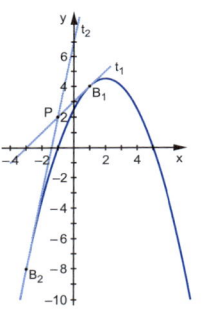

Es gibt zwei solche Tangenten mit den
Berührpunkten $B_1(1\,|\,4)$ und $B_2(-3\,|\,-8)$
und den Steigungen $m_1 = 1$ und $m_2 = 5$:
t_1: $y = 1(x-1) + 4 = x + 3$ und t_2: $y = 5(x+3) - 8 = 5x + 7$

3.8 Newton-Verfahren

Bei der Betrachtung von Nullstellen, d. h. der Lösung der Gleichung $f(x) = 0$, muss man eine Strategie zur Lösung einer Gleichung entwickeln. Die Lösungsverfahren für algebraische Gleichungen 1. und 2. Grades (lineare Gleichungen und quadratische Gleichungen) sind allgemein bekannt und werden häufig angewendet. Obwohl es für Gleichungen 3. und 4. Grades Lösungsformeln gibt, werden diese selten gebraucht, da sie sehr aufwendig sind.
Bei Gleichungen höheren Grades oder bei transzendenten Gleichungen gibt es keine Theorie zu deren Lösungen, nur in Ausnahmefällen erhält man eine exakte Lösung.
So wurden und werden Näherungsverfahren zum Lösen von Gleichungen entwickelt, die im Zeitalter von Taschenrechner und Computer an Bedeutung gewinnen, da ihre Programmierung sehr einfach ist und sich in kürzester Zeit beliebig genaue Näherungen ermitteln lassen.
Eines dieser Näherungsverfahren ist das **Verfahren von Newton** (1643–1727), das wie folgt anschaulich beschrieben werden kann.

1. Es wird ein Startwert x_0 mit $f(x_0) \neq 0$ in der Nähe der gesuchten Nullstelle gewählt. Im Punkt $P_0(x_0 | f(x_0))$ bestimmt man die Gleichung der Tangente t_0 an den Graphen G_f der Funktion f.

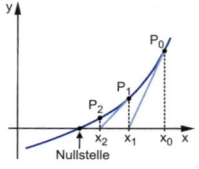

2. Der Schnittpunkt x_1 dieser Tangente t_0 mit der x-Achse stellt eine erste Näherung für die gesuchte Nullstelle dar, wenn x_1 näher an der Nullstelle liegt als x_0.

3. Man setzt dieses Verfahren fort, d. h., man ermittelt die Gleichung der Tangente t_1 an G_f im Punkt $P_1(x_1 | f(x_1))$ und bestimmt deren Schnittpunkt x_2 mit der x-Achse usw.

Algebraisch ergibt sich:

1. $P_0(x_0 | f(x_0))$; $m = f'(x_0)$

   Allgemeine Tangentengleichung:
   $t_0: y = mx + t = f'(x_0) \cdot x + t$

   P_0 eingesetzt:
   $f(x_0) = f'(x_0) \cdot x_0 + t \implies t = f(x_0) - f'(x_0) \cdot x_0$

   Die Tangente t_0 hat also die Gleichung:
   $t_0: y = f'(x_0) \cdot x + f(x_0) - f'(x_0) \cdot x_0$
   $= f'(x_0)(x - x_0) + f(x_0)$

2. Schnitt von t_0 mit der x-Achse, d. h. $y = 0$:

   $f'(x_0)(x_1 - x_0) + f(x_0) = 0 \implies x_1 = x_0 - \frac{f(x_0)}{f'(x_0)}$

   Diesen Ausdruck erhält man aus obiger Skizze viel einfacher, wenn man im Punkt P_0 die Steigung m der Tangente t_0 mithilfe des Steigungsdreiecks bestimmt. Es gilt:

   $m = f'(x_0) = \frac{\Delta y}{\Delta x} = \frac{0 - f(x_0)}{x_1 - x_0} \implies x_1 = x_0 - \frac{f(x_0)}{f'(x_0)}$

3. Bestimmt man die Tangente t_1 im Punkt $P_1(x_1 | f(x_1))$, so erhält man für die Nullstelle x_2 wie bei der Berechnung unter 1. und 2. bzw. über das Steigungsdreieck:

   $x_2 = x_1 - \frac{f(x_1)}{f'(x_1)}$ usw.

Allgemein gilt:

Newton-Verfahren
Ist x_n eine Näherung für eine Nullstelle der differenzierbaren Funktion f mit $f'(x_n) \neq 0$, so erhält man durch

$$x_{n+1} = x_n - \frac{f(x_n)}{f'(x_n)}$$

den nächsten, in der Regel besseren Näherungswert.
Das Verfahren wird angehalten, wenn die gewünschte Genauigkeit erreicht ist.

Anmerkungen:
- Das Verfahren bricht ab, wenn $f'(x_n) = 0$ gilt. Über die Güte der Näherung x_n kann keine allgemeingültige Aussage getroffen werden.
- Wählt man einen ungünstigen Startwert t_0, so können sich die Iterationswerte des Newton-Verfahrens immer mehr von der gesuchten Nullstelle entfernen.
- Falls die Funktion keine Nullstelle besitzt, divergiert die Abfolge der Iterationswerte des Newton-Verfahrens.
- Es gibt seltene Fälle, in denen die Werte sich periodisch wiederholen, d. h., das Verfahren „hängt sich auf".
- Eine ausreichende Bedingung für eine schnellstmögliche Annäherung an die Nullstelle der Funktion erhält man, wenn Funktions- und Krümmungswert im Startpunkt x_0 dasselbe Vorzeichen besitzen, also $f(x_0) \cdot f''(x_0) > 0$ gilt.

Beispiel

1. Betrachtet wird die Funktion
   $f: x \mapsto f(x) = x^2 - 3$
   mit der Ableitung $f'(x) = 2x$.
   Die Formel für das Newton-Verfahren lautet hier:

   $$x_{n+1} = x_n - \frac{x_n^2 - 3}{2x_n}$$

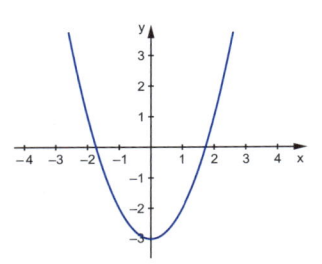

Differenzieren reeller Funktionen

Man wählt z. B. den Startpunkt: $x_0 = 2$
$f(2) = 1$, $f'(2) = 4$
$\Rightarrow x_1 = 2 - \frac{1}{4} = 1{,}75$

$f(1{,}75) = 0{,}0625$; $f'(1{,}75) = 3{,}5$
$\Rightarrow x_2 = 1{,}75 - \frac{0{,}0625}{3{,}5} = 1{,}73214$

$f(1{,}73214) = 0{,}00031$; $f'(1{,}73214) = 3{,}46428$
$\Rightarrow x_3 = 1{,}73214 - \frac{0{,}00031}{3{,}46428} = 1{,}73205$

$f(1{,}73205) = -0{,}000003$; $f'(1{,}73205) = 3{,}46410$
$\Rightarrow x_4 = 1{,}73205 + \frac{0{,}000003}{3{,}4641} = 1{,}73205$

Man wird hier abbrechen und als Näherung für die Nullstelle den Wert $x = 1{,}73205$ ($= \sqrt{3}$) wählen.

2. $f(x) = 2 - e^x$,
$f'(x) = -e^x$,
$x_{n+1} = x_n - \frac{2 - e^{x_n}}{-e^{x_n}}$
Startpunkt: $x_0 = 1$
$f(1) = 2 - e = -0{,}71828$,
$f'(1) = -e = -2{,}71828$
$\Rightarrow x_1 = 1 - \frac{2-e}{-e} = 0{,}73576$

$f(0{,}73576) = -0{,}08707$, $f'(0{,}73576) = -2{,}08707$
$\Rightarrow x_2 = 0{,}73576 - \frac{0{,}08707}{2{,}08707} = 0{,}69404$

$f(0{,}69404) = -0{,}00179$, $f'(0{,}69404) = -2{,}00179$
$\Rightarrow x_3 = 0{,}69404 - \frac{0{,}00179}{2{,}00179} = 0{,}69315$

$f(0{,}69315) = -0{,}000006$, $f'(0{,}69315) = -2{,}000006$
$\Rightarrow x_4 = 0{,}69315 - \frac{0{,}000006}{2{,}000006} = 0{,}69315$

$\Rightarrow x = 0{,}69315$ ist eine gute Näherung für die Nullstelle (rechnerischer Wert: $x = \ln 2$).

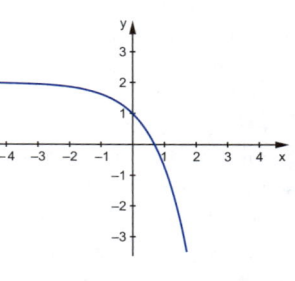

4 Kurvendiskussion

Bei Kurvendiskussionen werden die wichtigsten und charakteristischsten Eigenschaften von Funktionen untersucht. Mithilfe solcher markanter Punkte des Graphen und dessen Verlauf (wie Monotonie und Krümmung) im Definitionsbereich lässt sich der Graph einer Funktion zeichnen und interpretieren – besonders dann, wenn er ein praktisches Problem beschreibt.

4.1 Kriterien

Die folgenden Merkmale von Kurven (Funktionsgraphen) werden bei Kurvendiskussionen, häufig in kleinschrittiger Aufgabenstellung, abgefragt. In den Kapiteln 1 bis 3 werden diese einzelnen Schritte detailliert vorgestellt.

1. **Definitionsmenge D**
   Es handelt sich um die Menge $\mathbb{R}$ bzw. um eine Teilmenge von $\mathbb{R}$, die diejenigen Zahlen enthält, die für x eingesetzt werden dürfen.

2. **Schnittpunkte mit den Koordinatenachsen**
   x-Achse: $y = f(x) = 0 \Rightarrow$ Lösungen x_1, x_2 usw. (Nullstellen)
   $\Rightarrow$ Punkte $N_1(x_1 | 0), N_2(x_2 | 0)$ usw.
   y-Achse: $x = 0$ und $y = f(0) \Rightarrow$ Punkt $T(0 | f(0))$

3. **Unendlichkeitsstellen (Polstellen)**
   Sie treten z. B. bei gebrochen-rationalen Funktionen
   $f(x) = \frac{g(x)}{h(x)}$ mit $h(x_0) = 0$ und $g(x_0) \neq 0$ auf.

4. **Verhalten im Unendlichen**
   Die Grenzwerte $\lim\limits_{x \to \infty} f(x)$ bzw. $\lim\limits_{x \to -\infty} f(x)$ können gefragt sein.
   Häufig werden auch die Grenzwerte bei Annäherung an eine Definitionslücke berechnet, auch dann, wenn es sich nicht um Unendlichkeitsstellen handelt.

5. Asymptoten

Eine senkrechte (vertikale) Asymptote liegt an einer Unendlichkeitsstelle vor.

Eine waagrechte (horizontale) Asymptote liegt vor, wenn der Grenzwert für $x \to \infty$ oder/und für $x \to -\infty$ existiert.

Eine schiefe (schräge) Asymptote mit der Gleichung $y = g(x) = mx + t$ liegt vor, wenn $\lim\limits_{x \to \pm\infty} [f(x) - g(x)] = 0$ gilt.

6. Symmetrie

Man muss erkennen:
Achsensymmetrie zur y-Achse: $f(-x) = f(x)$
Punktsymmetrie zum Ursprung: $f(-x) = -f(x)$

7. Monotonie und Extremwerte

Monotonie:
f ist streng monoton zunehmend, wenn $f'(x) > 0$ gilt.
f ist streng monoton abnehmend, wenn $f'(x) < 0$ gilt.

Extremwerte:
$f'(x) = 0$ lösen. Dann gilt:
$f'(x_0) = 0 \land f''(x_0) < 0$: Graph G_f besitzt einen Hochpunkt (relatives Maximum) $H(x_0 | f(x_0))$.
$f'(x_0) = 0 \land f''(x_0) > 0$: Graph G_f besitzt einen Tiefpunkt (relatives Minimum) $T(x_0 | f(x_0))$.

Der Nachweis der Art des Extremwertes ist auch aus Monotonieüberlegungen möglich. Berechnung des y-Wertes nicht vergessen! Weitere Extremwerte können an Stellen auftreten, an denen f definiert ist, aber f' nicht existiert.

8. Krümmung und Wendepunkte

Krümmung:
Der Graph G_f ist linksgekrümmt, wenn $f''(x) > 0$ gilt.
Der Graph G_f ist rechtsgekrümmt, wenn $f''(x) < 0$ gilt.

Wendepunkte:
$f''(x) = 0$ lösen. Dann gilt:
$f''(x_0) = 0 \land$ einfache Nullstelle: Graph G_f besitzt einen Wendepunkt $W(x_0 | f(x_0))$.

Der Nachweis des Wendepunktes ist auch aus Krümmungsüberlegungen möglich. Berechnung des y-Wertes nicht vergessen!

Wendetangente = Tangente im Wendepunkt
Terrassenpunkt = Wendepunkt mit waagrechter Tangente

9. **Wertemenge, Wertetabelle, Graph**
Die Wertemenge W_f ergibt sich aus den Eigenschaften 2 bis 7. Die Wertetabelle (alle ganzzahligen x-Werte sowie in der Umgebung einer Definitionslücke x_0 die x-Werte $x_0 - 0{,}5$ und $x_0 + 0{,}5$ verwenden) erleichtert die Zeichnung des Graphen G_f. Dazu werden alle Ergebnisse aus 1 bis 8 verwendet und vorab eingezeichnet bzw. markiert.

4.2 Ganzrationale Funktion

Die Beispiele für Kurvendiskussionen beginnen mit den einfachsten Funktionen, nach den linearen und quadratischen Funktionen. Ihr Funktionsterm ist ein Polynom in x.

Diskutieren Sie die Funktion f mit $f(x) = \frac{1}{12}x^3 - x^2 + 3x$.

Beispiel

Lösung:

Definitionsmenge:
Bei allen ganzrationalen Funktionen gilt: $D_f = \mathbb{R}$

Schnittpunkte mit den Koordinatenachsen:
x-Achse: $y = f(x) = 0$:
$$\frac{1}{12}x^3 - x^2 + 3x = 0$$
$$\frac{1}{12}x(x^2 - 12x + 36) = 0$$
$$\frac{1}{12}x(x-6)^2 = 0$$
$\Rightarrow$ $x_1 = 0 \wedge x_2 = 6$ **(doppelte Nullstelle = Berührung der x-Achse)**
$\Rightarrow$ $N_1(0|0)$, $N_2(6|0)$

y-Achse: Da es nur einen Schnittpunkt mit der y-Achse gibt, muss es der Punkt $N_1(0|0)$ sein.

Verhalten im Unendlichen:
$\lim\limits_{x \to \infty} f(x) = \infty \;\land\; \lim\limits_{x \to -\infty} f(x) = -\infty \;\Rightarrow\; W_f = \mathbb{R}$

Symmetrie:
Es ist keine Symmetrie zur y-Achse bzw. zum Ursprung erkennbar.

Extremwerte und Wendepunkte:
$f'(x) = \frac{1}{4}x^2 - 2x + 3; \quad f''(x) = \frac{1}{2}x - 2$

$f'(x) = 0: \; \frac{1}{4}x^2 - 2x + 3 = 0$

$$x_{1;2} = \frac{1}{\frac{1}{2}}\left(2 \pm \sqrt{4-3}\right) = 2(2 \pm 1)$$

$$x_1 = 2 \;\lor\; x_2 = 6$$

$f(2) = \frac{8}{3} \;\land\; f''(2) = -1 < 0 \;\Rightarrow\;$ Hochpunkt $H\left(2 \mid \frac{8}{3}\right)$

$f(6) = 0 \;\land\; f''(6) = 1 > 0 \;\Rightarrow\;$ Tiefpunkt $T(6 \mid 0)$

Oder:
$f'(x) > 0$ für $x \in\;]-\infty;\, 2[\, \cup\,]6;\, \infty[$
$\Rightarrow$ streng monoton zunehmend
$f'(x) < 0$ für $x \in\;]2;\, 6[$
$\Rightarrow$ streng monoton abnehmend
$\Rightarrow$ Hochpunkt für $x = 2$, weil Steigen in Fallen übergeht, sowie Tiefpunkt für $x = 6$, weil Fallen in Steigen übergeht.

$f''(x) = 0: \; \frac{1}{2}x - 2 = 0 \;\Rightarrow\; x = 4 \;\land\;$ einfache Nullstelle

$\Rightarrow$ Wendepunkt

$f(4) = \frac{4}{3} \;\Rightarrow\; W\left(4 \mid \frac{4}{3}\right)$ Wendepunkt

Gleichung der Wendetangente t_W:
$f'(4) = -1$
$t_W: \; y = -1 \cdot (x - 4) + \frac{4}{3} = -x + \frac{16}{3}$

Wertetabelle und Graph:

x	−1	0	1	2	3	4	5	6	7	8
f(x)	−4,08	0	2,08	2,67	2,25	1,33	0,42	0	0,58	2,67

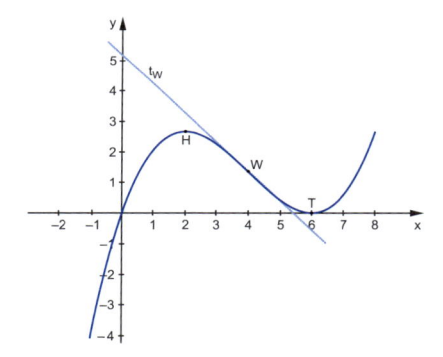

4.3 Gebrochen-rationale Funktion

Schon bei den gebrochen-rationalen Funktionen, d. h. Funktionen, deren Zähler und Nenner Polynome in x sind, erweitert sich das Spektrum der Anforderungen um Definitionslücken, Polstellen, Asymptoten etc.

Diskutieren Sie die Funktion f mit $f(x) = \frac{x^2+1}{x}$. **Beispiel**

Lösung:

Definitionsmenge:
$D_f = \mathbb{R} \setminus \{0\}$, weil für $x = 0$ der Nenner null wird und damit der Bruch nicht definiert ist.

Schnittpunkte mit den Koordinatenachsen:
x-Achse: $y = f(x) = 0$: $x^2 + 1 = 0$
keine Lösung $\Rightarrow$ kein Schnittpunkt mit der x-Achse

Mit der y-Achse ist wegen $D = \mathbb{R} \setminus \{0\}$ kein Schnittpunkt möglich.

Unendlichkeitsstellen:
Es gilt $\lim\limits_{x \to 0+0} f(x) = +\infty \land \lim\limits_{x \to 0-0} f(x) = -\infty$,

d. h., an der Stelle $x = 0$ liegt eine Unendlichkeitsstelle mit Vorzeichenwechsel (einfache Polstelle) vor.

Verhalten im Unendlichen:
Es gilt: $\lim\limits_{x \to \infty} f(x) = \infty \;\wedge\; \lim\limits_{x \to -\infty} f(x) = -\infty$

Asymptoten:
$x = 0$ ist die Gleichung einer senkrechten Asymptote, da für $x = 0$ eine Unendlichkeitsstelle vorliegt. Da der Grad des Zählers um 1 größer ist als der Grad des Nenners, liegt eine schräge Asymptote vor, die durch Polynomdivision von Zähler durch Nenner gefunden wird.

$(x^2 + 1) : x = x + \frac{1}{x}$

$\Rightarrow\; y = x$ ist schiefe Asymptote, weil $\lim\limits_{x \to \pm\infty} \frac{1}{x} = 0$ gilt.

Symmetrie:
$f(-x) = \frac{(-x)^2 + 1}{-x} = \frac{x^2 + 1}{-x} = -\frac{x^2 + 1}{x} = -f(x)$

$\Rightarrow\;$ Punktsymmetrie zum Ursprung

Extremwerte und Wendepunkt:
$f'(x) = \frac{2x \cdot x - (x^2 + 1) \cdot 1}{x^2} = \frac{2x^2 - x^2 - 1}{x^2} = \frac{x^2 - 1}{x^2}$

$f''(x) = \frac{2x \cdot x^2 - (x^2 - 1) \cdot 2x}{x^4} = \frac{2x^3 - 2x^3 + 2x}{x^4} = \frac{2}{x^3}$

Wegen $f''(x) \neq 0$ gibt es keine Wendepunkte.

$f'(x) = 0:\; \frac{x^2 - 1}{x^2} = 0 \;\Rightarrow\; x^2 - 1 = 0$
$\phantom{f'(x) = 0:\; \frac{x^2 - 1}{x^2} = 0} \;\Rightarrow\; x_1 = -1 \;\vee\; x_2 = 1$

$f(1) = 2 \quad \wedge \quad f''(1) > 0 \quad\Rightarrow\;$ Tiefpunkt $T(1\,|\,2)$
$f(-1) = -2 \quad \wedge \quad f''(-1) < 0 \quad\Rightarrow\;$ Hochpunkt $H(-1\,|\,-2)$

Oder:
$f'(x) > 0$ für $x \in\;]-\infty; -1\,[\, \cup\,]1; \infty[\;\Rightarrow\;$ streng monoton zunehmend

$f'(x) < 0$ für $x \in\;]-1; 0\,[\, \cup\,]0; 1\,[\;\Rightarrow\;$ streng monoton abnehmend

$\Rightarrow\;$ Hochpunkt für $x = -1$, weil dort das Steigen in Fallen übergeht, sowie Tiefpunkt für $x = 1$, weil dort das Fallen in Steigen übergeht.

Wertetabelle und Graph:

x	−4	−3	−2	−1	−0,5	0,5	1	2	3
f(x)	−4,25	−3,33	−2,5	−2	−2,5	2,5	2	2,5	2,33

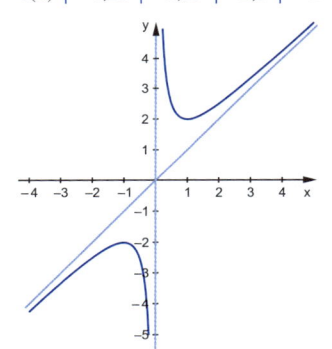

4.4 Nichtrationale Funktion

Als Beispiel für eine nichtrationale Funktion (Exponentialfunktionen, Logarithmusfunktionen, trigonometrische Funktionen etc.) wird eine natürliche Exponentialfunktion ausgewählt.

Diskutieren Sie die Funktion f mit $f(x) = (x+1) \cdot e^{-x}$.

Beispiel

Lösung:

Definitionsmenge:
$D = \mathbb{R}$, da die natürliche Exponentialfunktion in $\mathbb{R}$ definiert ist.

Schnittpunkte mit den Koordinatenachsen:
x-Achse: $y = f(x) = 0$: $(x+1) \cdot e^{-x} = 0 \Rightarrow x = -1 \Rightarrow N(-1 \mid 0)$
y-Achse: $x = 0$: $y = f(0) = 1 \Rightarrow R(0 \mid 1)$

Verhalten im Unendlichen und Asymptoten:
$\lim_{x \to -\infty} f(x) = -\infty$;

$\lim_{x \to \infty} f(x) = 0 \Rightarrow y = 0$ ist waagrechte Asymptote.

Symmetrie:
Es ist keine Symmetrie zur y-Achse bzw. zum Ursprung erkennbar.

Extremwerte und Wendepunkte:
$f'(x) = e^{-x} + (x+1) \cdot e^{-x} \cdot (-1) = -x \cdot e^{-x}$
$f''(x) = -e^{-x} - xe^{-x} \cdot (-1) = (x-1) \cdot e^{-x}$

$f'(x) = 0: -x \cdot e^{-x} = 0 \Rightarrow x = 0$
$f(0) = 1 \wedge f''(0) = -1 < 0 \Rightarrow$ Hochpunkt $H(0|1)$

Oder:
$f'(x) > 0$ für $x < 0 \Rightarrow$ streng monoton zunehmend
$f'(x) < 0$ für $x > 0 \Rightarrow$ streng monoton abnehmend
$\Rightarrow$ Hochpunkt für $x = 0$, weil dort das Steigen in Fallen übergeht.

$f''(x) = 0: (x-1) \cdot e^{-x} = 0 \Rightarrow x = 1 \wedge$ einfache Nullstelle
$\Rightarrow$ Wendepunkt

$f(1) = 2 \cdot e^{-1} = \frac{2}{e} \Rightarrow$ Wendepunkt $W\left(1 \mid \frac{2}{e}\right)$

Wendetangente t_W:
$f'(1) = -1 \cdot e^{-1} = -\frac{1}{e}$
$t_W: y = -\frac{1}{e}(x-1) + \frac{2}{e} = -\frac{1}{e}x + \frac{3}{e}$

Wertemenge:
Aus dem Extremwert und den Grenzwerten für $x \to \infty$ und $x \to -\infty$ folgt, dass für die Wertemenge W_f gilt: $W_f = \,]-\infty; 1]$

Wertetabelle und Graph:

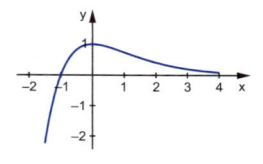

x	–2	–1,5	–1	–0,5	0	1	2	3	4
f(x)	–7,39	–2,24	0	0,82	1	0,74	0,41	0,20	0,09

4.5 Ganzrationale Funktionen mit vorgegebenen Eigenschaften

Bestimmte Eigenschaften von Punkten auf Funktionsgraphen kann man in Gleichungen zum Aufstellen von ganzrationalen Funktionen umsetzen. Die ganzrationale Funktion n-ten Grades hat die Form $f(x) = a_n x^n + a_{n-1} x^{n-1} + \ldots + a_2 x^2 + a_1 x + a_0$. Dabei ist durch n + 1 Bedingungen eine solche ganzrationale Funktion (höchstens) n-ten Grades festgelegt. Es gelten:

Eigenschaften zum Aufstellen von Funktionsgleichungen

Punkt $P(x_0 | y_0) \in G_f$ $\Rightarrow$ $f(x_0) = y_0$

Steigung m im Punkt $P(x_0 | y_0) \in G_f$ $\Rightarrow$ 1. $f(x_0) = y_0$
2. $f'(x_0) = m$

Hoch-/Tiefpunkt $P(x_0 | y_0) \in G_f$ $\Rightarrow$ 1. $f(x_0) = y_0$
2. $f'(x_0) = 0$

Wendepunkt $P(x_0 | y_0) \in G_f$ $\Rightarrow$ 1. $f(x_0) = y_0$
2. $f''(x_0) = 0$

Terrassenpunkt $P(x_0 | y_0) \in G_f$ $\Rightarrow$ 1. $f(x_0) = y_0$
2. $f'(x_0) = 0$
3. $f''(x_0) = 0$

---

1. Bestimmen Sie die Gleichung der ganzrationalen Funktion 3. Grades, deren Graph G_f im Punkt $N(-2 | 0)$ die x-Achse schneidet und für $x_0 = 0$ einen Wendepunkt mit der Wendetangente $t_W: y = \frac{1}{3} x + 2$ besitzt.

Beispiel

Lösung:
Man stellt die allgemeine Funktion 3. Grades auf und bildet die 1. und 2. Ableitung:
$f(x) = ax^3 + bx^2 + cx + d$
$f'(x) = 3ax^2 + 2bx + c$
$f''(x) = 6ax + 2b$

Man benötigt vier Bedingungen, um die Funktion festlegen zu können. Neben $N \in G_f$ erhält man aus der Angabe über Wendepunkt und Wendetangente drei Bedingungen, nämlich $W \in t_W$ und damit $y_W = 2$, die Steigung im Wendepunkt ist $\frac{1}{3}$ und die 2. Ableitung hat für $x_0 = 0$ den Wert 0:

(1) $f(-2) = 0$: $\quad -8a + 4b - 2c + d = 0$
(2) $f(0) = 2$: $\quad\quad\quad\quad\quad\quad\quad\quad d = 2$
(3) $f'(0) = \frac{1}{3}$: $\quad\quad\quad\quad\quad c \quad\quad = \frac{1}{3}$
(4) $f''(0) = 0$: $\quad\quad\quad 2b \quad\quad\quad\quad = 0$

Damit sind bereits drei Variable bekannt:
$b = 0$, $c = \frac{1}{3}$ und $d = 2$

In (1) eingesetzt erhält man:
$-8a - \frac{2}{3} + 2 = 0 \;\Rightarrow\; 8a = \frac{4}{3} \;\Rightarrow\; a = \frac{1}{6}$
$\Rightarrow\; f(x) = \frac{1}{6}x^3 + \frac{1}{3}x + 2$

2. Bestimmen Sie die Gleichung der ganzrationalen Funktion 3. Grades, deren Graph G_f punktsymmetrisch zum Ursprung ist und in $T(-2|-4)$ einen Tiefpunkt besitzt.

Lösung:
Wenn in $f(x) = ax^3 + bx^2 + cx + d$ gelten soll: $f(-x) = -f(x)$, dann muss $b = d = 0$ sein.

$f(x) = ax^3 + cx$
$f'(x) = 3ax^2 + c$

Bedingungen:
(1) $f(-2) = -4$: $\quad -8a - 2c = -4$
(2) $f'(-2) = 0$: $\quad 12a + c = 0 \quad |\cdot 2$
$\quad\quad (1) + (2)$: $16a \quad\quad = -4 \quad\Rightarrow\; a = -\frac{1}{4}$
$\quad\quad$ in (2): $\quad\quad c = -12a = 3$

$\Rightarrow\; f(x) = -\frac{1}{4}x^3 + 3x$

3. Bestimmen Sie die Gleichung der ganzrationalen Funktion 4. Grades, deren Graph G_f im Punkt $W(0|-3)$ einen Terrassenpunkt und in $E(3|0)$ einen Extremwert besitzt.

Lösung:
$f(x) = ax^4 + bx^3 + cx^2 + dx + e$
$f'(x) = 4ax^3 + 3bx^2 + 2cx + d$
$f''(x) = 12ax^2 + 6bx + 2c$

Mit den Kriterien zur Kurvendiskussion erhält man die benötigten fünf Gleichungen, drei aus dem Terrassenpunkt und zwei aus dem Extremwert.

(1) $f(0) = -3$: $e = -3 \Rightarrow e = -3$
(2) $f'(0) = 0$: $d = 0 \Rightarrow d = 0$
(3) $f''(0) = 0$: $2c = 0 \Rightarrow c = 0$
(4) $f(3) = 0$: $81a + 27b + 9c + 3d + e = 0$
(5) $f'(3) = 0$: $108a + 27b + 6c + d = 0$

Es verbleiben folgende Gleichungen:

(6) $\quad 81a + 27b = 3$
(7) $\quad 108a + 27b = 0$

$(6) - (7): -27a = 3 \Rightarrow a = -\frac{1}{9}$

in (7): $27b = -108a = 12 \Rightarrow b = \frac{4}{9}$

$\Rightarrow f(x) = -\frac{1}{9}x^4 + \frac{4}{9}x^3 - 3$

4.6 Extremwertaufgaben

Es werden bestimmte Sachverhalte auf größte bzw. kleinste Werte untersucht. Um dies mithilfe der Differenzialrechnung ausführen zu können, benötigt man für den Sachverhalt eine **Zielfunktion**, deren Definitionsmenge durch die Aufgabenstellung festgelegt ist. Verwendet wird im Wesentlichen der **Extremwertsatz** stetiger Funktionen.

> **Extremwertsatz**
> Jede in einem abgeschlossenen Intervall $I = [a; b]$ stetige Funktion f nimmt in I ihr absolutes Maximum und ihr absolutes Minimum an. Diese Werte können auch in den Randpunkten auftreten.

Kurvendiskussion

Beispiel

1. Ein Rechteck mit den Seiten a und b hat den Umfang u.
   Für welche Seitenlängen a, b wird der Flächeninhalt A des Rechtecks maximal?

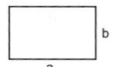

   Lösung:
   Die Größe, die optimiert werden soll, ist die Fläche $A = a \cdot b$. Diese ist eine Funktion von zwei Variablen, die durch die Nebenbedingung $2a + 2b = u$, d. h.

   $$b = \tfrac{1}{2}(u - 2a) = \tfrac{1}{2}u - a$$

   zu einer Funktion mit einer Variablen, der Zielfunktion, wird:

   $$A(a) = a \cdot \left(\tfrac{1}{2}u - a\right) = \tfrac{1}{2}ua - a^2$$

   mit der Definitionsmenge $0 \le a \le \tfrac{u}{2}$.

   Die Funktion A wird jetzt mit den Kriterien der Kurvendiskussion untersucht:

   $A'(a) = \tfrac{1}{2}u - 2a$

   $A''(a) = -2 < 0$ ⇒ Das Ergebnis führt in jedem Fall auf ein relatives Maximum.

   $A'(a) = 0$: $2a = \tfrac{1}{2}u$ ⇒ $a = \tfrac{1}{4}u$ ⇒ $b = \tfrac{1}{4}u$

   Die Randwerte $a = 0$ bzw. $a = \tfrac{u}{2}$ führen nicht auf Rechtecke.

   ⇒ Für $a = b = \tfrac{1}{4}u$, d. h. für das Quadrat, ist bei vorgegebenem Umfang die Rechteckfläche maximal. Der Flächeninhalt beträgt dann $A_{max} = \tfrac{1}{16}u^2$.

2. Die Funktion f mit $f(x) = -x^3 + 3x^2$ besitzt den Graphen G_f.
   Die Gerade mit der Gleichung $x = a$ ($0 < a < 3$) schneidet die x-Achse im Punkt A und den Graphen G_f im Punkt B.
   Für welchen Wert von a hat das Dreieck OAB maximalen Flächeninhalt?

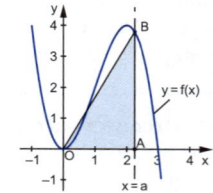

   Lösung:
   Die Zielfunktion wird durch die Fläche bestimmt. Für diese gilt mit $A(a \mid 0)$ und $B(a \mid f(a))$:

   $$A(a) = \tfrac{1}{2} \cdot a \cdot f(a) = \tfrac{1}{2} a \cdot (-a^3 + 3a^2) = -\tfrac{1}{2}a^4 + \tfrac{3}{2}a^3$$

Kurvendiskussion

$A'(a) = -2a^3 + \frac{9}{2}a^2$

$A''(a) = -6a^2 + 9a$

$A'(a) = 0: \; a^2\left(-2a + \frac{9}{2}\right) = 0$

$\Rightarrow \; a = 0$ (liegt nicht in D_A) $\lor \; a = \frac{9}{4}$

$A''(\frac{9}{4}) = -\frac{81}{8} < 0 \; \Rightarrow \;$ relatives Maximum

Es gibt keine Randextrema.

$\Rightarrow \;$ Für $a = \frac{9}{4}$ besitzt das Dreieck maximalen Flächeninhalt.
Es gilt dann $A_{max} = \frac{2187}{512}$ FE $\approx 4,27$ FE.

3. Ein Abfallcontainer hat die in der Skizze dargestellte Form. Damit er bei konstanter Breite b ein möglichst großes Fassungsvermögen erhält, muss der Inhalt $A(\varphi)$ der vorderen Seitenfläche ABCD maximal werden.

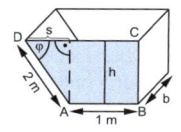

    Bestimmen Sie den Winkel φ so, dass der Flächeninhalt $A(\varphi)$ maximal wird.

    Lösung:
    Aus der Skizze erhält man:

    $\sin \varphi = \frac{h}{2} \; \Rightarrow \; h = 2 \cdot \sin \varphi$
    $\cos \varphi = \frac{s}{2} \; \Rightarrow \; s = 2 \cdot \cos \varphi$ mit $0° < \varphi < 90°$

    Die Zielfunktion ist die vordere Seitenfläche, eine Trapezfläche mit dem Inhalt:

    $A(\varphi) = \frac{(s+1)+1}{2} \cdot h = \left(\frac{s}{2} + 1\right) \cdot h = (\cos \varphi + 1) \cdot 2 \sin \varphi$
    $= 2 \sin \varphi \cdot \cos \varphi + 2 \sin \varphi$

    $A'(\varphi) = 2 \cos \varphi \cdot \cos \varphi + 2 \sin \varphi \cdot (-\sin \varphi) + 2 \cos \varphi$
    $= 2(\cos \varphi)^2 - 2(\sin \varphi)^2 + 2 \cos \varphi$

    Mit $(\sin \varphi)^2 = 1 - (\cos \varphi)^2$ ergibt sich:
    $A'(\varphi) = 4(\cos \varphi)^2 + 2 \cos \varphi - 2$
    $A''(\varphi) = -8 \cos \varphi \cdot \sin \varphi - 2 \sin \varphi$
    $A'(\varphi) = 0: \; 4 \cdot (\cos \varphi)^2 + 2 \cdot \cos \varphi - 2 = 0$
    $ 2 \cdot (\cos \varphi)^2 + \cos \varphi - 1 = 0$

Die quadratische Gleichung für $\cos \varphi$ wird mithilfe der Formel gelöst:

$\cos \varphi = \frac{1}{4}(-1 \pm \sqrt{1+8}) = \frac{1}{4}(-1 \pm 3)$

$\cos \varphi = \frac{1}{2} \quad \Rightarrow \quad \varphi = 60°$

$\cos \varphi = -1 \quad \Rightarrow \quad \varphi = 180°$ nicht möglich!

Wegen A''(60°) < 0 folgt, dass für $\varphi = 60°$ die Fläche A und damit das Volumen des Abfallcontainers maximal wird. Es gilt: $A_{max} = \frac{3}{2}\sqrt{3}$ m²

4. Ein Raketenkopf hat die Form eines geraden Kreiskegels. Er soll einen zylindrischen Behälter für einen Messgerätesatz aufnehmen. Aus technischen Gründen soll die Oberfläche des Zylinders maximal werden. Berechnen Sie für diesen Fall Radius r sowie Höhe h des Zylinders (siehe Skizze).

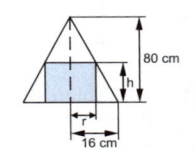

Lösung:
Für die Oberfläche O des Zylinders, d. h. für die Zielfunktion, gilt:

$O = 2r^2\pi + 2r\pi \cdot h, \quad r \leq 16 \;\wedge\; h \leq 80$

Mit dem umbeschriebenen Kegel erhält man mithilfe der Strahlensätze:

$r : 16 = (80-h) : 80 \quad \Rightarrow \quad 80r = 16 \cdot 80 - 16 \cdot h \quad |:16$
$ 5r = 80 - h$
$ h = -5r + 80$

$O(r) = 2r^2\pi + 2r\pi \cdot (-5r + 80) = 2r^2\pi - 10r^2\pi + 160r\pi$
$O(r) = -8r^2\pi + 160r\pi$
$O'(r) = -16r\pi + 160\pi$
$O''(r) = -16\pi < 0 \;\Rightarrow\;$ Das Ergebnis führt in jedem Fall auf ein relatives Maximum.

$O'(r) = 0: \; -16r\pi + 160\pi = 0$
$ 16r\pi = 160\pi$
$ r = 10 \quad \text{und daraus}$
$ h = -50 + 80 = 30$

Der Zylinder hat für r = 10 cm und h = 30 cm maximale Oberfläche. Es gilt dann: $O_{max} = 800\pi$ cm²

5 Integralrechnung

Die Integralrechnung entstand aus dem Problem, die Inhalte krummlinig begrenzter Flächen berechnen zu können. Dazu muss der Begriff des Flächeninhalts, der bisher nur für geradlinig begrenzte Flächen sowie durch Vielecksannäherung beim Kreis definiert war, so erweitert werden, dass der Graph einer Funktion f mit der x-Achse in einem abgeschlossenen Intervall einen bestimmten Inhalt einschließt.

5.1 Stammfunktion und unbestimmtes Integral

Im Folgenden wird die Integration so eingeführt, dass sie in einem engen Zusammenhang mit der Differenzialrechnung steht. Dabei wird zuerst die Frage gestellt, wie man die Differenziation „rückgängig" machen kann, d. h., wie man Funktionen findet, deren Ableitung eine vorgegebene Funktion f ist.

> **Stammfunktion**
> Eine differenzierbare Funktion F heißt Stammfunktion zu einer Funktion f im gemeinsamen Definitionsbereich, wenn $F'(x) = f(x)$ gilt.

Sind F und G Stammfunktionen zur selben Funktion f, so gilt
$[F(x) - G(x)]' = f(x) - f(x) = 0 \Rightarrow F(x) - G(x) = c$,
da eine Funktion, deren Ableitungsfunktion überall null ist, konstant ist.

> **Menge aller Stammfunktionen**
> Zwei Stammfunktionen F und G zur selben Funktion f unterscheiden sich nur durch eine additive Konstante, d. h.:
> $F(x) = G(x) + c$ mit $c \in \mathbb{R}$
> Die Graphen aller Stammfunktionen zu einer Funktion f sind parallel zueinander.

Der Verlauf der Stammfunktion F zu einer Funktion f wird am folgenden Beispiel verdeutlicht.

Beispiel $f(x) = x \implies F(x) = \frac{1}{2}x^2 + c$

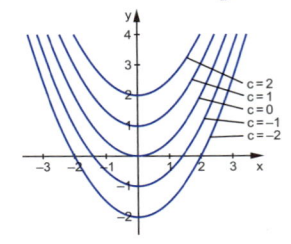

> **Unbestimmtes Integral**
> Die Menge aller Stammfunktionen zu einer Funktion f heißt das unbestimmte Integral.
> Man schreibt:
> $$\int f(x)\,dx = F(x) + c$$

Da fast der gesamte Inhalt der Integralrechnung auf die Verwendung von Stammfunktionen komprimiert werden kann, folgt eine Zusammenstellung der Stammfunktionen der ganzrationalen sowie der Elementarfunktionen.

> **Stammfunktionen der ganzrationalen Funktionen**
> $f(x) = 0 \implies F(x) = c$
> $f(x) = 1 \implies F(x) = x + c$
> $f(x) = x \implies F(x) = \frac{x^2}{2} + c$
> ... ...
> $f(x) = x^n \implies F(x) = \frac{x^{n+1}}{n+1} + c$ für $n \in \mathbb{N}$

Beispiel $\int x^5\,dx = \frac{1}{6}x^6 + c$

Stammfunktionen der Elementarfunktionen

$f(x) = x^r \quad \Rightarrow \quad F(x) = \frac{x^{r+1}}{r+1}$ für $r \in \mathbb{R} \setminus \{-1\}$

$f(x) = \frac{1}{x} \quad \Rightarrow \quad F(x) = \ln|x| + c$

$f(x) = \sin x \quad \Rightarrow \quad F(x) = -\cos x + c$

$f(x) = \cos x \quad \Rightarrow \quad F(x) = \sin x + c$

$f(x) = e^x \quad \Rightarrow \quad F(x) = e^x + c$

$f(x) = \ln x \quad \Rightarrow \quad F(x) = -x + x \cdot \ln x + c$

1. $\int \frac{1}{x^2} dx = \int x^{-2} dx = \frac{x^{-1}}{-1} + c = -\frac{1}{x} + c$

2. $\int \frac{1}{\sqrt{x}} dx = \int x^{-\frac{1}{2}} dx = \frac{x^{\frac{1}{2}}}{\frac{1}{2}} + c = 2\sqrt{x} + c$

Beispiel

5.2 Das bestimmte Integral

Die Integralrechnung hat sich aus unterschiedlichen Fragestellungen heraus entwickelt. Viele davon können über das Problem der Messung des Flächeninhaltes von krummlinig begrenzten Flächen gelöst werden.

Die Funktion f mit $f(x) \geq 0$ sei im Intervall $I = [a; b]$ stetig. Gesucht ist die Maßzahl A der Fläche, die der Graph G_f zwischen $x = a$ und $x = b$ mit der x-Achse einschließt.
Für die gesuchte Maßzahl A schreibt man

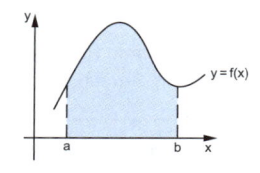

$$A = \int_a^b f(x) \, dx$$

und liest „(Bestimmtes) Integral von a bis b über f von x dx".
f heißt Integrandenfunktion, a untere und b obere Grenze des Integrals.

Wenn in einem abgeschlossenen Intervall $[x_1, x_2]$ die lokale (oder momentane) Änderungsrate f einer Größe F gegeben ist, dann kann man die Gesamtänderung der Größe F, d. h. $F(x_2) - F(x_1)$, in diesem Intervall mit einem Integral bestimmen:

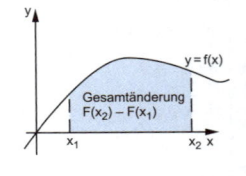

$$F(x_2) - F(x_1) = \int_{x_1}^{x_2} f(x)\, dx$$

Diese Gesamtänderung wird wie oben als Flächeninhalt unter der Kurve G_f gedeutet und führt in Abschnitt 5.3 zum Hauptsatz der Differenzial- und Integralrechnung.

Wenn die Funktion auch negative Funktionswerte besitzt, dann stimmt der Wert des Integrals nicht mehr mit dem Flächeninhalt überein, weil das bestimmte Integral dann die Differenz der Maßzahlen der Flächeninhalte oberhalb und unterhalb der x-Achse angibt. Das bestimmte Integral stellt also die Flächenbilanz der Funktion f von a bis b dar. Zur Berechnung der Fläche müssen die Beträge der Einzelflächen addiert werden.

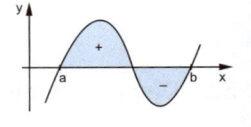

Das bestimmte Integral lässt sich mithilfe von Stammfunktionen besonders einfach angeben.

Bestimmtes Integral
Falls F irgendeine Stammfunktion zur Funktion f ist, so ergibt sich für **das bestimmte Integral**:

$$\int_a^b f(x)\, dx = F(b) - F(a) = \bigl[F(x)\bigr]_a^b$$

Beispiel

1. $\int_{1}^{3} x \, dx = \left[\frac{x^2}{2}\right]_{1}^{3} = \frac{9}{2} - \frac{1}{2} = 4$

2. $\int_{2}^{4} \frac{1}{x^2} \, dx = \left[-\frac{1}{x}\right]_{2}^{4} = -\frac{1}{4} + \frac{1}{2} = \frac{1}{4}$

3. $\int_{-1}^{1} \frac{1}{x^2} \, dx$ ist nicht definiert, da über die Unendlichkeitsstelle $x_0 = 0$ nicht hinweg integriert werden darf. Die Integrationsgrenzen müssen bei dieser Integrandenfunktion entweder beide negativ oder beide positiv sein.

4. $\int_{1}^{4} \frac{1}{x} \, dx = [\ln|x|]_{1}^{4} = \ln 4 - \ln 1 = \ln 4$

5. $\int_{-2}^{2} 2e^x \, dx = \left[2e^x\right]_{-2}^{2} = 2e^2 - 2e^{-2} = 2\left(e^2 - \frac{1}{e^2}\right)$

6. $\int_{0}^{\frac{\pi}{2}} \cos x \, dx = [\sin x]_{0}^{\frac{\pi}{2}} = 1 - 0 = 1$

Die folgenden Eigenschaften des bestimmten Integrals erleichtern dessen praktische Berechnung ganz wesentlich.

Eigenschaften des bestimmten Integrals
1. Jedes bestimmte Integral stellt eine reelle Zahl dar.
2. Jede in einem abgeschlossenen Intervall I = [a; b] wenigstens stückweise stetige Funktion, deren Sprungstellen endlich sind, ist in I integrierbar.

Rechenregeln für das bestimmte Integral

1. $\int_b^a f(x)\,dx = -\int_a^b f(x)\,dx$, insbesondere $\int_a^a f(x)\,dx = 0$

2. $\int_a^b k \cdot f(x)\,dx = k \cdot \int_a^b f(x)\,dx$

   (k kann „ausgeklammert" werden)

3. $\int_a^b [f(x) \pm g(x)]\,dx = \int_a^b f(x)\,dx \pm \int_a^b g(x)\,dx$

   (Integral einer Summe (bzw. Differenz) = Summe (bzw. Differenz) der Integrale)

4. $\int_a^b f(x)\,dx = \int_a^c f(x)\,dx + \int_c^b f(x)\,dx$

   (Das Intervall [a; b], über das integriert wird, kann in zwei oder mehrere Intervalle aufgespalten werden.)

5. $f(x) < g(x) \;\Rightarrow\; \int_a^b f(x)\,dx < \int_a^b g(x)\,dx$

Beispiel

1. $\int_1^3 (3x^2 - x + 5)\,dx = 3\int_1^3 x^2\,dx + (-1)\cdot\int_1^3 x\,dx + 5\int_1^3 1\,dx$

   $= \left[x^3\right]_1^3 - \left[\tfrac{x^2}{2}\right]_1^3 + 5[x]_1^3$

   $= (27-1) - \left(\tfrac{9}{2} - \tfrac{1}{2}\right) + 5(3-1)$

   $= 26 - 4 + 10 = 32$

2. $\int_{-3}^{2} |x|\,dx = \int_{-3}^{0} (-x)\,dx + \int_{0}^{2} x\,dx = \left[-\tfrac{x^2}{2}\right]_{-3}^{0} + \left[\tfrac{x^2}{2}\right]_{0}^{2}$

   $= \left(0 + \tfrac{9}{2}\right) + (2 - 0) = \tfrac{13}{2} = 6{,}5$

Anwendung auf Flächenberechnung:

1. Die Fläche zwischen zwei Funktionsgraphen erhält man als Differenz ihrer Flächen mit der x-Achse.

$$A = \int_a^b f(x)\,dx - \int_a^b g(x)\,dx$$
$$= \int_a^b [f(x) - g(x)]\,dx$$

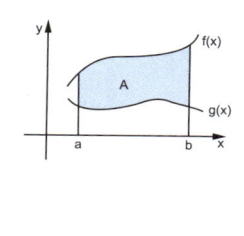

Man subtrahiert von der oben liegenden Funktion die darunter liegende. Dann stimmen das bestimmte Integral und der Flächeninhalt überein.

2. Schneiden sich die Funktionen f und g im Intervall I = [a; b], muss man, um die Berechnung nach 1 verwenden zu können, das Intervall in den Schnittpunkten aufspalten und jeweils in den Teilintervallen integrieren.

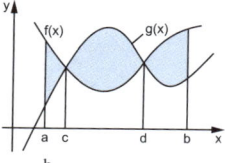

$$A = \int_a^c [f(x) - g(x)]\,dx + \int_c^d [g(x) - f(x)]\,dx + \int_d^b [f(x) - g(x)]\,dx$$

3. Als Spezialfälle von 2 ergeben sich folgende Flächen:
Die x-Achse ist der Graph der Funktion y = 0. Deshalb gilt, falls die Fläche unterhalb der x-Achse liegt:

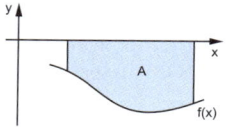

$$A = \int_a^b [0 - f(x)]\,dx = -\int_a^b f(x)\,dx = \left| \int_a^b f(x)\,dx \right|$$

Im allgemeinen Fall gilt:

$$A = -\int_a^c f(x)\,dx + \int_c^d f(x)\,dx$$
$$- \int_d^e f(x)\,dx + \int_e^b f(x)\,dx$$

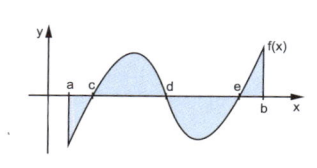

Integralrechnung

In den folgenden Beispielen wird auf die einleitende Kurvendiskussion verzichtet, d. h., es sind nur die Graphen gezeichnet und die gewünschten Flächen berechnet.

Beispiel

1. Bestimmen Sie den Inhalt der Fläche, die die Graphen der Funktionen f: $x \mapsto f(x) = \frac{1}{4}x^2$ und g: $x \mapsto g(x) = x - 2$ zwischen $x = 2$ und $x = 4$ miteinander einschließen.

   Lösung:
   $$A = \int_2^4 (f(x) - g(x))\,dx$$
   $$= \int_2^4 \left(\frac{1}{4}x^2 - x + 2\right) dx$$
   $$= \left[\frac{1}{12}x^3 - \frac{x^2}{2} + 2x\right]_2^4$$
   $$= \left(\frac{64}{12} - 8 + 8\right) - \left(\frac{8}{12} - 2 + 4\right)$$
   $$= \frac{16}{3} - 8 + 8 - \frac{2}{3} + 2 - 4 = \frac{8}{3} \text{ FE}$$

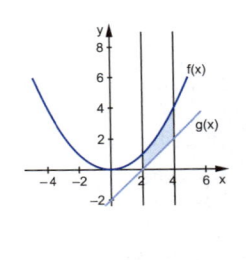

2. Bestimmen Sie die Inhalte A_1 und A_2 der Flächen, die die Graphen der Funktionen f: $x \mapsto f(x) = -x^3 + 3x^2$ und g: $x \mapsto g(x) = x^2 - 3x$ miteinander einschließen.

   Lösung:
   Die Graphen schneiden sich in den Punkten $N_1(-1|4)$, $N_2(0|0)$ und $N_3(3|0)$. Für die gesuchten Flächeninhalte gilt:
   $$A_1 = \int_{-1}^0 (g(x) - f(x))\,dx$$
   $$= \int_{-1}^0 (x^2 - 3x + x^3 - 3x^2)\,dx$$
   $$= \int_{-1}^0 (x^3 - 2x^2 - 3x)\,dx$$
   $$= \left[\frac{x^4}{4} - \frac{2x^3}{3} - \frac{3x^2}{2}\right]_{-1}^0 = 0 - \left(\frac{1}{4} + \frac{2}{3} - \frac{3}{2}\right) = \frac{7}{12} \text{ FE}$$

$$A_2 = \int_0^3 (f(x) - g(x))\,dx = \int_0^3 (-x^3 + 2x^2 + 3x)\,dx$$
$$= \left[-\frac{x^4}{4} + \frac{2x^3}{3} + \frac{3x^2}{2}\right]_0^3 = -\frac{81}{4} + \frac{54}{3} + \frac{27}{2} = \frac{45}{4}\text{ FE}$$

5.3 Hauptsatz der Differenzial- und Integralrechnung

Die bei der Flächenberechnung auftretenden Gesetzmäßigkeiten legen einen engen Zusammenhang zwischen der Integration und der Differenziation nahe. Dieser wird im Folgenden untersucht.

Der Zahlenwert eines bestimmten Integrals hängt von der Wahl der Integrationsgrenzen ab. Wählt man die untere Grenze a fest und lässt die obere Grenze x variabel, dann entsteht eine Funktion F, die Integralfunktion.

Um eine Unterscheidung zwischen der Funktionsvariablen der Integrandenfunktion und der oberen Grenze x zu haben, wählt man für die Funktion f eine andere Variable, z. B. t.

Integralfunktion

$F: x \mapsto F(x) = \int_a^x f(t)\,dt$, $x \in D_F$ heißt Integralfunktion.

Beispiel

1. $f(x) = x \;\Rightarrow\; F(x) = \int_a^x t\,dt = \left[\frac{t^2}{2}\right]_a^x = \frac{x^2}{2} - \frac{a^2}{2}$

2. $F(x) = \int_4^x \frac{1}{2\sqrt{t}}\,dt = \left[\sqrt{t}\right]_4^x = \sqrt{x} - \sqrt{4} = \sqrt{x} - 2$

3. $F(x) = \int\limits_a^x \frac{1}{t^2}\,dt$

Bestimmen Sie a so, dass der Punkt $P(2\,|\,1)$ auf dem Graphen G_F der Funktion F liegt.

Lösung:

$F(x) = \left[-\frac{1}{t}\right]_a^x = -\frac{1}{x} + \frac{1}{a} \;\Rightarrow\; F(2) = -\frac{1}{2} + \frac{1}{a} = 1$
$\Rightarrow\; a = \frac{2}{3}$

Die Ableitung der Integralfunktion F führt auf den Hauptsatz der Differenzial- und Integralrechnung.

> **Hauptsatz der Differenzial- und Integralrechnung (HDI)**
> Jede Integralfunktion F einer stetigen Integrandenfunktion f ist differenzierbar. Ihre Ableitung ist die Integrandenfunktion f.
>
> $F(x) = \int\limits_a^x f(t)\,dt \;\Rightarrow\; F'(x) = f(x)$

Anmerkungen:
- Jede Integralfunktion F ist auch eine Stammfunktion zur Funktion f, weil $F'(x) = f(x)$ gilt.
- Nicht jede Stammfunktion kann auch als Integralfunktion geschrieben werden, z. B. gibt es im Beispiel 1 auf der vorherigen Seite keine untere Grenze a für die Stammfunktion $F(x) = \frac{x^2}{2} + 1$, weil $\frac{a^2}{2} = -1$ keine Lösung besitzt.

Beispiel $f(x) = 2x - 1$: $F(x) = \int\limits_a^x (2t-1)\,dt = \left[t^2 - t\right]_a^x = x^2 - x - (a^2 - a)$
$\Rightarrow\; F'(x) = 2x - 1 - 0 = 2x - 1 = f(x)$

5.4 Integrationsverfahren

Wie bei der Differenziation reichen auch bei der Integration die Regeln für die Elementarfunktionen nicht aus, d. h., es müssen noch einige allgemeine Integrationsregeln verwendet werden. Im Folgenden sind die bereits bekannten Grundformeln der Integration nochmals zusammengestellt und an Beispielen verdeutlicht.

> **Integration mit Grundformeln**
> - Integral einer Summe
> $$\int (f(x) + g(x))\,dx = \int f(x)\,dx + \int g(x)\,dx$$
> - Integral mit konstantem Faktor
> $$\int k \cdot f(x)\,dx = k \cdot \int f(x)\,dx$$
> - Integral der Potenzfunktion $y = f(x) = x^n$
> $$\int x^n\,dx = \frac{x^{n+1}}{n+1} + c, \qquad n \in \mathbb{R} \setminus \{-1\}$$
> - Integral der Funktion $y = f(x) = \frac{1}{x}$
> $$\int \frac{1}{x}\,dx = \ln|x| + c$$
> - Integral einer Ableitungsfunktion
> $$\int f'(x)\,dx = f(x) + c$$

1. $\int (x^2 + 3x - 2)\,dx = \frac{x^3}{3} + \frac{3x^2}{2} - 2x + c$

2. $\int \frac{x^3}{x+1}\,dx = \int \left(x^2 - x + 1 - \frac{1}{x+1}\right) dx$
   $= \frac{x^3}{3} - \frac{x^2}{2} + x - \ln|x+1| + c$

3. $\int \frac{x}{\sqrt{x^2-1}}\,dx = \int \frac{2x}{2\sqrt{x^2-1}}\,dx = \sqrt{x^2-1} + c$

Beispiel

Integralrechnung

Bekannte Funktionen und ihre Ableitungen führen auf die folgenden Integrale.

Integration mit bekannten Funktionen
- Integration der Sinusfunktion
  $$\int \sin x \, dx = -\cos x + c$$
- Integration der Kosinusfunktion
  $$\int \cos x \, dx = \sin x + c$$
- Integration der natürlichen Exponentialfunktion
  $$\int e^x \, dx = e^x + c$$

Beispiel

1. $\int \cos(ax) \, dx = \frac{1}{a} \sin(ax) + c$

2. $\int e^{ax+b} \, dx = \frac{1}{a} \cdot e^{ax+b} + c$

Wird eine (Elementar-)Funktion in x-Richtung verschoben und gestreckt, so gibt die folgende Formel eine einfache Berechnungsmöglichkeit für das unbestimmte Integral an.

Stammfunktion bei Verschiebung und Streckung in x-Richtung
Ist F eine Stammfunktion zur Funktion f, dann gilt:
$$\int f(ax+b) \, dx = \frac{1}{a} \cdot F(ax+b) + c$$

Beispiel

1. $\int \sin(2x+1) \, dx = -\frac{1}{2} \cdot \cos(2x+1) + c$

2. $\int e^{\frac{1}{2}x-4} \, dx = 2 \cdot e^{\frac{1}{2}x-4} + c$

Für eine Funktion f: $x \mapsto f(x) = \ln g(x)$ (mit $g(x) > 0$) gilt nach der Kettenregel:

$f'(x) = \frac{1}{g(x)} \cdot g'(x) = \frac{g'(x)}{g(x)}$

Kehrt man die Differenziation um, so erhält man:

Logarithmische Integration
$\int \frac{g'(x)}{g(x)} dx = \ln |g(x)| + c$ (falls $g(x) \neq 0$)

1. $\int \frac{2}{2x+3} dx = \ln |2x+3| + c$

2. $\int \frac{2x+5}{x^2+5x-8} dx = \ln |x^2+5x-8| + c$

Beispiel

Für eine Funktion f: $x \mapsto f(x) = e^{g(x)} + c$ gilt nach der Kettenregel:
$f'(x) = e^{g(x)} \cdot g'(x)$
Kehrt man das Differenzieren um, so erhält man:

Stammfunktion bei verketteter Exponentialfunktion
$\int g'(x) e^{g(x)} dx = e^{g(x)} + c$

1. $\int x \, e^{\frac{1}{2}x^2} dx = e^{\frac{1}{2}x^2} + c$

2. $\int \frac{1}{2\sqrt{x}} e^{\sqrt{x}} dx = e^{\sqrt{x}} + c$

Beispiel

Stochastik ◄

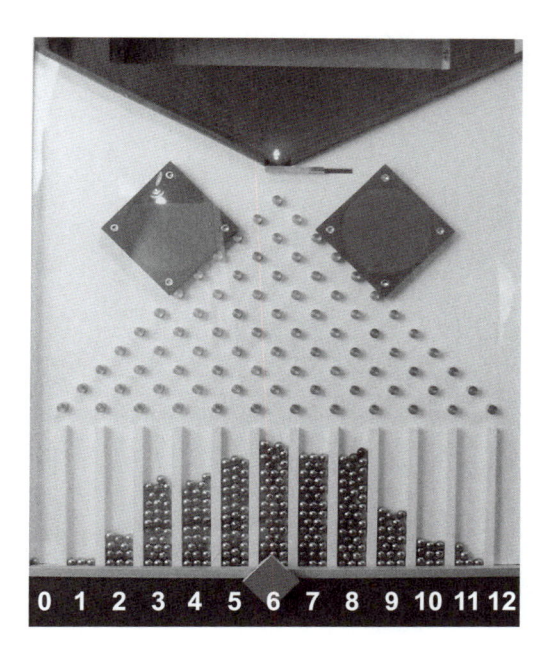

6 Wahrscheinlichkeit

Die Grundbegriffe der Stochastik (Wahrscheinlichkeitsrechnung) aus der Unter- und Mittelstufe werden als bekannt vorausgesetzt und ohne weitere Erklärung verwendet. Darunter fallen die Zufallsexperimente, zu denen jeweils ein **Ergebnisraum** Ω gehört. Jede Teilmenge E aus Ω nennt man ein **Ereignis**, wobei alle Ereignisse aus Ω den **Ereignisraum** $P(\Omega)$ bilden. Tritt ein Ereignis E bei n Versuchen k-mal ein, dann heißt

$h_n(A) = \frac{k}{n}$

die **relative Häufigkeit** des Ereignisses E in der Versuchsfolge. Um einem Ereignis eine Wahrscheinlichkeit zuzuordnen, kann man etwa bei Laplace-Wahrscheinlichkeiten

$P(E) = \frac{|E|}{|\Omega|}$

die Symmetrie von Zufallsexperimenten zu Hilfe nehmen, d. h. das gleichwahrscheinliche Auftreten; z. B. wird bei einem idealen Würfel keine Augenzahl bevorzugt. Wenn man keine Gleichwahrscheinlichkeit erwarten kann, führt man das Zufallsexperiment sehr oft aus und stellt dabei fest, dass sich die relative Häufigkeit $h_n(E)$ eines Ereignisses E um einen festen Zahlenwert stabilisiert (empirisches Gesetz der großen Zahlen). Diesen Wert setzt man anschaulich ungefähr gleich dem Wert der Wahrscheinlichkeit, d. h. $h_n(E) \approx P(E)$. Für eine Definition der Wahrscheinlichkeit ist dies mathematisch problematisch, weil sich die relative Häufigkeit von Versuch zu Versuch ändert. Abhilfe schaffte erst A. N. Kolmogorow mit seinen berühmten drei Axiomen.

6.1 Definition einer Wahrscheinlichkeitsverteilung

1933 gelang es A. N. Kolmogorow (1903–1987) drei Axiome anzugeben, die genügen, um eine Theorie der Wahrscheinlichkeit aufzubauen. Die drei Axiome orientieren sich an den Eigenschaften der relativen Häufigkeit.

Kolmogorow-Axiome

Eine Funktion P: $P(\Omega) \to \mathbb{R}$, die jedem Ereignis $A \in P(\Omega)$ eine Wahrscheinlichkeit P(A) zuordnet, heißt **Wahrscheinlichkeitsverteilung über Ω**, wenn für die Ereignisse A, B $\in P(\Omega)$ gelten:
1. **Nichtnegativität:** $P(A) \geq 0$
2. **Normiertheit:** $P(\Omega) = 1$
3. **Additivität:** $A \cap B = \{\} \Rightarrow P(A \cup B) = P(A) + P(B)$

Aus diesen Axiomen lassen sich folgende Eigenschaften der Wahrscheinlichkeitsverteilung herleiten:

(1) $\mathbf{P(\overline{A}) = 1 - P(A)}$

(2) $\mathbf{P(\{\}) = 0}$

(3) $\mathbf{0 \leq P(A) \leq 1}$

(4) $\mathbf{A = \bigcup_{\omega \in A} \{\omega\} \Rightarrow P(A) = \sum_{\omega \in A} P(\{\omega\})}$

Es genügt, die Wahrscheinlichkeit aller Elementarereignisse zu kennen.

(5) $\mathbf{P(A \cup B) = P(A) + P(B) - P(A \cap B)}$

$P(A \cup B)$ kann man aus Mengendiagramm und Vierfeldertafel direkt gewinnen:
$P(A \cup B) = P(A \cap \overline{B}) + P(A \cap B) + P(\overline{A} \cap B)$

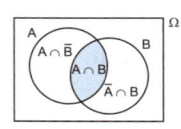

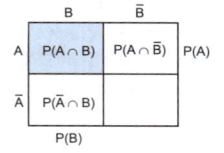

	B	$\overline{B}$	
A	$P(A \cap B)$	$P(A \cap \overline{B})$	P(A)
$\overline{A}$	$P(\overline{A} \cap B)$		
	P(B)		

Eine Verallgemeinerung dieser Vereinigungswahrscheinlichkeit auf beliebig viele Ereignisse liefert der **Satz von Sylvester**. Für drei Ereignisse gilt z. B.:
$P(A \cup B \cup C) = P(A) + P(B) + P(C)$
$\qquad - P(A \cap B) - P(A \cap C) - P(B \cap C)$
$\qquad + P(A \cap B \cap C)$

Beispiele für **Wahrscheinlichkeitsverteilungen**:

1. Ideale Münze mit den Seiten W und Z

Einmaliger Münzenwurf

ω	W	Z
P({ω})	$\frac{1}{2}$	$\frac{1}{2}$

Zweimaliger Münzenwurf

ω	WW	WZ	ZW	ZZ
P({ω})	$\frac{1}{4}$	$\frac{1}{4}$	$\frac{1}{4}$	$\frac{1}{4}$

2. Ziehen einer Kugel aus einer Urne mit drei roten, zwei schwarzen und einer weißen Kugel

ω	r	s	w
P({ω})	$\frac{3}{6}$	$\frac{2}{6}$	$\frac{1}{6}$

Beispiele für **Rechenregeln**:

Für die Ereignisse A und B eines Zufallsexperiments gilt:
$P(A) = 0,8$, $P(B) = 0,9$ und $P(A \cap B) = 0,72$

1. Berechnen Sie die Wahrscheinlichkeiten $P(\overline{A})$, $P(\overline{B})$ und $P(A \cup B)$.

2. Bestimmen Sie eine vollständige Vierfeldertafel und geben Sie die folgenden Wahrscheinlichkeiten an:
$P(\overline{A} \cap B)$, $P(A \cap \overline{B})$, $P(\overline{A} \cap \overline{B})$, $P(\overline{A} \cup \overline{B})$, $P(A \setminus B)$, $P(B \setminus A)$
und $P(A \setminus B) + P(B \setminus A)$

Lösung:

1. $P(\overline{A}) = 1 - P(A) = 0,2;\quad P(\overline{B}) = 1 - P(B) = 0,1;$
$P(A \cup B) = P(A) + P(B) - P(A \cap B) = 0,8 + 0,9 - 0,72 = 0,98$

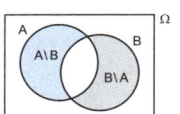

2.

	B	$\overline{B}$	
A	0,72	0,08	0,8
$\overline{A}$	0,18	0,02	0,2
	0,9	0,1	1

$P(\overline{A} \cap B) = 0,18$
$P(A \cap \overline{B}) = 0,08$
$P(\overline{A} \cap \overline{B}) = 0,02$
$P(\overline{A} \cup \overline{B}) = P(\overline{A}) + P(\overline{B}) - P(\overline{A} \cap \overline{B})$
$\qquad\qquad = 0,2 + 0,1 - 0,02 = 0,28$
$P(A \setminus B) = P(A \cap \overline{B}) = 0,08$
$P(B \setminus A) = P(\overline{A} \cap B) = 0,18$
$P(A \setminus B) + P(B \setminus A)$
$\qquad = P(A) + P(B) - 2 \cdot P(A \cap B)$
$\qquad = 0,8 + 0,9 - 2 \cdot 0,72 = 0,26$

6.2 Unabhängigkeit

Zwei Ereignisse A und B sind **stochastisch unabhängig**, wenn das Eintreten des einen Ereignisses (z. B. Ereignis A) das Eintreten des anderen Ereignisses (z. B. Ereignis B) nicht beeinflusst, d. h., wenn gilt: $P_A(B) = P(B)$

Dabei versteht man unter der bedingten Wahrscheinlichkeit

$P_A(B) = \frac{P(A \cap B)}{P(A)}$

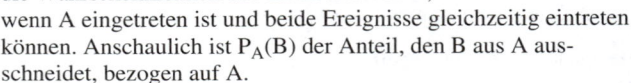

die Wahrscheinlichkeit des Eintretens von B, wenn A eingetreten ist und beide Ereignisse gleichzeitig eintreten können. Anschaulich ist $P_A(B)$ der Anteil, den B aus A ausschneidet, bezogen auf A.

Wegen $P_A(B) = \frac{P(A \cap B)}{P(A)} = P(B)$ für stochastisch unabhängige

Ereignisse A, B folgt: $P(A \cap B) = P(A) \cdot P(B)$

Stochastische Unabhängigkeit
Die Ereignisse A und B heißen **(stochastisch) unabhängig**, wenn gilt:
$P(A \cap B) = P(A) \cdot P(B)$
Gilt diese Gleichung nicht, dann heißen die Ereignisse stochastisch abhängig.

Anmerkungen:
- Zwei Ereignisse A und B sind **unvereinbar**, wenn $A \cap B = \{\}$ gilt, d. h., **$P(A \cup B) = P(A) + P(B)$** gilt (Additionsregel). Zwei Ereignisse A und B sind stochastisch **unabhängig**, wenn **$P(A \cap B) = P(A) \cdot P(B)$** (Multiplikationsregel).
- Die stochastische Unabhängigkeit lässt sich auf beliebig viele Ereignisse erweitern. Allerdings müssen dann jeweils zwei, jeweils drei, … Ereignisse stochastisch unabhängig sein.
- Wenn n Ereignisse stochastisch unabhängig sind, dann enthält jede Teilmenge aus diesen n Ereignissen nur unabhängige Ereignisse.

- Da beim Ziehen mit Zurücklegen die Urneninhalte gleich bleiben, beeinflusst das Eintreten eines Ereignisses das Eintreten eines anderen nicht, d. h., das Ziehen mit Zurücklegen führt auf stochastisch unabhängige, das Ziehen ohne Zurücklegen auf stochastisch abhängige Ereignisse.

Beispiel

In einer Bevölkerung treten die Merkmale Haarfarbe und Augenfarbe unabhängig voneinander auf. 30 % der Bevölkerung sind blond und 42 % der Bevölkerung sind blauäugig.
Mit welcher Wahrscheinlichkeit ist eine zufällig ausgewählte Person der Bevölkerung blond und blauäugig?

Lösung:
Mit A: „Person ist blond" und B: „Person ist blauäugig" gilt:
$P(A \cap B) = P(A) \cdot P(B) = 0{,}30 \cdot 0{,}42 = 12{,}6\,\%$

Wenn zwei Ereignisse zusammenwirken, dann können die Wahrscheinlichkeiten in einer **Vierfeldertafel** dargestellt werden. Wie sieht es dort mit der Unabhängigkeit aus?
Die Ereignisse A und B seien stochastisch unabhängig und es gelte $P(A) = a$ und $P(B) = b$. Dann sind auch die drei Ereignispaare A und $\overline{B}$, $\overline{A}$ und B sowie $\overline{A}$ und $\overline{B}$ stochastisch unabhängig, denn es gilt wie in der folgenden Vierfeldertafel:

Stochastische Unabhängigkeit von Ereignissen

	B	$\overline{B}$	
A	$a \cdot b$	$a - ab = a(1-b)$	a
$\overline{A}$	$b - ab = (1-a) \cdot b$	$(1-b) - a(1-b)$ $= (1-a) \cdot (1-b)$	$1-a$
	b	$1-b$	1

$P(A \cap B) = P(A) \cdot P(B)$ $\qquad P(\overline{A} \cap B) = P(\overline{A}) \cdot P(B)$
$P(A \cap \overline{B}) = P(A) \cdot P(\overline{B})$ $\qquad P(\overline{A} \cap \overline{B}) = P(\overline{A}) \cdot P(\overline{B})$

Beispiel

1. Bei Kleinkindern treten die Krankheiten A und B unabhängig voneinander mit den Wahrscheinlichkeiten P(A) = 0,12 und P(B) = 0,25 auf.
   Bestimmen Sie aus einer Vierfeldertafel die Wahrscheinlichkeiten, dass ein zufällig ausgewähltes Kleinkind
   a) an keiner der beiden Krankheiten,
   b) an genau einer der beiden Krankheiten leidet.

   Lösung:
   Wegen der stochastischen Unabhängigkeit gilt:
   $P(A \cap B) = P(A) \cdot P(B) = 0,12 \cdot 0,25 = 0,03$
   Damit kann man eine Vierfeldertafel erstellen:

	B	$\overline{B}$	
A	0,03	0,09	0,12
$\overline{A}$	0,22	0,66	0,88
	0,25	0,75	1

   Die gesuchte Wahrscheinlichkeit erhält man aus der Vierfeldertafel oder aus der Produktform:
   a) $P(\overline{A} \cap \overline{B}) = 0,66 = P(\overline{A}) \cdot P(\overline{B})$
   b) $P(A \cap \overline{B}) + P(\overline{A} \cap B) = 0,09 + 0,22 = 0,31$
   $= P(A) \cdot P(\overline{B}) + P(\overline{A}) \cdot P(B)$

2. Ein Restaurantbesitzer weiß aus Erfahrung, dass 20 % seiner Gäste keine Vorspeise und 30 % seiner Gäste keinen Nachtisch zu sich nehmen. 60 % aller Gäste essen sowohl Vorspeise als auch Nachtisch.
   Überprüfen Sie, ob die Ereignisse A: „Gast isst Vorspeise" und B: „Gast isst Nachspeise" stochastisch unabhängig sind.

   Lösung:
   Es gilt:
   $P(A) = 1 - P(\overline{A}) = 0,80$ und $P(B) = 1 - P(\overline{B}) = 0,70$
   Wegen
   $P(A \cap B) = 0,60$ und $P(A) \cdot P(B) = 0,80 \cdot 0,70 = 0,56$
   gilt $P(A \cap B) \neq P(A) \cdot P(B)$, d. h., die Ereignisse A und B sind stochastisch abhängig.

3. Ein Gerät besteht aus zwei Bauteilen B_1 und B_2, die unabhängig voneinander arbeiten und wobei jedes nur mit einer Wahrscheinlichkeit von 2 % ausfällt. Sie sind wie folgt zusammengesetzt:

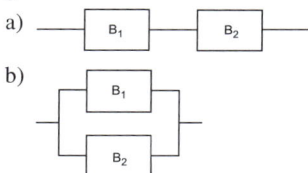

a) —[B_1]—[B_2]—

b)

Mit welcher Wahrscheinlichkeit „arbeitet" die jeweilige Schaltung?

Lösung:
Mit B_i: „Gerät i arbeitet" (i = 1, 2) erhält man:

a) Die Schaltung funktioniert, wenn B_1 **und** B_2 arbeiten, d. h. für das Ereignis $E_1 = B_1 \cap B_2$:
$$\begin{aligned} P(E_1) &= P(B_1 \cap B_2) \\ &= P(B_1) \cdot P(B_2) \\ &= 0{,}98 \cdot 0{,}98 \\ &= 96{,}04\, \% \end{aligned}$$

b) Die Schaltung funktioniert, wenn B_1 **oder** B_2 arbeitet, d. h. für das Ereignis $E_2 = B_1 \cup B_2$:
$$\begin{aligned} P(E_2) &= P(B_1 \cup B_2) \\ &= P(B_1) + P(B_2) - P(B_1 \cap B_2) \\ &= 0{,}98 + 0{,}98 - 0{,}9604 \\ &= 99{,}96\, \% \end{aligned}$$

oder
$$\begin{aligned} P(E_2) &= P(B_1 \cup B_2) \\ &= 1 - P(\overline{B_1 \cup B_2}) \\ &= 1 - P(\overline{B_1} \cap \overline{B_2}) \\ &= 1 - P(\overline{B_1}) \cdot P(\overline{B_2}) \\ &= 1 - 0{,}02 \cdot 0{,}02 \\ &= 99{,}96\, \% \end{aligned}$$

6.3 Zufallsvariable

Die Wahrscheinlichkeiten von Ereignissen lassen sich besonders gut berechnen, wenn den Ergebnissen des Zufallsexperiments Zahlen zugeordnet werden. Man definiert:

> **Zufallsgröße / Zufallsvariable**
> Eine Abbildung $Z: \Omega \to \mathbb{R}$, die jedem Ergebnis $\omega \in \Omega$ eines Zufallsexperiments eine reelle Zahl $Z(\omega) \in \mathbb{R}$ zuordnet, heißt **Zufallsgröße Z** oder **Zufallsvariable Z**.

Anmerkungen:
- Ereignisse lassen sich in Worten, durch Teilmengen aus Ω oder durch Zufallsvariable Z beschreiben. Die durch die Zufallsvariable Z beschriebenen Ereignisse sind miteinander unvereinbar.

- Die von der Zufallsvariablen Z angenommenen Werte bezeichnet man mit z_i. Für das Ereignis $\{\omega \,|\, Z(\omega) = z_i\}$ schreibt man kurz $Z = z_i$.

- Zufallsvariable werden mit großen Buchstaben wie X, Y, Z, ... bezeichnet.

Beispiel Bei einem Glücksspiel wird eine ideale Münze mit den Seiten W (Wappen) und Z (Zahl) zweimal geworfen. Fällt zweimal Wappen, so erhält man 2 €, bei einmal Wappen 1 €. Fällt dagegen zweimal Zahl, so muss man 2 € bezahlen. Die Zufallsvariable Z gebe die Auszahlung in € an.
Bestimmen Sie die Werte der Zufallsvariablen und ihre Wahrscheinlichkeiten.

Lösung:
Z nimmt die Werte 2, 1 und –2 an. Die Zuordnung ergibt sich wie folgt:

Ergebnis	WW	WZ	ZW	ZZ
Auszahlung z_i	2	1	1	–2

Nun sind aber die Elementarereignisse mit Wahrscheinlichkeiten behaftet, wie sie dem folgenden Baumdiagramm entnommen werden können.

Jedem Ergebnis z_i kann dabei eine Wahrscheinlichkeit zugeordnet werden, sodass die folgenden Auszahlungswahrscheinlichkeiten entstehen:

$P(Z = 2) = \frac{1}{4}$,
$P(Z = 1) = \frac{1}{4} + \frac{1}{4} = \frac{1}{2}$,
$P(Z = -2) = \frac{1}{4}$

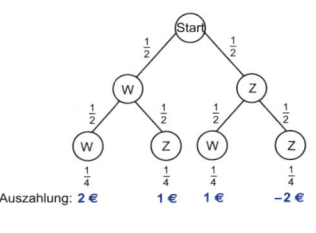

Jedem Wert der Zufallsvariablen Z wird ein Wahrscheinlichkeitswert, d. h. ein Wert aus [0; 1], zugeordnet.

Tabellarisch:

Auszahlung z_i	2	1	−2
Wahrscheinlichkeit $P(Z = z_i)$	$\frac{1}{4}$	$\frac{1}{2}$	$\frac{1}{4}$

Aus dem vorangehenden Beispiel gewinnt man die allgemeine Definition einer Wahrscheinlichkeitsverteilung.

Wahrscheinlichkeitsverteilung
Über dem Ergebnisraum Ω eines Zufallsexperiments mit der Wahrscheinlichkeitsverteilung P sei eine Zufallsvariable Z definiert, die die Werte z_i, i = 1, 2, …, n annimmt. Dann heißt die Funktion
P: $z_i \mapsto P(Z = z_i)$

Wahrscheinlichkeitsverteilung oder Wahrscheinlichkeitsfunktion der Zufallsvariablen Z.

Darstellungsmöglichkeiten einer Wahrscheinlichkeitsverteilung (siehe das Beispiel von Seite 98):

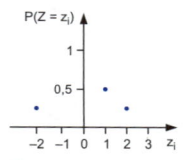

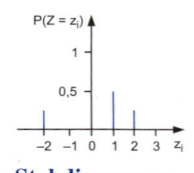

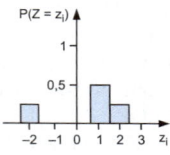

Funktionsgraph

Stabdiagramm
Die Stäbe haben die Länge:
$W(z_i) = P(Z = z_i)$

Histogramm mit $\Delta x = 1$
Die Flächeninhalte der Rechtecke haben den Wert:
$W(z_i) = P(Z = z_i)$

Häufig benötigt man zusammengesetzte Wahrscheinlichkeiten, die sich aus Einzelwahrscheinlichkeiten aufsummieren lassen. Für solche Summenwahrscheinlichkeiten führt man ein:

> **Kumulative Verteilungsfunktion**
> Die Funktion $F: z \mapsto F(z) = P(Z \leq z)$, $D_F = \mathbb{R}$, heißt kumulative Verteilungsfunktion der Zufallsvariablen Z.

Im Beispiel von Seite 98 gilt für die kumulative Verteilungsfunktion F:

$$F(z) = \begin{cases} 0 & \text{für } z < -2 \\ \frac{1}{4} & \text{für } -2 \leq z < 1 \\ \frac{3}{4} & \text{für } 1 \leq z < 2 \\ 1 & \text{für } z \geq 2 \end{cases}$$

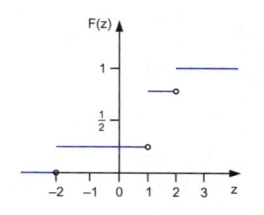

Anmerkungen:
- Die Verteilungsfunktion F einer Zufallsvariablen Z ist eine Treppenfunktion, die an den Stellen $Z = z_i$ Sprünge der Höhe $h_i = P(Z = z_i)$ macht.

- Die Verteilungsfunktion F ist monoton zunehmend und rechtsseitig stetig. Es gilt:
  $\lim_{z \to -\infty} F(z) = 0$ und $\lim_{z \to \infty} F(z) = 1$

- Mithilfe der Verteilungsfunktion F lassen sich folgende Wahrscheinlichkeiten berechnen:
  $P(Z \le a) = F(a)$
  $P(Z > b) = 1 - P(Z \le b) = 1 - F(b)$
  $P(a < Z \le b) = F(b) - F(a)$

Beispiel

Berechnen Sie aus dem Beispiel von Seite 98 die Wahrscheinlichkeiten $P(Z \le 0)$, $P(Z > 1)$ und $P(1 < Z \le 2)$.

Lösung:
$P(Z \le 0) = F(0) = \frac{1}{4}$
$P(Z > 1) = 1 - P(Z \le 1) = 1 - F(1) = 1 - \frac{3}{4} = \frac{1}{4}$
$P(1 < Z \le 2) = F(2) - F(1) = 1 - \frac{3}{4} = \frac{1}{4}$

6.4 Maßzahlen

Bei statistischen Erhebungen lassen sich häufig die erhobenen Daten durch einen Mittelwert, im Allgemeinen das arithmetische Mittel

$\overline{z} = \frac{1}{n} \sum_{i=1}^{n} z_i$,

„verdichten". Entsprechend dieser Mittelwertbildung definiert man:

Erwartungswert

Z sei eine Zufallsvariable, die die Zahlen $z_1, z_2, \ldots, z_n$ annehmen kann. Die reelle Zahl $\mu = E(Z)$ mit

$$E(Z) = z_1 \cdot P(Z = z_1) + \ldots + z_n \cdot P(Z = z_n) = \sum_{i=1}^{n} z_i \cdot P(Z = z_i)$$

heißt der Erwartungswert der Zufallsvariablen Z.

Anmerkungen:
- Der Mittelwert $\bar{z}$ bezieht sich auf die „Vergangenheit", d. h., es werden Informationen verwendet, die in einer Stichprobe tatsächlich aufgetreten sind.
- Der Erwartungswert E(Z) schaut in die „Zukunft", d. h., er sagt aus, dass sich bei sehr vielen Durchführungen des Zufallsexperiments ein Mittelwert E(Z) einstellen wird.

Beispiel Bei einem Spielautomaten sind die folgenden Auszahlungen Z in € mit den angegebenen Wahrscheinlichkeiten programmiert. Bei welchem Einsatz wäre das Spiel an diesem Automaten fair?

z	0	1	5	10
P(Z = z)	0,80	0,15	0,04	0,01

Lösung:
Ein Spiel ist **fair**, wenn der Erwartungswert der Auszahlungen mit dem Einsatz übereinstimmt. Im Beispiel gilt:
$E(Z) = 0 \cdot 0{,}80 + 1 \cdot 0{,}15 + 5 \cdot 0{,}04 + 10 \cdot 0{,}01 = 0{,}45$ €
Bei einem Einsatz von 45 Cent wäre das Spiel fair.

Als Maß für die Streuung der Werte einer Zufallsvariablen Z um den Erwartungswert E(Z) hat sich die Varianz Var(Z) durchgesetzt. Man definiert:

Varianz einer Zufallsvariablen

Ist Z eine Zufallsvariable, die die Werte $z_1, z_2, \ldots, z_n$ annehmen kann und den Erwartungswert $\mu = E(Z)$ besitzt, so heißt die reelle Zahl

$\mathbf{Var(Z)} = (z_1 - \mu)^2 \cdot P(Z = z_1) + \ldots + (z_n - \mu)^2 \cdot P(Z = z_n)$

$= \sum_{i=1}^{n} (\mathbf{z_i - \mu})^2 \cdot \mathbf{P(Z = z_i)}$

die Varianz der Zufallsvariablen Z.

Anmerkung:
Aus der Definition der Varianz ergibt sich, dass die Varianz auch als Erwartungswert der quadratischen Abweichung vom Erwartungswert $\mu = E(Z)$ gedeutet werden kann, d. h.:

$$\text{Var}(Z) = E[(Z-\mu)^2] = \sum_{i=1}^{n}(z_i - \mu)^2 \cdot P(Z = z_i)$$

Wegen des Quadrats in der Formel für die Varianz bekommen „Ausreißer", d. h. Werte, die weit vom Erwartungswert E(Z) entfernt sind, ein verhältnismäßig großes Gewicht. Ferner hat die Varianz die unanschauliche Dimension (Größe)². Um diese Nachteile etwas abzumindern, definiert man:

Standardabweichung
Der Wert $\boldsymbol{\sigma(Z) = \sqrt{\text{Var}(Z)}}$ heißt Standardabweichung der Zufallsvariablen Z.

Beispiel

Ein Glücksrad hat vier Sektoren, die mit den Ziffern 1 bis 4 beschriftet sind. Jede Ziffer erscheint mit der gleichen Wahrscheinlichkeit. Das Glücksrad werde zweimal gedreht. Die Zufallsvariable Z gebe die Summe der beiden Ziffern an.
Bestimmen Sie aus der Wahrscheinlichkeitsverteilung von Z die Maßzahlen E(Z), Var(Z) und σ(Z).

Lösung:
Für die Wahrscheinlichkeitsverteilung gilt:

z	2	3	4	5	6	7	8
P(Z=z)	$\frac{1}{16}$	$\frac{2}{16}$	$\frac{3}{16}$	$\frac{4}{16}$	$\frac{3}{16}$	$\frac{2}{16}$	$\frac{1}{16}$

Die Maßzahlen von Z berechnen sich damit zu:

$E(Z) = 2 \cdot \frac{1}{16} + 3 \cdot \frac{2}{16} + 4 \cdot \frac{3}{16} + 5 \cdot \frac{4}{16} + 6 \cdot \frac{3}{16} + 7 \cdot \frac{2}{16} + 8 \cdot \frac{1}{16} = 5$

$\text{Var}(Z) = (2-5)^2 \cdot \frac{1}{16} + (3-5)^2 \cdot \frac{2}{16} + (4-5)^2 \cdot \frac{3}{16} + (5-5)^2 \cdot \frac{4}{16}$
$\qquad + (6-5)^2 \cdot \frac{3}{16} + (7-5)^2 \cdot \frac{2}{16} + (8-5)^2 \cdot \frac{1}{16} = 2,5$

$\sigma(Z) = \sqrt{\text{Var}(Z)} \approx 1,58$

7 Bernoulli-Kette und Binomialverteilung

Wenn bei einem Zufallsexperiment nur entschieden wird, ob ein bestimmtes Ereignis eingetreten ist oder nicht, spricht man von einem Bernoulli-Experiment, dessen n-malige Hintereinanderausführung auf eine Bernoulli-Kette der Länge n führt. Die Binomialverteilung beschreibt, indem sie nach der Wahrscheinlichkeit für eine Trefferzahl fragt, das wiederholte Ausführen eines Bernoulli-Experiments unter jeweils gleichen Bedingungen, d. h. eine Bernoulli-Kette, so wie sie im Urnenmodell des Ziehens mit Zurücklegen geschrieben wird. Jede Bernoulli-Kette kann durch wiederholtes Ziehen aus einer Urne mit Zurücklegen simuliert werden.

Wenn man beim Modellieren solcher Bernoulli-Ketten nur Vermutungen über den Parameter p (Trefferwahrscheinlichkeit) besitzt, wird man mithilfe von Tests entscheiden, mit welcher Wahrscheinlichkeit eine solche Schätzung auftritt bzw. welche Fehlentscheidungen bei einer bestimmten Annahme möglich sind.

7.1 Binomialkoeffizient

Zu jeder Menge von n verschiedenen Elementen gibt es n! verschiedene mögliche Anordnungen, sogenannte Permutationen. Werden aus einer solchen n-Menge k Elemente ausgewählt, so gibt es dafür

$$n \cdot (n-1) \cdot \ldots \cdot (n-k+1) = \frac{n!}{(n-k)!}$$

Möglichkeiten. Will man nur k Elemente aus einer n-Menge auswählen und spielt ihre Reihenfolge keine Rolle, so fallen die k! Anordnungen weg, d. h., es verbleiben noch $\frac{n!}{k! \cdot (n-k)!}$ Möglichkeiten. Für diesen Ausdruck führt man im Folgenden eine neue Schreibweise ein.

Binomialkoeffizient

Für die Auswahl von k Elementen (ohne Wiederholung) aus einer Menge von n unterschiedlichen Objekten ($k \leq n$) gibt es $\frac{n!}{k! \cdot (n-k)!}$ Möglichkeiten.

Die ganzen Zahlen

$$\binom{n}{k} = \begin{cases} \frac{n!}{k! \cdot (n-k)!}, & \text{falls } 0 \leq k \leq n \\ 0, & \text{falls } k > n \end{cases}$$

heißen **Binomialkoeffizienten** (gelesen: „k aus n", früher auch „n über k").

Anmerkung:

Die Binomialkoeffizienten $\binom{n}{k}$ bilden das Pascal-Dreieck (siehe nebenstehende Skizze), in dem gerade die Koeffizienten stehen, die in den binomischen Formeln auftreten. Daher rührt auch der Name. Es gilt z. B.:

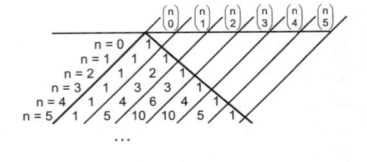

$$(a+b)^3 = \binom{3}{0}a^3b^0 + \binom{3}{1}a^2b^1 + \binom{3}{2}a^1b^2 + \binom{3}{3}a^0b^3$$
$$= a^3 + 3a^2b + 3ab^2 + b^3$$

Diese Koeffizienten haben folgende Eigenschaften:

$$\binom{n}{0} = \binom{n}{n} = 1; \quad \binom{n}{1} = \binom{n}{n-1} = n; \quad \binom{n}{k} = \binom{n}{n-k} \text{ für } 0 \leq k \leq n$$

Beispiel

Aus einer Kursgruppe mit 20 Schülern können vier an einem kaufmännischen Betriebspraktikum teilnehmen.
Wie viele verschiedene Auswahlmöglichkeiten hat der Lehrer für dieses Praktikum?

Lösung:

Es gibt $\binom{20}{4} = \frac{20!}{4! \cdot 16!} = 4845$ Möglichkeiten der Auswahl.

7.2 Urnenmodelle

Die Urne ist deshalb ein wichtiges Zufallsgerät, weil mit ihr alle Zufallsexperimente simuliert werden können. Daher werden bereits hier die Wahrscheinlichkeiten für diese Modelle angegeben und an Beispielen betrachtet. Dabei unterscheidet man die beiden Möglichkeiten des „Ziehens ohne Zurücklegen" und des „Ziehens mit Zurücklegen".

> **Wahrscheinlichkeit beim Ziehen ohne Zurücklegen**
> Zieht man aus einer Urne mit N Kugeln, von denen K (K ≤ N) schwarz sind, n Kugeln (n ≤ N) **ohne** Zurücklegen, so gilt für die Anzahl Z der gezogenen schwarzen Kugeln:
>
> $$P(Z = k) = \frac{\binom{K}{k} \cdot \binom{N-K}{n-k}}{\binom{N}{n}} \quad (0 \leq k \leq n)$$

Anmerkungen:
- Dieses Modell des Ziehens ohne Zurücklegen kann übertragen werden auf N Elemente, von denen K ein bestimmtes Merkmal besitzen. Aus diesen N Elementen werden n ausgewählt.
- Das Ziehen ohne Zurücklegen führt auf stochastisch abhängige Ereignisse.

Beispiel

In einer Lieferung von 50 Bauteilen befinden sich sechs, die nur als 2. Wahl verkauft werden können. Ein Käufer wählt auf gut Glück acht der Bauteile aus.
Mit welcher Wahrscheinlichkeit findet er darunter
a) genau drei, die 2. Wahl sind,
b) mindestens eines, das 2. Wahl ist?

Lösung:

a) $P(Z = 3) = \frac{\binom{6}{3} \cdot \binom{44}{5}}{\binom{50}{8}} \approx 4{,}05\,\%$

b) $P(Z \geq 1) = 1 - P(Z = 0) = 1 - \frac{\binom{6}{0} \cdot \binom{44}{8}}{\binom{50}{8}} \approx 1 - 0{,}3301 = 66{,}99\,\%$

Bernoulli-Kette und Binomialverteilung

> **Wahrscheinlichkeit beim Ziehen mit Zurücklegen**
> Der Anteil $\frac{K}{N}$ schwarzer Kugeln in einer Urne sei p. Zieht man aus dieser Urne n Kugeln **mit** Zurücklegen, so gilt für die Anzahl Z der gezogenen schwarzen Kugeln:
>
> $P(Z=k) = \binom{n}{k} \cdot p^k \cdot (1-p)^{n-k} \quad (0 \leq k \leq n)$

Anmerkungen:
- Beim Urnenmodell des Ziehens mit Zurücklegen kann man den Anteil p der schwarzen Kugeln als den Anteil p derjenigen Elemente, die ein bestimmtes Merkmal besitzen, interpretieren.
- Falls nur der Anteil p der Elemente, die ein bestimmtes Merkmal besitzen, angegeben ist und der Versuchsablauf ein Ziehen ohne Zurücklegen nahelegt, kann das Ziehen ohne Zurücklegen näherungsweise durch das Ziehen mit Zurücklegen ersetzt werden. Diese Näherung ist recht gut, wenn N, K und N−K im Vergleich zu n hinreichend groß sind.
- Da beim Ziehen mit Zurücklegen die Urneninhalte gleich bleiben, beeinflusst das Eintreten eines Ereignisses das Eintreten eines anderen nicht, d. h., das Ziehen mit Zurücklegen führt auf stochastisch unabhängige Ereignisse.

Beispiel

1. Ein guter Schütze trifft das Innere einer Zehnringscheibe mit einer Wahrscheinlichkeit von 95 %.
   Mit welcher Wahrscheinlichkeit trifft er bei 50 Schüssen
   a) genau 49-mal,
   b) mindestens 48-mal
   die Zehn im Inneren der Scheibe?

   Lösung:
   a) $P(Z=49) = \binom{50}{49} \cdot 0{,}95^{49} \cdot 0{,}05^1 \approx 20{,}25\,\%$

   b) $P(Z \geq 48) = P(Z=48) + P(Z=49) + P(Z=50)$
   $= \binom{50}{48} \cdot 0{,}95^{48} \cdot 0{,}05^2 + \binom{50}{49} \cdot 0{,}95^{49} \cdot 0{,}05^1$
   $+ \binom{50}{50} \cdot 0{,}95^{50} \cdot 0{,}05^0 \approx 54{,}05\,\%$

Bernoulli-Kette und Binomialverteilung

2. In einer Bevölkerungsgruppe beträgt der Anteil der Personen, die an einer Allergie leiden, 30 %. Es werden zehn Personen ausgewählt.
   Mit welcher Wahrscheinlichkeit findet man
   a) genau vier,
   b) mehr Personen als erwartet,
   die an einer Allergie leiden?

   Lösung:

   a) $P(Z = 4) = \binom{10}{4} \cdot 0,3^4 \cdot 0,7^6 \approx 20,01 \%$

   b) Es wird erwartet, dass $n \cdot p = 10 \cdot 0,3 = 3$ Personen an einer Allergie leiden (siehe Seite 112). Gesucht ist die Wahrscheinlichkeit
   $P(Z > 3) = 1 - P(Z \leq 3)$
   $\qquad = 1 - P(Z = 0) - P(Z = 1) - P(Z = 2) - P(Z = 3)$
   $\qquad = 1 - \binom{10}{0} \cdot 0,3^0 \cdot 0,7^{10} - \binom{10}{1} \cdot 0,3^1 \cdot 0,7^9$
   $\qquad \quad - \binom{10}{2} \cdot 0,3^2 \cdot 0,7^8 - \binom{10}{3} \cdot 0,3^3 \cdot 0,7^7$
   $\qquad \approx 35,04 \%.$

3. Eine Lieferung von Fliesen enthält 10 % Ausschussware. Ein Händler überprüft 50 auf gut Glück der Lieferung entnommene Fliesen.
   Mit welcher Wahrscheinlichkeit findet er genau vier Ausschuss-Stücke?

   Lösung:
   Obwohl das Überprüfen sicher als „Ziehen ohne Zurücklegen" stattfindet, wird das Ziehen mit Zurücklegen verwendet, weil nur der Anteil p der Ausschussfliesen bekannt ist. Es gilt:
   $P(Z = 4) = \binom{50}{4} \cdot 0,1^4 \cdot 0,9^{46} \approx 18,09 \%$

7.3 Bernoulli-Experiment und Bernoulli-Kette

Jedes beliebige Zufallsexperiment kann zu einem Experiment mit zwei Ergebnissen gemacht werden, wenn man bei der Ausführung nur fragt, ob ein bestimmtes Ereignis E eingetreten ist (Treffer T) oder nicht (Niete N), d. h. $\Omega = \{T; N\} = \{1; 0\}$. Die Wahrscheinlichkeit für einen Treffer bezeichnet man mit $P(T) = p$ und die für eine Niete mit $P(N) = 1 - p$. Solche Zufallsexperimente haben einen eigenen Namen:

> **Bernoulli-Experiment**
> Ein Zufallsexperiment heißt Bernoulli-Experiment, wenn sein Ergebnisraum nur zwei Ergebnisse enthält.

Beispiel Ein Tetraeder mit den Seiten 1, 2, 3, 4 wird einmal geworfen. Das Werfen des Tetraeders wird zu einem Bernoulli-Experiment, wenn man z. B. fragt, ob eine 4 geworfen wurde oder nicht.

Wenn ein Bernoulli-Experiment mehrmals hintereinander ausgeführt wird, definiert man:

> **Bernoulli-Kette**
> Ein Zufallsexperiment, das aus n unabhängigen Durchführungen eines Bernoulli-Experiments besteht, heißt **Bernoulli-Kette der Länge n** oder eine **n-stufige Bernoulli-Kette**. Der Wert **p** der Wahrscheinlichkeit für einen Treffer heißt **Parameter der Bernoulli-Kette**.

Wenn eine Bernoulli-Kette der Länge n genau k Treffer besitzt, dann besitzt sie auch genau n−k Nieten. Da die Ausführungen des Bernoulli-Experiments unabhängig voneinander erfolgen, gilt die Produktregel, d. h., die Wahrscheinlichkeiten werden multipliziert. Es gilt:

Bernoulli-Kette und Binomialverteilung

> **Wahrscheinlichkeit eines Ergebnisses**
> In einer Bernoulli-Kette der Länge n mit dem Parameter p hat jedes Ergebnis ω mit k Treffern und n−k Nieten die Wahrscheinlichkeit
>
> $P(\{\omega\}) = p^k \cdot (1-p)^{n-k}$ $(0 \leq k \leq n)$,
>
> unabhängig davon, an welchen Stellen des n-Tupels die k Treffer stehen.

Beispiel

Ein Blumensamen keimt mit einer Wahrscheinlichkeit von 90 %. Beate steckt zehn Blumensamen in einer Reihe in ein Blumenbeet. Mit welcher Wahrscheinlichkeit keimen nur der zweite und der sechste der Samen nicht?

Lösung:
Es gilt $P(\{\omega\}) = 0{,}90^8 \cdot 0{,}10^2 \approx 0{,}43$ %, weil acht der Samen keimen und zwei nicht.

Da man die k Treffer in einem solchen Ergebnis-n-Tupel auf $\binom{n}{k}$ Plätze verteilen kann, gibt es $\binom{n}{k}$ solche n-Tupel mit k Treffern. Es gilt:

> **Wahrscheinlichkeit eines Ereignisses**
> Für die Wahrscheinlichkeit, in einer Bernoulli-Kette der Länge n mit dem Parameter p genau k Treffer zu erzielen, gilt
>
> $P(Z = k) = \binom{n}{k} \cdot p^k \cdot (1-p)^{n-k}$ $(0 \leq k \leq n)$,
>
> unabhängig davon, an welchen Stellen des n-Tupels die k Treffer stehen.

Anmerkung:
Es ergibt sich die Formel des Urnenmodells „Ziehen mit Zurücklegen", weil dort das Ziehen von Zug zu Zug mit der gleichen Wahrscheinlichkeit und unabhängig erfolgt.

Beispiel

Beim vollautomatischen Verpacken eines Spielzeugartikels muss man mit 1 % beschädigter Artikel rechnen. Nach dem Verpacken werden 100 Artikel überprüft. Mit welcher Wahrscheinlichkeit findet man genau zwei beschädigte?

Lösung:

$P(Z=2) = \binom{100}{2} \cdot 0{,}01^2 \cdot 0{,}99^{98} \approx 18{,}49\,\%$

7.4 Binomialverteilte Zufallsvariablen

Unter den Wahrscheinlichkeitsverteilungen von Zufallsvariablen gibt es eine Reihe, bei denen die Wahrscheinlichkeiten mithilfe einer Formel bzw. einer Tabelle bestimmt werden können. Besonders häufig wird die auf der Bernoulli-Kette aufbauende Verteilung, die Binomialverteilung, verwendet.

> **Binomialverteilung**
> Die Wahrscheinlichkeitsverteilung (für die Anzahl der Treffer) einer Bernoulli-Kette,
>
> $k \mapsto B(n; p; k) = \binom{n}{k} \cdot p^k \cdot (1-p)^{n-k}, \ k \in \{0; \ldots; n\},$
>
> heißt Binomialverteilung.
>
> **Erwartungswert und Varianz einer binomialverteilten Zufallsgröße**
> Eine nach B(n; p) binomialverteilte Zufallsvariable Z hat den Erwartungswert $E(Z) = n \cdot p$
> und die Varianz $Var(Z) = n \cdot p \cdot (1-p)$.

Ist Z eine nach B(n; p) binomialverteilte Zufallsgröße, schreibt man anstelle von B(n; p; k) auch $B_p^n(Z=k)$.

Für die zugehörige kumulative Verteilungsfunktion verwendet man die Bezeichnungen:

$F_p^n(k) = B_p^n(Z \leq k) = \sum_{i=0}^{k} B(n; p; i)$

Bernoulli-Kette und Binomialverteilung

Beispiel

In einem Fremdenverkehrsort kehren die Fremdenführer während einer Stadtführung mit einer Wahrscheinlichkeit von 60 % im Stadtcafé ein.

a) Bestimmen Sie die Wahrscheinlichkeit, dass der Fremdenführer mit den nächsten fünf Gruppen k-mal, $k \in \{0; 1; 2; 3; 4; 5\}$, im Stadtcafé einkehrt. Zeichnen Sie das zugehörige Histogramm.

b) Geben Sie dann die Wahrscheinlichkeiten dafür an, dass der Fremdenführer mit diesen fünf Gruppen
   (1) höchstens einmal,
   (2) mindestens zweimal,
   (3) öfter als dreimal
   im Stadtcafé einkehrt.

Lösung:

a) Für die Zufallsvariable Z: „Einkehr im Stadtcafé" gilt:

$$B_{0,6}^{5}(Z = k) = B(5; 0,6; k)$$

$$= \binom{5}{k} \cdot 0,6^k \cdot 0,4^{5-k}, k \in \{0; 1; \ldots; 5\}$$

k	0	1	2	3	4	5
B(5; 0,6; k)	0,0102	0,0768	0,2304	0,3456	0,2592	0,0778

Mit den in der Tabelle berechneten Werten wird das Histogramm gezeichnet.

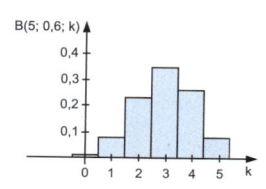

b) (1) $B_{0,6}^{5}(Z \leq 1) = B_{0,6}^{5}(Z = 0) + B_{0,6}^{5}(Z = 1)$
$= 0,0102 + 0,0768 = 0,0870 = 8,7 \%$

(2) $B_{0,6}^{5}(Z \geq 2) = B_{0,6}^{5}(Z = 2) + B_{0,6}^{5}(Z = 3) + B_{0,6}^{5}(Z = 4)$
$\phantom{B_{0,6}^{5}(Z \geq 2) =} + B_{0,6}^{5}(Z = 5)$
$= 0,2304 + 0,3456 + 0,2592 + 0,0778$
$= 0,9130 = 91,3 \%$

Oder:
$$B_{0,6}^5(Z \geq 2) = 1 - B_{0,6}^5(Z \leq 1) = 1 - 0,0870$$
$$= 0,9130 = 91,3\%$$

(3) $B_{0,6}^5(Z > 3) = B_{0,6}^5(Z \geq 4) = B_{0,6}^5(Z = 4) + B_{0,6}^5(Z = 5)$
$= 0,2592 + 0,0778 = 0,3370 = 33,7\%$

Die Binomialverteilung mit p = 0,5 weist eine Symmetrie auf:

> **Symmetrie der Binomialverteilung mit p = 0,5**
> Jede Binomialverteilung mit p = 0,5 ist zu sich selbst symmetrisch, denn:
> $$B(n; 0,5; k) = \binom{n}{k} \cdot 0,5^k \cdot 0,5^{n-k} = \binom{n}{n-k} \cdot 0,5^{n-k} \cdot 0,5^k$$
> $$= B(n; 0,5; n-k)$$

Beispiel

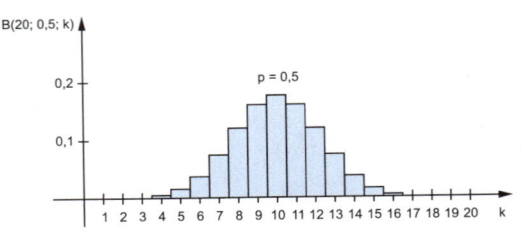

B(20; 0,5; k), p = 0,5

Da alle Binomialverteilungen mit gleichen Parametern p und n, ohne Rücksicht auf Inhalt und Umfang der Grundgesamtheit, gleiche Wahrscheinlichkeitswerte B(n; p; k) besitzen, kann man für ausgewählte, d. h. häufig auftretende Werte von n und p die Werte tabelliert angeben. Die Tabelle der Binomialverteilung enthält die Werte B(n; p; k) bzw. B(n; 1−p; n−k).

Im Folgenden findet man einen Tabellenausschnitt, wobei nur die Dezimalstellen nach 0,... aufgeführt sind:

Bernoulli-Kette und Binomialverteilung

n	k＼p	**0,20**	0,25	0,30	$\frac{1}{3}$	0,35	0,40	0,45	0,50	
10	0	10737	05631	02825	01734	01346	00605	00253	00098	10
	1	26844	18771	12106	08671	07249	04031	02072	00977	9
	2	**30199**	28157	23347	19509	17565	12093	07630	04395	8
	3	20133	25028	26683	26012	25222	21499	16648	11719	7
	4	08808	14600	20012	22761	23767	25082	23837	20508	6
	5	02642	05840	10292	13656	15357	20066	23403	24609	5
	6	00551	01622	03676	05690	06891	11148	15957	20508	4
	7	00079	00309	00900	01626	02120	04247	07460	11719	3
	8	00007	00039	00145	00305	00428	01062	02289	04395	2
	9	00000	00003	00014	00034	00051	00157	00416	00977	1
	10		00000	00001	00002	00003	00010	00034	00098	0
n		0,80	0,75	0,70	$\frac{2}{3}$	0,65	0,60	0,55	0,50	p＼k

$B(10; 0,2; 2) = 0,30199 \approx 30,20\,\%$ **Beispiel**

Man sucht in der Tabelle die Seite mit n = 10, geht in diesem Abschnitt zu p = 0,2 und liest unter k = 2 den gesuchten Wert ab.

Die Tabelle der **kumulativen Binomialverteilung** enthält die Werte $B_p^n(Z \le k) = F_p^n(k)$.
Im Folgenden findet man einen Ausschnitt aus der Tabelle.

n	k＼p	0,20	0,25	0,30	$\frac{1}{3}$	0,35	**0,40**	0,45	0,50
10	0	10737	05631	02825	01734	01346	00605	00253	00098
	1	37581	24403	14931	10405	08595	04636	02326	01074
	2	67780	52559	38278	29914	26161	16729	09956	05469
	3	87913	77588	64961	55926	51383	38228	26604	17188
	4	96721	92187	84973	78687	75150	63310	50440	37695
	5	99363	98027	95265	92344	90507	**83376**	73844	62305
	6	99914	99649	98941	98034	97398	94524	89801	82813
	7	99992	99958	99841	99660	99518	98771	97261	94531
	8		99997	99986	99964	99946	99832	99550	98926
	9			99999	99998	99997	99990	99966	99902

$B_{0,4}^{10}(Z \le 5) = 0,83376 \approx 83,38\,\%$ **Beispiel**

Bernoulli-Kette und Binomialverteilung

Um mit der kumulativen Tabelle arbeiten zu können, müssen alle Wahrscheinlichkeiten auf Ereignisse der Form „$Z \leq k$" umgeschrieben werden. Es gelten:

$B_p^n(Z < k) = B_p^n(Z \leq k - 1)$:
$$B_{0,4}^{100}(Z < 42) = B_{0,4}^{100}(Z \leq 41)$$
$$= 0,62253 \approx 62,25\,\%$$

$B_p^n(Z > k) = 1 - B_p^n(Z \leq k)$:
$$B_{0,3}^{50}(Z > 16) = 1 - B_{0,3}^{50}(Z \leq 16)$$
$$= 1 - 0,68388$$
$$= 0,31612 \approx 31,61\,\%$$

$B_p^n(Z \geq k) = 1 - B_p^n(Z \leq k - 1)$:
$$B_{0,8}^{200}(Z \geq 160) = 1 - B_{0,8}^{200}(Z \leq 159)$$
$$= 1 - 0,45782$$
$$= 0,54218 \approx 54,22\,\%$$

$B_p^n(k_1 < Z \leq k_2) = B_p^n(Z \leq k_2) - B_p^n(Z \leq k_1)$:
$$B_{0,2}^{100}(18 < Z \leq 25) = B_{0,2}^{100}(Z \leq 25) - B_{0,2}^{100}(Z \leq 18)$$
$$= 0,91252 - 0,36209$$
$$= 0,55043 \approx 55,04\,\%$$

Beispiel

1. Bei der Herstellung von „Billig-Glühlampen" entsteht erfahrungsgemäß ein Ausschuss von 10 %. Sie werden ohne Kontrolle abgegeben.
   Mit welcher Wahrscheinlichkeit findet man unter 50 Glühlampen
   a) genau fünf,
   b) mindestens sieben,
   c) höchstens vier,
   d) mehr als zwei und weniger als zehn
   defekte Lampen?

Lösung:
a) $B_{0,1}^{50}(Z=5) = 0,18492 \approx 18,49\,\%$

b) $B_{0,1}^{50}(Z \geq 7) = 1 - B_{0,1}^{50}(Z \leq 6)$
$= 1 - 0,77023 = 0,22977 \approx 22,98\,\%$

c) $B_{0,1}^{50}(Z \leq 4) = 0,43120 = 43,12\,\%$

d) $B_{0,1}^{50}(2 < Z < 10) = B_{0,1}^{50}(Z \leq 9) - B_{0,1}^{50}(Z \leq 2)$
$= 0,97546 - 0,11173$
$= 0,86373 \approx 86,37\,\%$

2. In einem Metall verarbeitenden Betrieb sind 80 % der Mitarbeiter bereit, wegen eines Großauftrags Überstunden zu machen.
Mit welcher Wahrscheinlichkeit findet man unter zwölf zufällig ausgewählten Mitarbeitern genau zehn, die bereit sind, Überstunden zu machen?

Lösung:

$B_{0,8}^{12}(Z=10) = \binom{12}{10} \cdot 0,8^{10} \cdot 0,2^2 \approx 28,35\,\%$

(Taschenrechner, da n = 12 nicht tabelliert!)

3. Die Wahrscheinlichkeit, dass ein Fahrgast in einer U-Bahn Schwarzfahrer ist, beträgt 5 %. Es werden 100 Einzelkontrollen durchgeführt.
   a) Mit welcher Wahrscheinlichkeit findet man mindestens drei, aber höchstens acht Schwarzfahrer?
   b) Mit welcher Wahrscheinlichkeit werden genau vier Schwarzfahrer ertappt, die sich unter den ersten 50 Kontrollierten befinden?

Lösung:
a) $B_{0,05}^{100}(3 \leq Z \leq 8) = B_{0,05}^{100}(Z \leq 8) - B_{0,05}^{100}(Z \leq 2)$
$= 0,93691 - 0,11826$
$= 0,81865 \approx 81,87\,\%$

b) $B_{0,05}^{50}(Z=4) \cdot B_{0,05}^{50}(Z=0) = 0,13598 \cdot 0,07694 \approx 1,05\,\%$

Bernoulli-Kette und Binomialverteilung

4. Binomialverteilungen lassen sich durch Simulationen experimentell darstellen, z. B. kann man den n-fachen Münzwurf sehr oft ausführen. Die relativen Häufigkeiten für 0, 1, ..., n Treffer nähern sich der Binomialverteilung B(n; 0,5) an.
Das Beispiel schlechthin für eine experimentelle Binomialverteilung liefert das von Sir Francis Galton (1822–1911) entwickelte **Galton-Brett**.
Möglicher Aufbau: In ein lotrechtes Brett sind Nägel so eingeschlagen, dass sie ein Quadratgitter erzeugen. Ein Trichter lenkt kleine Bleikugeln auf den ersten Nagel.
Die Kugeln werden auf ihrer Bahn von diesem und den folgenden Nägeln abgelenkt und sammeln sich in Fächern, die unter der letzten Nagelreihe angebracht sind. Im nebenstehenden Bild ist ein achtreihiges Galton-Brett verwendet, d. h., es gibt neun Auffangfächer F_i mit i = 0, 1, ..., 8. Stehen Kugeldurchmesser und Abstände der Nägel in einem günstigen Verhältnis und lässt man sehr viele Kugeln so wie beschrieben laufen, dann erhält man das Bild der Binomialverteilung mit p = 1 − p = 0,5. Die Kugeln laufen in das Fach F_i, i = 0, 1, ..., 8, mit den in der folgenden Tabelle angegebenen Wahrscheinlichkeiten:

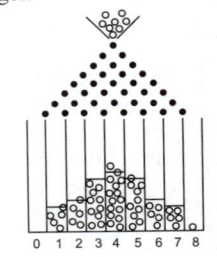

i	0	1	2	3	4
B(8; 0,5; i)	0,004	0,031	0,109	0,219	0,273

i	5	6	7	8
B(8; 0,5; i)	0,219	0,109	0,031	0,004

7.5 Signifikanztest

In der Praxis ist es oft nötig, eine Behauptung (Hypothese) auf ihren Wahrheitsgehalt zu testen, ohne dass man alle betroffenen Objekte befragen oder untersuchen kann. Daher wählt man aus der Grundgesamtheit eine geeignete repräsentative Stichprobe aus und testet an ihr die Gültigkeit der Hypothese.

> **Grundgesamtheit und Stichprobe**
> Eine **Grundgesamtheit** ist die Menge aller Ereignisse (Individuen, Objekte, Sachverhalte etc.), die als Realisierung einer Zufallsgröße X möglich sind.
>
> Das n-Tupel $(X_1, X_2, \ldots, X_n)$ heißt **Stichprobe** der Länge n aus der Zufallsgröße X, wenn alle X_i stochastisch unabhängig sind und die gleiche Wahrscheinlichkeitsverteilung wie X besitzen.

Anmerkungen:
- Eine Stichprobe ist repräsentativ, wenn sie ein Abbild der Grundgesamtheit ist.
- Die Genauigkeit einer Stichprobe hängt von ihrer Länge ab, d. h., nur genügend lange Stichproben sind repräsentativ.

In der Wahrscheinlichkeitsrechnung sind die stochastischen Eigenschaften der Grundgesamtheit bekannt, sodass Wahrscheinlichkeiten von Stichprobenresultaten (Ereignissen) berechnet werden können. Beim Hypothesentest wird dagegen aus der Stichprobe geschlossen, ob gewisse Vermutungen (Hypothesen) über unbekannte Parameter der Wahrscheinlichkeitsverteilung mit einer vorgegebenen Irrtumswahrscheinlichkeit abgelehnt werden müssen oder nicht.

> **Test**
> Ein statistischer Test ist ein Verfahren, um zu entscheiden, ob die von einer Stichprobe gelieferten Daten einer Hypothese über die unbekannte Grundgesamtheit widersprechen.

Je nach Formulierung einer Hypothese unterscheidet man verschiedene Arten von Hypothesentests. Wir betrachten im Folgenden den einseitigen Signifikanztest in einer binomialverteilten Grundgesamtheit, bei dem eine Entscheidung über eine **Hypothese H_0 (Nullhypothese)** getroffen wird.

> **Signifikanztest**
> Ein Entscheidungsverfahren, bei dem festgestellt wird, ob eine Hypothese H_0 verworfen wird oder nicht, heißt **Signifikanztest**.

Beim einseitigen Signifikanztest wird eine zusammengesetzte Hypothese der Form $H_0: p \leq p_0$ oder $H_0: p \geq p_0$ getestet.

> **Einseitiger Signifikanztest**
> Ein Signifikanztest heißt einseitig, wenn die Nullhypothese in der Form $H_0: p \leq p_0$ **(rechtsseitiger Signifikanztest)** oder $H_0: p \geq p_0$ **(linksseitiger Signifikanztest)** formuliert werden kann.

Anmerkungen:
- Bei diesen Signifikanztests testet man immer den „schlechtest möglichen Fall" über die Randwahrscheinlichkeit p_0.
- Die **Gegenhypothese H_1 (Alternativhypothese)** lautet beim rechtsseitigen Signifikanztest $H_1: p > p_0$, beim linksseitigen Signifikanztest $H_1: p < p_0$.
- Da man nur feststellt, ob eine Nullhypothese abgelehnt wird oder nicht, interessiert im Allgemeinen nicht, welche andere Hypothese eventuell wahr ist.

Beim **linksseitigen Signifikanztest** lautet die Nullhypothese $H_0: p \geq p_0$, die Gegenhypothese $H_1: p < p_0$. Bei einer Stichprobe der Länge n wird die Nullhypothese abzulehnen sein, wenn die Testgröße mit der Wertemenge $\{0; \ldots; n\}$ zu kleine Werte annimmt. Für den **Ablehnungsbereich A** gilt daher $A = \{0; \ldots; g\}$, für den **Annahmebereich $\overline{A}$** gilt $\overline{A} = \{g+1; \ldots; n\}$.

Entscheidend ist bei jedem Test die Frage, wie g gewählt werden muss, um eine sinnvolle Entscheidungsregel, d. h. einen sinnvollen Annahme- und Ablehnungsbereich festzulegen.

> **Entscheidungsregel**
> Annahmebereich A und Ablehnungsbereich $\overline{A}$ bestimmen die Entscheidungsregel eines Signifikanztests.
> Für den linksseitigen Signifikanztest gilt:
> $\overline{A} \cup A = \{0; \ldots; g\} \cup \{g+1; \ldots; n\} = \{0; \ldots; n\}$

Anmerkung:
Da immer von einer binomialverteilten Grundgesamtheit ausgegangen wird, kann der Erwartungswert für die Nullhypothese zu $E(X) = n \cdot p_0$ berechnet werden. Dieser Wert wird immer im Annahmebereich liegen.

Grafische Veranschaulichung der Entscheidungsregel beim linksseitigen Signifikanztest:

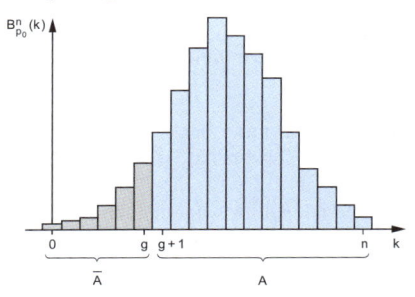

Beispiel

Die Partei A behauptet, bei der nächsten Wahl mindestens 60 % der Wählerstimmen zu erhalten. In einer Stichprobe von 100 repräsentativ ausgewählten Wählern erklären 56, bei der nächsten Wahl die Partei A zu wählen.
Ist die Behauptung der Partei aufgrund dieses Umfrageergebnisses nun anzunehmen oder abzulehnen? Geben Sie eine Entscheidungsregel an, sodass die Behauptung abzulehnen ist.

Bernoulli-Kette und Binomialverteilung

Lösung:
Die Nullhypothese lautet H_0: „Mindestens 60 % wählen die Partei A." oder H_0: $p \geq 0{,}6$.
Die Gegenhypothese ist H_1: „Weniger als 60 % wählen die Partei A." oder H_1: $p < 0{,}6$.
Die Stichprobe besitzt die Länge n = 100.
Die Testgröße ist die Anzahl der A-Wähler unter den 100 Befragten.
Der Erwartungswert $E(X) = n \cdot p_0 = 100 \cdot 0{,}6 = 60$ muss im Annahmebereich liegen.
Wenn die Behauptung der Partei A aufgrund dieses Stichprobenergebnisses abgelehnt wird, muss das Stichprobenergebnis von 56 A-Wählern im Ablehnungsbereich liegen.
Damit ergäbe sich also die Entscheidungsregel $\overline{A} = \{0; \ldots; 56\}$, $A = \{57; \ldots; 100\}$.

Hier stellt sich nun die Frage, wie groß die Wahrscheinlichkeit α ist, dabei den sogenannten **Fehler 1. Art** zu begehen, nämlich die Nullhypothese fälschlicherweise abzulehnen, weil das Testergebnis nur zufällig im Ablehnungsbereich liegt. Diese Wahrscheinlichkeit kann mithilfe des Tafelwertes ermittelt werden:

$\alpha = B_{0{,}6}^{100}(Z \leq 56) = 0{,}24$

Es zeigt sich, dass der gewählte Ablehnungsbereich zu groß ist.
Die Wahrscheinlichkeit α für den Fehler 1. Art ist zu hoch, die Entscheidungsregel ist zu streng.
Man legt daher die Entscheidungsregel im Allgemeinen nicht einfach willkürlich fest, sondern gibt einen Höchstwert vor, den der Fehler 1. Art nicht überschreiten soll, das Signifikanzniveau α.

Signifikanzniveau
Das **Signifikanzniveau α** eines Signifikanztests gibt die maximale Irrtumswahrscheinlichkeit für den Fehler 1. Art an.

Für das vorhergehende Beispiel soll nun die Entscheidungsregel auf einem Signifikanzniveau von 5 % bestimmt werden.

Beispiel

Lösung:
Es muss gelten: $B_{0,6}^{100}(Z \leq g) \leq 0,05$

Aus dem Tafelwerk entnimmt man: $g = 51$
Damit ergibt sich als Entscheidungsregel:
$\overline{A} = \{0; \ldots; 51\}$; $A = \{52; \ldots; 100\}$

H_0 wird abgelehnt, wenn höchstens 51 der befragten 100 Wähler die Partei A wählen.

Wie auf Seite 120 bereits dargestellt wurde, ist die Nullhypothese beim **rechtsseitigen Signifikanztest** von der Form H_0: $p \leq p_0$, die Gegenhypothese H_1: $p > p_0$.
Die Entscheidungsregel lautet daher:
Annahmebereich $A = \{0; \ldots; g\}$,
Ablehnungsbereich $\overline{A} = \{g+1; \ldots; n\}$

Grafische Veranschaulichung:

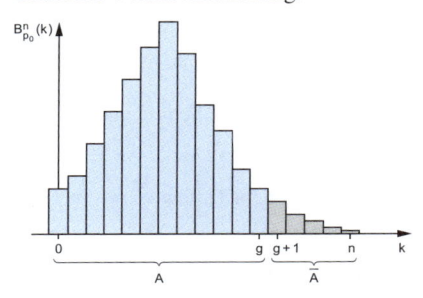

Bei gegebenem Signifikanzniveau α gilt für die Bestimmung des Ablehnungsbereichs die Bedingung:

$B_{p_0}^n (Z \geq g+1) \leq \alpha$

Um das Tafelwerk einsetzen zu können, muss diese Bedingung erst umgeformt werden:

$1 - B_{p_0}^n (Z \leq g) \leq \alpha$

$\quad - B_{p_0}^n (Z \leq g) \leq \alpha - 1$

$\quad\quad B_{p_0}^n (Z \leq g) \geq 1 - \alpha$

Nun kann der kritische Wert g aus dem Tafelwerk abgelesen und die Entscheidungsregel bestimmt werden.

Beispiel

Bei Schafen tritt die Krankheit S auf. Durch einen Signifikanztest auf dem Signifikanzniveau 5 % soll die Nullhypothese H_0: „Höchstens 10 % der Schafe haben die Krankheit S" mit einer Stichprobe der Länge n = 200 getestet werden.
Bestimmen Sie die Entscheidungsregel.

Lösung:
Das Wort „Höchstens" in der Formulierung der Nullhypothese weist auf einen rechtsseitigen Signifikanztest hin.

H_0: $p \leq 0{,}10$; $n = 200$; $E(Z) = 200 \cdot 0{,}1 = 20$

$\overline{A} = \{g+1; \ldots; n\}$; Z: „Anzahl der erkrankten Schafe unter 200"

$B_{0,1}^{200} (Z \geq g+1) = 1 - B_{0,1}^{200} (Z \leq g) \leq 0{,}05$

$B_{0,1}^{200} (Z \leq g) \geq 0{,}95 \;\Rightarrow\; g = 27$ (aus dem Tafelwerk)

$\Rightarrow\; \overline{A} = \{28; \ldots; 200\}$

H_0 wird abgelehnt, wenn mindestens 28 Schafe in der Stichprobe an S erkrankt sind.

Der **klassische Ansatz des Signifikanztests** nach Jerzy Neyman (1894–1981) und Egon Pearson (1895–1980) ähnelt in seiner Ausführung dem indirekten Beweis: Um eine Hypothese nicht zu verwerfen, untersucht man, ob die gegenteilige Annahme (= nicht gewünschte Hypothese = Nullhypothese H_0) mit dem Stichprobenergebnis unverträglich ist. Man untersucht also, ob das Versuchsergebnis unter der Annahme der Nullhypothese H_0 nur mit einer sehr geringen Wahrscheinlichkeit eintritt. Als Nullhypothese H_0 wählt man immer die Hypothese, die man verwerfen möchte. Neyman und Pearson gaben die Stichprobenlänge n sowie die Wahrscheinlichkeit eines Fehlers 1. Art (α-Fehler, Signifikanzniveau, meistens 5 % oder 1 %) vor und bestimmten mithilfe dieser Größe den kritischen Bereich $\overline{A}$ für die Nullhypothese. Je kleiner man α wählt, umso vorsichtiger ist man bei der Ablehnung von H_0. Wenn selbst bei kleinem Wert von α eine Ablehnung von H_0 erfolgt, spricht man von hoher Signifikanz.

Ein **Signifikanztest** läuft (fast) immer in den folgenden Schritten ab:

Signifikanztest
1. Wie lautet die Nullhypothese H_0?
2. Wie groß ist der Stichprobenumfang n des Tests und welches Signifikanzniveau α ist vorgegeben?
3. Welche Testgröße wird zur Prüfung verwendet und wie lautet der Ablehnungsbereich $\overline{A}$?
4. Wie wird aufgrund des Stichprobenergebnisses entschieden?

Bei der Annahme oder Ablehnung der Nullhypothese sind grundsätzlich vier Fälle möglich, die sich schematisch darstellen lassen. Der α-Fehler ist dabei die eine der beiden möglichen falschen Entscheidungen, die andere wird β-Fehler genannt.

Realität	Entscheidung aufgrund der Stichprobe:	
	Ergebnis aus A: Annahme von H_0	Ergebnis aus $\overline{A}$: Ablehnung von H_0
H_0 trifft zu $p = p_0$	Richtige Entscheidung ↓ $B_{p_0}^n(X \in A)$	**Falsche Entscheidung** Fehler 1. Art („α-Fehler") $\alpha = B_{p_0}^n(X \in \overline{A})$
H_0 trifft nicht zu $p = p_1$	**Falsche Entscheidung** Fehler 2. Art („β-Fehler") $\beta = B_{p_1}^n(X \in A)$	Richtige Entscheidung ↓ $B_{p_1}^n(X \in \overline{A})$

Beispiel

Charterflüge haben öfters Verspätung. Ein Angestellter eines Reisebüros behauptet, dass dies bei mindestens 40 % aller Flüge der Fall sei. Er schlägt vor, die nächsten 200 Charterflüge auf Verspätung, d. h. die Hypothese $H_0: p_0 \geq 0{,}40$ auf dem 5 %-Signifikanzniveau zu überprüfen. Es wurden 75 verspätete Flüge festgestellt.
Wie wird man entscheiden?

Lösung:
H_0: „Mindestens 40 % aller Flüge haben Verspätung."
Das Wort „Mindestens" in der Formulierung der Nullhypothese weist auf einen linksseitigen Signifikanztest hin.

$H_0: p_0 \geq 0{,}40$; $n = 200$; $\overline{A} = \{0; \ldots; g\}$; $\alpha = 5\%$;

X: „Anzahl verspäteter Charterflüge"
Es muss gelten:
$\alpha = B_{0,4}^{200}(X \leq g) \leq 0{,}05$

Aus der Tabelle liest man ab: $g = 68 \Rightarrow \overline{A} = \{0; \ldots; 68\}$
Wegen $75 \notin \overline{A}$ wird H_0 aufgrund des Stichprobenergebnisses auf dem 5 %-Signifikanzniveau nicht abgelehnt.

Geometrie ◀

8 Koordinatengeometrie im Raum

Die Grundlage der Geometrie der Oberstufe ist das Rechnen mit Vektoren im dreidimensionalen Anschauungsraum unter der Verwendung der Koordinatenschreibweise. Dabei werden die geometrischen Kenntnisse der Mittelstufe in geeignet gewählten kartesischen (rechtwinkligen) Koordinatensystemen gefestigt, Körper räumlich dargestellt und Lagebeziehungen im Raum erkundet. Dazu kommen Längen- und Winkelmessungen mithilfe von Skalar- und Vektorprodukt, die auch zur Berechnung von Flächen- und Rauminhalten verwendet werden.

8.1 Dreidimensionales kartesisches Koordinatensystem

Das in der Zeichenebene verwendete Koordinatensystem hat zwei zueinander senkrechte Zahlengeraden, die sich im Ursprung O schneiden. Die in der Mittelstufe übliche Bezeichnung mit x- und y-Achse wird in der Oberstufe durch die x_1- bzw. x_2-Achse ersetzt.
Zur Kennzeichnung von Punkten im Raum benötigt man **drei** Koordinaten, z. B. $A(a_1 | a_2 | a_3)$. Im Allgemeinen wählt man folgendes Koordinatensystem:

> **Dreidimensionales kartesisches Koordinatensystem**
> Die Zahlengeraden, die paarweise aufeinander senkrecht stehen mit dem gemeinsamen Nullpunkt als **Ursprung O**, bilden die drei **Koordinatenachsen**. Die Einheiten auf den drei Achsen sind gleich lang.

Zur Darstellung eines dreidimensionalen Koordinatensystems auf einer ebenen Fläche (Zeichenpapier, Tafel) wird in der Regel ein Schrägbild verwendet.

Koordinatengeometrie im Raum

Schrägbild 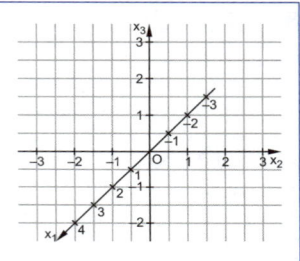
Das Schrägbild eines räumlichen Koordinatensystems zeichnet man im Allgemeinen auf kariertes Papier, die x_1-Achse nach vorne, die x_2-Achse nach rechts und die x_3-Achse nach oben, wobei auf der x_2- und auf der x_3-Achse zwei Kästchen (1 cm) eine Längeneinheit (1 LE) bilden. Die x_1-Achse wird um 135° zur x_2-Achse mit einer Kästchendiagonale als Einheit (Kürzungsverhältnis $\frac{1}{2}\sqrt{2}$) gezeichnet.

Beispiel
Jeder Punkt A wird durch drei Koordinaten angegeben, z. B. bedeutet in A(3|4|5):
3 Einheiten in x_1-Richtung,
4 Einheiten in x_2-Richtung
und
5 Einheiten in x_3-Richtung

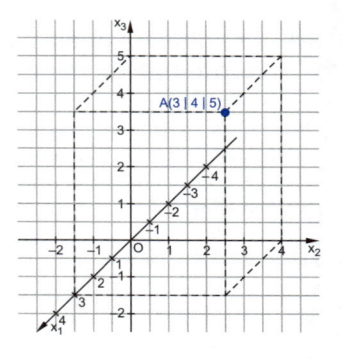

Bezeichnungen:
1. Je zwei Koordinatenachsen bilden eine **Koordinatenebene**, die x_1x_2-Ebene ($x_3=0$), die x_1x_3-Ebene ($x_2=0$) und die x_2x_3-Ebene ($x_1=0$).
2. Die drei Koordinatenebenen teilen den Raum in acht **Oktanten**. Für die Vorzeichen der Koordinaten in den einzelnen Oktanten gilt:

	I	II	III	IV	V	VI	VII	VIII
x_1	+	−	−	+	+	−	−	+
x_2	+	+	−	−	+	+	−	−
x_3	+	+	+	+	−	−	−	−

3. Punkte mit besonderen Lagen sind
   O(0|0|0): Ursprung
   $P_1(p_1|0|0)$: Punkt auf der x_1-Achse
   $P_2(0|p_2|0)$: Punkt auf der x_2-Achse
   $P_3(0|0|p_3)$: Punkt auf der x_3-Achse
   $P_4(p_1|p_2|0)$: Punkt in der x_1x_2-Ebene
   $P_5(p_1|0|p_3)$: Punkt in der x_1x_3-Ebene
   $P_6(0|p_2|p_3)$: Punkt in der x_2x_3-Ebene

4. <u>Nach</u> dem Satz des Pythagoras gilt für die Länge (den Betrag) $\overline{AB}$ der Strecke [AB] gemäß der nachfolgenden Skizze:

$$\overline{AB} = \sqrt{(b_1-a_1)^2 + (b_2-a_2)^2 + (b_3-a_3)^2}$$

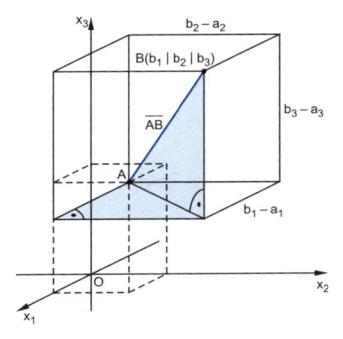

Beispiel

1. Wo liegen alle Punkte P im Koordinatensystem mit
   a) $P(2|3|p_3)$,
   b) $P(4|p_2|p_3)$?

   Lösung:
   a) Die Punkte liegen auf einer Parallelen zur x_3-Achse durch den Punkt $P_0(2|3|0)$.

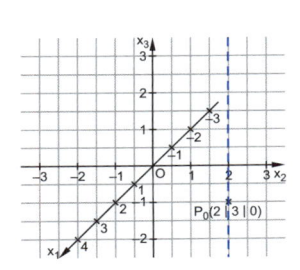

b) Die Punkte liegen in einer zur x_2x_3-Koordinatenebene parallelen Ebene mit dem Abstand 4 LE ($x_1 = 4$).

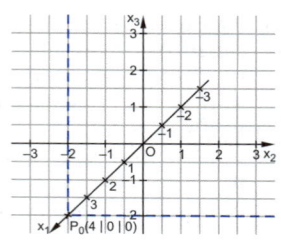

2. a) Ein Würfel ABCDEFGH hat die Eckpunkte A(0|0|0), B(0|−3|0), C(3|0|0) und E(0|0|3). Zeichnen Sie diesen Würfel in ein Koordinatensystem und geben Sie die Koordinaten der Eckpunkte D, F, G und H an.

   b) Der Punkt H(3|3|3) wird
   (1) an der x_1x_2-Ebene,
   (2) an der x_1x_3-Ebene,
   (3) an der x_2x_3-Ebene,
   (4) am Ursprung gespiegelt.
   Geben Sie jeweils die Koordinaten der Spiegelpunkte an.

   Lösung:
   a) D(3|3|0),
      F(0|−3|3),
      G(3|0|3),
      H(3|3|3)
   b) $H_1(3|3|-3)$,
      $H_2(3|-3|3)$,
      $H_3(-3|3|3)$,
      $H_4(-3|-3|-3)$

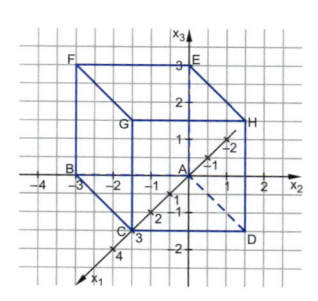

3. Die Punkte A(1|6|2), B(2|2|3), C(4|3|1) und D(3|6|0) bilden die Grundfläche einer Pyramide ABCDS mit der Spitze S(6|7|8). Zeichnen Sie die Pyramide in ein Koordinatensystem und berechnen Sie die Längen der Strecken $\overline{AB}$ und $\overline{DS}$.

   Lösung:
   $\overline{AB} = \sqrt{(2-1)^2 + (2-6)^2 + (3-2)^2} = \sqrt{1+16+1} = \sqrt{18} = 3\sqrt{2}$

$$\overline{DS} = \sqrt{(6-3)^2 + (7-6)^2 + (8-0)^2} = \sqrt{9+1+64} = \sqrt{74}$$

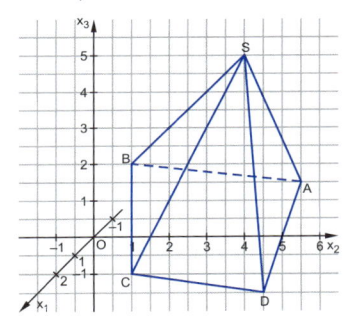

8.2 Vektoren im Anschauungsraum

Aus der **Physik** kennt man Größen, die nicht nur durch Maßzahl und Einheit, sondern auch durch ihre Richtung bestimmt sind.

Eine Kraft $\vec{F}$ greift an einem Körper an:

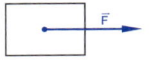

Ein Auto fährt mit der Geschwindigkeit $\vec{v}$:

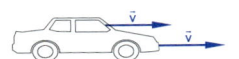

In einem Koordinatensystem werden nicht nur Punkte betrachtet, sondern auch Verbindungen untereinander. Zwischen zwei Punkten A und B unterscheidet man die Streckenlänge $\overline{AB}$ und den Pfeil $\overrightarrow{AB}$ mit dem Fußpunkt A und der Spitze B, d. h., $\overrightarrow{AB}$ besitzt eine Länge und eine Richtung. Man definiert:

Vektoren und Repräsentanten
Unter einem **Vektor** versteht man die Menge aller gleich langen, gleich gerichteten und parallelen Pfeile (= parallelgleichen Pfeile).
Ein einzelner Pfeil heißt **Repräsentant** dieses Vektors.

Koordinatengeometrie im Raum

Da es umständlich ist, jedes Mal von einem Repräsentanten eines Vektors zu sprechen, verwendet man auch kurz die Bezeichnung Vektor für einen Repräsentanten.

Vektoren werden wie folgt geschrieben:
(1) Mit kleinen Buchstaben, über denen Pfeile stehen:
   $\vec{a}, \vec{b}, \vec{c}, \vec{x}, \vec{y}, \ldots$
(2) Durch zwei Punkte der orientierten Strecke mit einem Pfeil darüber:
   $\overrightarrow{AB}, \overrightarrow{PQ}, \overrightarrow{XY}, \ldots$

Beispiel

Es gilt:

$\vec{a} = \vec{b}$, weil sie gleiche Repräsentanten besitzen

$\vec{a} \neq \vec{c}$, weil $\vec{a} \parallel \vec{c}$, aber $|\vec{a}| \neq |\vec{c}|$

$\vec{d} = -\vec{a}$, weil $\vec{a} \parallel \vec{d}$, $|\vec{a}| = |\vec{d}|$, aber genau umgekehrte Richtung

---

Gegenvektor
Der Vektor $-\vec{a}$ heißt **Gegenvektor** zum Vektor $\vec{a}$.

Der Vektor $\vec{0}$ mit der Länge 0 heißt **Nullvektor**. Ihm kann keine Richtung zugeordnet werden.

In einem Koordinatensystem bestimmt jeder Punkt A zusammen mit dem Ursprung O einen **Ortsvektor** $\vec{A} = \overrightarrow{OA}$. Dieser wird im Raum $\mathbb{R}^2$ (zweidimensionaler reeller Raum = Koordinatenebene) bzw. im $\mathbb{R}^3$ (dreidimensionaler reeller Raum) in der **Spaltenschreibweise** angegeben:

$A(a_1 | a_2)$
$\Rightarrow \vec{A} = \overrightarrow{OA} = \begin{pmatrix} a_1 \\ a_2 \end{pmatrix}$

$A(a_1 | a_2 | a_3)$
$\Rightarrow \vec{A} = \overrightarrow{OA} = \begin{pmatrix} a_1 \\ a_2 \\ a_3 \end{pmatrix}$

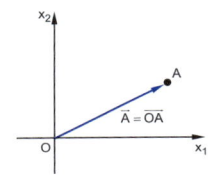

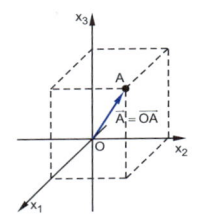

Die übereinstimmenden Zahlen a_1, a_2 (und ggf. a_3) heißen sowohl Koordinaten des Punktes (Zeilenschreibweise!) als auch **Koordinaten** des Vektors (Spaltenschreibweise!). Einen beliebigen Vektor $\overrightarrow{AB}$ mit dem Anfangspunkt $A(a_1 | a_2)$ bzw. $A(a_1 | a_2 | a_3)$ erhält man wie in der folgenden Skizze zu:

$\overrightarrow{AB} = \begin{pmatrix} b_1 - a_1 \\ b_2 - a_2 \end{pmatrix}$

bzw.

$\overrightarrow{AB} = \begin{pmatrix} b_1 - a_1 \\ b_2 - a_2 \\ b_3 - a_3 \end{pmatrix}$

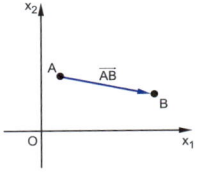

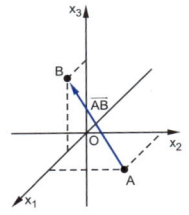

Zweidimensionale Vektoren besitzen zwei Koordinaten (für die Rechts- und Hochrichtung); z. B. weist der zweidimensionale Vektor

$\vec{v} = \begin{pmatrix} 1 \\ 3 \end{pmatrix}$

eine Einheit nach rechts und drei Einheiten nach oben. Entsprechend bezeichnet eine negative x- bzw. y-Koordinate die Ausdehnung nach links bzw. unten.

Dreidimensionale Vektoren besitzen dagegen eine weitere Koordinate, die die Ausdehnung des Vektors nach vorne (bzw. hinten) angibt; z. B. zeigt der dreidimensionale Vektor

$\vec{v} = \begin{pmatrix} 1 \\ 3 \\ 4 \end{pmatrix}$

eine Einheit nach vorne, drei Einheiten nach rechts und vier Einheiten nach oben.

Koordinatengeometrie im Raum

Beispiel

1. $\overrightarrow{AB}$ und $\overrightarrow{CD}$ sind Repräsentanten des gleichen Vektors (stellen den gleichen Vektor dar). Bestimmen Sie die Koordinaten des Punktes D, wenn A(2|3), B(4|5) und C(1|3) gilt.

   Lösung:
   $$\overrightarrow{AB} = \begin{pmatrix} 4-2 \\ 5-3 \end{pmatrix} = \begin{pmatrix} 2 \\ 2 \end{pmatrix}$$
   $$\overrightarrow{CD} = \begin{pmatrix} d_1 - 1 \\ d_2 - 3 \end{pmatrix} = \begin{pmatrix} 2 \\ 2 \end{pmatrix} \Rightarrow d_1 = 3; d_2 = 5 \Rightarrow D(3|5)$$

2. Bestimmen Sie die Koordinaten des Gegenvektors zum Vektor $\overrightarrow{AB}$, wenn A(2|1|3) und B(−4|6|−4) gegeben sind.

   Lösung:
   $$\overrightarrow{AB} = \begin{pmatrix} -4-2 \\ 6-1 \\ -4-3 \end{pmatrix} = \begin{pmatrix} -6 \\ 5 \\ -7 \end{pmatrix} \Rightarrow -\overrightarrow{AB} = \overrightarrow{BA} = \begin{pmatrix} 6 \\ -5 \\ 7 \end{pmatrix}$$

3. Im Punkt A(1|3|−2) wird der Vektor $\vec{v} = \overrightarrow{AB} = \begin{pmatrix} 3 \\ -2 \\ 1 \end{pmatrix}$ angetragen. Welcher Endpunkt B ergibt sich?

   Lösung:
   $$\overrightarrow{AB} = \begin{pmatrix} b_1 - 1 \\ b_2 - 3 \\ b_3 + 2 \end{pmatrix} = \begin{pmatrix} 3 \\ -2 \\ 1 \end{pmatrix} \Rightarrow \begin{matrix} b_1 = 4 \\ b_2 = 1 \\ b_3 = -1 \end{matrix} \Rightarrow B(4|1|-1)$$

Die Addition zweier Vektoren $\vec{a}$ und $\vec{b}$ wird geometrisch im Anschauungsraum definiert:

Summenvektor

Man setzt den Anfangspunkt des einen Vektors an die Spitze des anderen. Der **Summenvektor $\vec{a} + \vec{b}$** zeigt dann vom Anfangspunkt des ersten Pfeils zum Endpunkt des zweiten Pfeils.

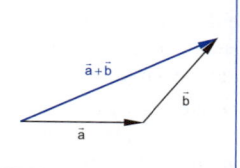

Sind die Koordinaten der Vektoren $\vec{a}$ und $\vec{b}$ bekannt, so kann man den Summenvektor wie im Bild auf der nächsten Seite dargestellt berechnen.

Koordinatengeometrie im Raum

Im $\mathbb{R}^2$ gilt:
$$\vec{a} + \vec{b} = \begin{pmatrix} a_1 \\ a_2 \end{pmatrix} + \begin{pmatrix} b_1 \\ b_2 \end{pmatrix} = \begin{pmatrix} a_1 + b_1 \\ a_2 + b_2 \end{pmatrix}$$

Im $\mathbb{R}^3$ gilt:
$$\vec{a} + \vec{b} = \begin{pmatrix} a_1 \\ a_2 \\ a_3 \end{pmatrix} + \begin{pmatrix} b_1 \\ b_2 \\ b_3 \end{pmatrix} = \begin{pmatrix} a_1 + b_1 \\ a_2 + b_2 \\ a_3 + b_3 \end{pmatrix}$$

Vektoren werden koordinatenweise addiert!

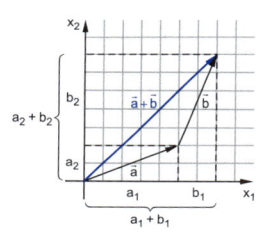

Der Summenvektor $\vec{a} + \vec{b}$ verläuft vom Fußpunkt von $\vec{a}$ bis zur Spitze von $\vec{b}$.

Gegeben sind die Vektoren $\vec{a} = \begin{pmatrix} 2 \\ 2 \\ -1 \end{pmatrix}$, $\vec{b} = \begin{pmatrix} 1 \\ -2 \\ 2 \end{pmatrix}$ und $\vec{c} = \begin{pmatrix} 2 \\ -1 \\ 2 \end{pmatrix}$.

Beispiel

Bestimmen Sie die Summenvektoren $\vec{a} + \vec{b}$, $\vec{a} + \vec{c}$, $\vec{b} + \vec{c}$ und $\vec{a} + \vec{b} + \vec{c}$.

Lösung:
$$\vec{a} + \vec{b} = \begin{pmatrix} 2+1 \\ 2-2 \\ -1+2 \end{pmatrix} = \begin{pmatrix} 3 \\ 0 \\ 1 \end{pmatrix}; \quad \vec{a} + \vec{c} = \begin{pmatrix} 2+2 \\ 2-1 \\ -1+2 \end{pmatrix} = \begin{pmatrix} 4 \\ 1 \\ 1 \end{pmatrix}$$
$$\vec{b} + \vec{c} = \begin{pmatrix} 1+2 \\ -2-1 \\ 2+2 \end{pmatrix} = \begin{pmatrix} 3 \\ -3 \\ 4 \end{pmatrix}; \quad \vec{a} + \vec{b} + \vec{c} = \begin{pmatrix} 2+1+2 \\ 2-2-1 \\ -1+2+2 \end{pmatrix} = \begin{pmatrix} 5 \\ -1 \\ 3 \end{pmatrix}$$

Sonderfall: Addiert man zu einem Vektor $\vec{a}$ seinen Gegenvektor $-\vec{a}$, so ist das Ergebnis der **Nullvektor $\vec{0}$**. Der Nullvektor $\vec{0}$ hat keine Länge und keine Richtung.

Für die Addition in der Menge V aller Vektoren des Anschauungsraums gilt:

(1) Addiert man zwei Vektoren $\vec{a}$ und $\vec{b}$ aus V, so ergibt sich wieder ein Vektor aus V:
$\vec{a} + \vec{b} = \vec{c} \; \wedge \; \vec{c} \in V$
V ist bezüglich der Verknüpfung „+" **abgeschlossen**.

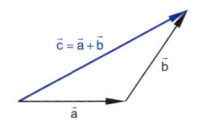

(2) In V gilt das **Assoziativgesetz:**
$(\vec{a} + \vec{b}) + \vec{c} = \vec{a} + (\vec{b} + \vec{c}) = \vec{a} + \vec{b} + \vec{c}$

(3) In V gibt es ein **neutrales** Element, den Nullvektor. Es gilt:
$\vec{a} + \vec{0} = \vec{a}$

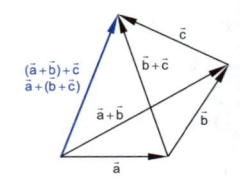

(4) In V gibt es zu jedem Vektor $\vec{a}$ das **inverse Element** $-\vec{a}$.
Es gilt: $\vec{a} + (-\vec{a}) = \vec{0}$

(5) In V gilt das **Kommutativgesetz**:
$\vec{a} + \vec{b} = \vec{b} + \vec{a}$

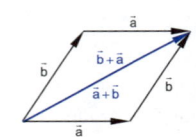

Eine **Vektorkette** ist eine Summe mehrerer Vektoren.
Die Vektorkette in der nebenstehenden Abbildung besteht aus den vier Vektoren $\vec{a}, \vec{b}, \vec{c}, \vec{d}$ und es gilt:
$\vec{x} = \vec{a} + \vec{b} + \vec{c} + \vec{d}$

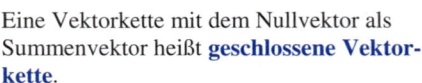

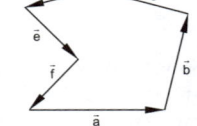

Eine Vektorkette mit dem Nullvektor als Summenvektor heißt **geschlossene Vektorkette**.
In der nebenstehenden Abbildung gilt:
$\vec{a} + \vec{b} + \vec{c} + \vec{d} + \vec{e} + \vec{f} = \vec{0}$

Beispiel Zeigen Sie, dass die Vektoren $\vec{a} = \begin{pmatrix} 2 \\ 3 \\ -4 \end{pmatrix}$, $\vec{b} = \begin{pmatrix} -1 \\ 1 \\ 2 \end{pmatrix}$, $\vec{c} = \begin{pmatrix} 3 \\ -4 \\ 1 \end{pmatrix}$ und $\vec{d} = \begin{pmatrix} -4 \\ 0 \\ 1 \end{pmatrix}$ eine geschlossene Vektorkette bilden.

Lösung:
$\vec{a} + \vec{b} + \vec{c} + \vec{d} = \begin{pmatrix} 2-1+3-4 \\ 3+1-4+0 \\ -4+2+1+1 \end{pmatrix} = \begin{pmatrix} 0 \\ 0 \\ 0 \end{pmatrix} = \vec{0}$

$\Rightarrow$ geschlossene Vektorkette

Es zeigt sich, dass die **Subtraktion von zwei Vektoren** nicht als eigene Verknüpfung betrachtet werden muss. Ein Vektor wird subtrahiert, indem man den Gegenvektor addiert. Es gilt:

$$\vec{a} - \vec{b} = \vec{a} + (-\vec{b})$$

In der Koordinatenschreibweise erhält man:
Im $\mathbb{R}^2$:   Im $\mathbb{R}^3$:

$$\vec{a} - \vec{b} = \begin{pmatrix} a_1 \\ a_2 \end{pmatrix} - \begin{pmatrix} b_1 \\ b_2 \end{pmatrix} = \begin{pmatrix} a_1 - b_1 \\ a_2 - b_2 \end{pmatrix} \qquad \vec{a} - \vec{b} = \begin{pmatrix} a_1 \\ a_2 \\ a_3 \end{pmatrix} - \begin{pmatrix} b_1 \\ b_2 \\ b_3 \end{pmatrix} = \begin{pmatrix} a_1 - b_1 \\ a_2 - b_2 \\ a_3 - b_3 \end{pmatrix}$$

Gegeben sind die Vektoren $\vec{a} = \begin{pmatrix} 2 \\ -4 \\ 3 \end{pmatrix}$ und $\vec{b} = \begin{pmatrix} 1 \\ -2 \\ -1 \end{pmatrix}$. Bestimmen Sie die Differenzvektoren $\vec{a} - \vec{b}$ bzw. $\vec{b} - \vec{a}$.

Beispiel

Lösung:

$$\vec{a} - \vec{b} = \begin{pmatrix} 2-1 \\ -4+2 \\ 3+1 \end{pmatrix} = \begin{pmatrix} 1 \\ -2 \\ 4 \end{pmatrix} \quad \text{und} \quad \vec{b} - \vec{a} = \begin{pmatrix} 1-2 \\ -2+4 \\ -1-3 \end{pmatrix} = \begin{pmatrix} -1 \\ 2 \\ -4 \end{pmatrix} = -(\vec{a} - \vec{b})$$

Anmerkung:
Den allgemeinen Vektor $\overrightarrow{AB}$ zwischen dem Fußpunkt A und dem Zielpunkt B erhält man als Differenz der Ortsvektoren von B und A, d. h. $\overrightarrow{AB} = \vec{B} - \vec{A}$: Ortsvektor des Endpunktes minus Ortsvektor des Anfangspunktes

Ein **Parallelflach** oder **Spat** („schiefer" Quader) werde von den Vektoren

$$\vec{a} = \overrightarrow{AB}, \vec{b} = \overrightarrow{BC}, \vec{c} = \overrightarrow{CG}$$

aufgespannt. Weitere Repräsentanten von $\vec{a}, \vec{b}, \vec{c}$ sind:

$$\vec{a} = \overrightarrow{DC} = \overrightarrow{EF} = \overrightarrow{HG}$$
$$\vec{b} = \overrightarrow{AD} = \overrightarrow{EH} = \overrightarrow{FG}$$
$$\vec{c} = \overrightarrow{BF} = \overrightarrow{AE} = \overrightarrow{DH}$$

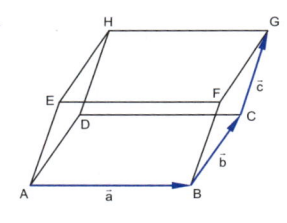

Alle Vektoren des Spats lassen sich durch $\vec{a}, \vec{b}, \vec{c}$ ausdrücken, z. B. gilt:

$\overrightarrow{AC} = \vec{a} + \vec{b};$ $\quad\overrightarrow{AG} = \vec{a} + \vec{b} + \vec{c};$ $\quad\overrightarrow{AH} = \vec{b} + \vec{c};$
$\overrightarrow{BD} = -\vec{a} + \vec{b};$ $\quad\overrightarrow{BE} = -\vec{a} + \vec{c};$ $\quad\overrightarrow{BH} = -\vec{a} + \vec{b} + \vec{c};$
$\overrightarrow{CE} = -\vec{a} - \vec{b} + \vec{c};$ $\quad\overrightarrow{FD} = -\vec{a} + \vec{b} - \vec{c}$

Beispiel Für die nebenstehende **Pyramide** gilt:
$\overrightarrow{AB} = \vec{a};$ $\quad\overrightarrow{BC} = \vec{b};$ $\quad\overrightarrow{AS} = \vec{c}$

Bestimmen Sie $\overrightarrow{AC}, \overrightarrow{BS}$ und $\overrightarrow{CS}$ in Abhängigkeit von $\vec{a}, \vec{b}, \vec{c}$.

Lösung:
$\overrightarrow{AC} = \vec{a} + \vec{b};$ $\quad\overrightarrow{BS} = -\vec{a} + \vec{c};$ $\quad\overrightarrow{CS} = -\vec{b} - \vec{a} + \vec{c}$

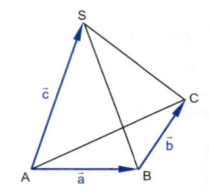

Für die Summe $\vec{a} + \vec{a} + \vec{a} + \vec{a}$ von vier gleichen Vektoren schreibt man in Anlehnung an die Zahlenmultiplikation:

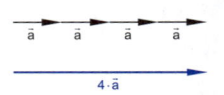

$4 \cdot \vec{a} = 4\vec{a}$

Der Vektor $4\vec{a}$ besitzt die gleiche Richtung, aber die vierfache Länge des Vektors $\vec{a}$.

Aufgrund dieser Überlegungen legt man allgemein fest:

S-Multiplikation
Für alle Vektoren $\vec{a} \in V$ und alle Zahlen $k \in \mathbb{R}$ existiert genau ein Vektor $\mathbf{k \cdot \vec{a}}$ mit folgenden Eigenschaften:
- $k \cdot \vec{a}$ hat die $|k|$-fache Länge des Vektors $\vec{a}$.
- Für $k > 0$ haben $\vec{a}$ und $k \cdot \vec{a}$ die gleiche Richtung.
  Für $k = 0$ gilt $k \cdot \vec{a} = \vec{0}$.
  Für $k < 0$ haben $\vec{a}$ und $k \cdot \vec{a}$ die entgegengesetzte Richtung.

Da bei dieser Verknüpfung „·" Zahlen (Skalare) mit Vektoren verknüpft werden, heißt diese Rechenart auch **S-Multiplikation** (skalare Multiplikation).

Anmerkung:
Die Vektoren $\vec{a}$ und $k \cdot \vec{a}$ sind **parallel** oder **kollinear**.

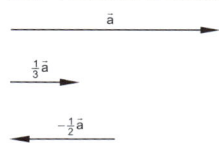

In der Koordinatenschreibweise erhält man:

$$k \cdot \vec{a} = k \cdot \begin{pmatrix} a_1 \\ a_2 \end{pmatrix} = \begin{pmatrix} k \cdot a_1 \\ k \cdot a_2 \end{pmatrix} \quad \text{bzw.} \quad k \cdot \vec{a} = k \cdot \begin{pmatrix} a_1 \\ a_2 \\ a_3 \end{pmatrix} = \begin{pmatrix} k \cdot a_1 \\ k \cdot a_2 \\ k \cdot a_3 \end{pmatrix}$$

Die Vektoren werden koordinatenweise mit der Zahl multipliziert.

$$5 \cdot \begin{pmatrix} 3 \\ -2 \\ -4 \end{pmatrix} = \begin{pmatrix} 5 \cdot 3 \\ 5 \cdot (-2) \\ 5 \cdot (-4) \end{pmatrix} = \begin{pmatrix} 15 \\ -10 \\ -20 \end{pmatrix}$$

$$\begin{pmatrix} 22 \\ -11 \\ 33 \end{pmatrix} = 11 \cdot \begin{pmatrix} 2 \\ -1 \\ 3 \end{pmatrix}$$

Beispiel

Für die S-Multiplikation gelten die folgenden Gesetze:

(1) **Gemischtes Assoziativgesetz:**
   $k_1 \cdot (k_2 \cdot \vec{a}) = (k_1 \cdot k_2) \cdot \vec{a}; \quad k_1, k_2 \in \mathbb{R}, \vec{a} \in V$

(2) **S-Distributivgesetz:**
   $(k_1 + k_2) \cdot \vec{a} = k_1 \cdot \vec{a} + k_2 \cdot \vec{a}; \quad k_1, k_2 \in \mathbb{R}, \vec{a} \in V$

(3) **V-Distributivgesetz:**
   $k \cdot (\vec{a} + \vec{b}) = k \cdot \vec{a} + k \cdot \vec{b}; \quad k \in \mathbb{R}, \vec{a}, \vec{b} \in V$

(4) **Unitäres Gesetz:**
   $1 \cdot \vec{a} = \vec{a}; \quad \vec{a} \in V$

Anmerkung:
Eine Menge V, deren Elemente Vektoren sind, heißt ein **reeller Vektorraum**, wenn es eine **Vektoraddition** mit den Gesetzen (1) bis (5) (siehe Seite 137 f.) und eine **S-Multiplikation** mit Zahlen aus $\mathbb{R}$ und den obigen Gesetzen (1) bis (4) gibt.

Beispiel Der $\mathbb{R}^3$ bildet einen reellen Vektorraum mit der koordinatenweisen Addition und S-Multiplikation. Er heißt auch **arithmetischer Vektorraum**.

Folgerungen:
(1) $k \cdot \vec{0} = \vec{0}$
(2) $0 \cdot \vec{a} = \vec{0}$
(3) $k \cdot \vec{a} = \vec{0} \implies k = 0 \vee \vec{a} = \vec{0}$
(4) $k \cdot (-\vec{a}) = (-k) \cdot \vec{a} = -(k \cdot \vec{a}) = -k \cdot \vec{a}$

Mit Vektoren kann man aufgrund der Rechengesetze für Addition und S-Multiplikation rechnen wie in der Zahlenalgebra.

Beispiel
1. $4\vec{a} - 6\vec{b} + 2\vec{x} - \frac{1}{2}(4\vec{a} - 2\vec{b}) = \vec{0}$
$$4\vec{a} - 6\vec{b} + 2\vec{x} - 2\vec{a} + \vec{b} = \vec{0}$$
$$2\vec{x} = -2\vec{a} + 5\vec{b} \quad |:2$$
$$\vec{x} = -\vec{a} + 2{,}5\vec{b}$$

2. Es gilt:
$\overrightarrow{AB} = \vec{a}, \ \overrightarrow{AD} = \vec{b}, \ \overrightarrow{AE} = \vec{c}$
$\overrightarrow{AS} = \frac{2}{3}\vec{a}, \ \overrightarrow{AT} = \frac{3}{4}\vec{b}$

Für die folgenden Vektoren gilt in Abhängigkeit von $\vec{a}, \vec{b}, \vec{c}$:
$\overrightarrow{SG} = \frac{1}{3}\vec{a} + \vec{b} + \vec{c}; \quad \overrightarrow{TF} = -\frac{3}{4}\vec{b} + \vec{a} + \vec{c}$
$\overrightarrow{ST} = -\frac{2}{3}\vec{a} + \frac{3}{4}\vec{b}; \quad \overrightarrow{SH} = -\frac{2}{3}\vec{a} + \vec{b} + \vec{c}$

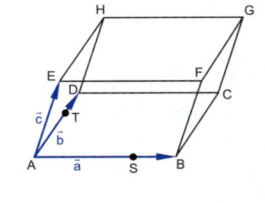

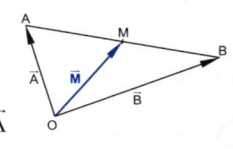

Den **Mittelpunkt M** einer Strecke [AB] kann man vektoriell bestimmen:
$$\overrightarrow{AM} = \vec{M} - \vec{A} = \frac{1}{2}\overrightarrow{AB} = \frac{1}{2}(\vec{B} - \vec{A})$$
$$\vec{M} - \vec{A} = \frac{1}{2}\vec{B} - \frac{1}{2}\vec{A} \quad |+\vec{A}$$
$$\vec{M} = \frac{1}{2}\vec{A} + \frac{1}{2}\vec{B} = \frac{1}{2}(\vec{A} + \vec{B})$$

Koordinatengeometrie im Raum **143**

> **Mittelpunkt einer Strecke**
> Für den Mittelpunkt M einer Strecke [AB] mit den Endpunkten $A(a_1|a_2|a_3)$ und $B(b_1|b_2|b_3)$ gilt:
> $M\left(\frac{a_1+b_1}{2} \mid \frac{a_2+b_2}{2} \mid \frac{a_3+b_3}{2}\right)$ bzw. $\vec{M} = \frac{1}{2}(\vec{A}+\vec{B})$

$\left.\begin{array}{l}A(3|1|-5)\\B(1|3|3)\end{array}\right\} \Rightarrow \vec{M} = \frac{1}{2}(\vec{A}+\vec{B}) = \frac{1}{2}\begin{pmatrix}4\\4\\-2\end{pmatrix} = \begin{pmatrix}2\\2\\-1\end{pmatrix} \Rightarrow M(2|2|-1)$ **Beispiel**

Der **Schwerpunkt S** eines Dreiecks ABC, also der Schnittpunkt der Schwerlinien (Seitenhalbierenden), kann ähnlich bestimmt werden.

Wenn A ein Eckpunkt des Dreiecks und M der gegenüberliegende Seitenmittelpunkt sind, gilt nach den Sätzen aus der Mittelstufe:

$\overrightarrow{AS} = \frac{2}{3} \cdot \overrightarrow{AM}$

Damit erhält man:

$\vec{S} = \overrightarrow{OS} = \overrightarrow{OA} + \overrightarrow{AS} = \vec{A} + \frac{2}{3} \cdot \overrightarrow{AM}$
$= \vec{A} + \frac{2}{3} \cdot (\vec{M} - \vec{A}) = \vec{A} + \frac{2}{3}\left[\frac{1}{2}(\vec{B}+\vec{C}) - \vec{A}\right]$
$= \vec{A} + \frac{1}{3}\vec{B} + \frac{1}{3}\vec{C} - \frac{2}{3}\vec{A} = \frac{1}{3}\vec{A} + \frac{1}{3}\vec{B} + \frac{1}{3}\vec{C}$
$= \frac{1}{3}(\vec{A} + \vec{B} + \vec{C})$

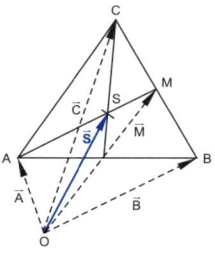

> **Schwerpunkt eines Dreiecks**
> Für den Schwerpunkt S eines Dreiecks ABC mit den Eckpunkten $A(a_1|a_2|a_3)$, $B(b_1|b_2|b_3)$ und $C(c_1|c_2|c_3)$ gilt:
> $S\left(\frac{a_1+b_1+c_1}{3} \mid \frac{a_2+b_2+c_2}{3} \mid \frac{a_3+b_3+c_3}{3}\right)$ bzw. $\vec{S} = \frac{1}{3}(\vec{A}+\vec{B}+\vec{C})$

Das Dreieck ABC mit $A(3|8|-5)$ und $B(6|6|1)$ hat den Schwerpunkt $S(1|4|-2)$. **Beispiel**
Bestimmen Sie die Koordinaten des Punktes C.

Lösung:
$$\vec{S} = \tfrac{1}{3}(\vec{A}+\vec{B}+\vec{C}) \;\Rightarrow\; \vec{C} = 3\vec{S}-\vec{A}-\vec{B} = \begin{pmatrix}3\\12\\-6\end{pmatrix} - \begin{pmatrix}3\\8\\-5\end{pmatrix} - \begin{pmatrix}6\\6\\1\end{pmatrix} = \begin{pmatrix}-6\\-2\\-2\end{pmatrix}$$
$$\Rightarrow\; C(-6\,|\,-2\,|\,-2)$$

8.3 Linearkombination, lineare Abhängigkeit und Unabhängigkeit

Wie viele Vektoren benötigt man, um einen Raum der Dimension 1 (z. B. Zahlengerade), der Dimension 2 (z. B. Koordinatenebene) oder der Dimension 3 (z. B. Anschauungsraum) zu beschreiben? Dazu wird definiert:

> **Linearkombination**
> Ein Term der Form $k_1 \cdot \vec{a}_1 + k_2 \cdot \vec{a}_2 + \ldots + k_n \cdot \vec{a}_n$, $n \in \mathbb{N}$ heißt eine **Linearkombination** der Vektoren $\vec{a}_1, \vec{a}_2, \ldots, \vec{a}_n$. Die reellen Zahlen $k_1, k_2, \ldots, k_n$ heißen Koeffizienten.

Beispiel $3 \cdot \vec{a} + 5 \cdot \vec{b}$ ist eine Linearkombination der Vektoren $\vec{a}$ und $\vec{b}$.

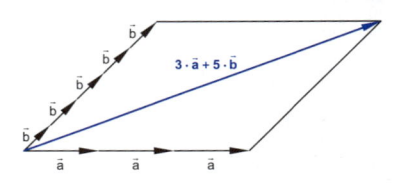

Wenn zwei Vektoren $\vec{a}$ und $\vec{b}$ parallel zueinander sind, dann gilt eine Gleichung $\vec{a} = r \cdot \vec{b}$ oder $\vec{b} = s \cdot \vec{a}$. Man nennt solche Vektoren **kollinear**.
Daraus folgt, dass $\vec{a} - r \cdot \vec{b} = \vec{0}$ gilt. Setzt man $r = -\tfrac{m}{k}$, so erhält man eine Gleichung $k \cdot \vec{a} + m \cdot \vec{b} = \vec{0}$, d. h. eine Linearkombination mit dem Nullvektor als Summe.
Man nennt die Vektoren $\vec{a}$ und $\vec{b}$ **linear abhängig**, wenn sie parallel sind, ansonsten **linear unabhängig**.

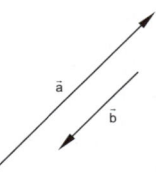

Wenn drei Vektoren $\vec{a}, \vec{b}, \vec{c}$, von denen keine zwei parallel sind, in einer Ebene liegen, dann kann man einen der Vektoren durch die anderen beiden ausdrücken, d. h., es gilt zum
Beispiel $\vec{c} = r \cdot \vec{a} + s \cdot \vec{b}$. Solche Vektoren heißen **komplanar**.
Nach Umformung erhält man wieder eine Linearkombination
$k \cdot \vec{a} + \ell \cdot \vec{b} + m \cdot \vec{c} = 0$.
Man nennt die Vektoren $\vec{a}, \vec{b}, \vec{c}$ **linear abhängig**, wenn sie komplanar sind, ansonsten **linear unabhängig**.
Allgemein definiert man:

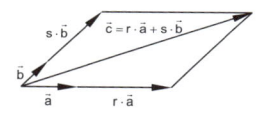

> **Lineare Abhängigkeit und Unabhängigkeit**
> - Die Vektoren $\vec{v}_1, \vec{v}_2$ heißen **linear abhängig**, wenn es Zahlen k_1, k_2 (nicht beide 0) mit $k_1 \cdot \vec{v}_1 + k_2 \cdot \vec{v}_2 = \vec{0}$ gibt, sodass man die Gleichung nach $\vec{v}_1$ oder $\vec{v}_2$ auflösen kann. Ist eine solche Gleichung nur mit $k_1 = k_2 = 0$ möglich, heißen die Vektoren $\vec{v}_1$ und $\vec{v}_2$ **linear unabhängig**.
>
> - Die Vektoren $\vec{v}_1, \vec{v}_2, \vec{v}_3$ heißen **linear abhängig**, wenn es Zahlen k_1, k_2, k_3 (nicht alle gleich null) mit $k_1 \cdot \vec{v}_1 + k_2 \cdot \vec{v}_2 + k_3 \cdot \vec{v}_3 = \vec{0}$ gibt, sodass man die Gleichung nach $\vec{v}_1, \vec{v}_2$ oder $\vec{v}_3$ auflösen kann. Ist eine solche Gleichung nur mit $k_1 = k_2 = k_3 = 0$ möglich, heißen die Vektoren $\vec{v}_1, \vec{v}_2$ und $\vec{v}_3$ **linear unabhängig**.

Anmerkungen:
1. Ein Raum der Dimension 1 (z. B. Zahlengerade) wird durch **einen** Vektor $\vec{v}_1$ aufgespannt. Alle anderen Vektoren auf der Geraden sind linear abhängig von $\vec{v}_1$, lassen sich also in der Form $\vec{u} = k \cdot \vec{v}_1$ darstellen, d. h., zwei Vektoren dieses Raumes sind stets linear abhängig.

2. Ein Raum der Dimension 2 (z. B. Koordinatenebene) wird durch **zwei** nicht parallele, d. h. linear unabhängige Vektoren $\vec{v}_1, \vec{v}_2$ aufgespannt. Alle anderen Vektoren der Ebene sind linear abhängig von $\vec{v}_1, \vec{v}_2$, lassen sich also in der Form $\vec{u} = k_1 \cdot \vec{v}_1 + k_2 \cdot \vec{v}_2$ darstellen. Drei Vektoren dieses Raumes sind stets linear abhängig.

Koordinatengeometrie im Raum

3. Ein Raum der Dimension 3 (z. B. der Anschauungsraum) wird durch **drei** linear unabhängige (weder komplanare noch parallele) Vektoren $\vec{v}_1, \vec{v}_2, \vec{v}_3$ aufgespannt. Alle anderen Vektoren des Anschauungsraumes lassen sich in der Form $\vec{u} = k_1 \cdot \vec{v}_1 + k_2 \cdot \vec{v}_2 + k_3 \cdot \vec{v}_3$ darstellen. Vier Vektoren dieses Raumes sind stets linear abhängig.

4. Eine minimale Menge von Vektoren, die einen geometrischen Raum aufspannen, bildet eine **Basis** dieses Raumes, die Anzahl dieser Vektoren gibt die **Dimension** des Raumes an.

Beispiel

1. Zeigen Sie, dass die Vektoren

   $\vec{v}_1 = \begin{pmatrix} 3 \\ 2 \end{pmatrix}$ und $\vec{v}_2 = \begin{pmatrix} 5 \\ -3 \end{pmatrix}$

   linear unabhängig sind. Drücken Sie dann den Vektor

   $\vec{u} = \begin{pmatrix} -7 \\ 8 \end{pmatrix}$

   durch $\vec{v}_1$ und $\vec{v}_2$ aus.

   Lösung:
   Es gilt

   $\begin{pmatrix} 3 \\ 2 \end{pmatrix} \neq k \cdot \begin{pmatrix} 5 \\ -3 \end{pmatrix}$ für alle $k \in \mathbb{R}$,

   $\vec{v}_1$ und $\vec{v}_2$ sind daher nicht parallel, d. h. linear unabhängig.

   Der Ansatz $\vec{u} = x_1 \cdot \vec{v}_1 + x_2 \cdot \vec{v}_2$ führt zu folgendem linearen Gleichungssystem:

I	$3x_1 + 5x_2 = -7$	$\vert \cdot 3$
II	$2x_1 - 3x_2 = 8$	$\vert \cdot 5$

   I + II: $19x_1 = 19 \quad \Rightarrow \quad x_1 = 1; \, x_2 = -2$

   $\Rightarrow \vec{u} = 1 \cdot \vec{v}_1 - 2 \cdot \vec{v}_2 \Rightarrow \begin{pmatrix} -7 \\ 8 \end{pmatrix} = 1 \cdot \begin{pmatrix} 3 \\ 2 \end{pmatrix} - 2 \cdot \begin{pmatrix} 5 \\ -3 \end{pmatrix}$

2. Zeigen Sie, dass die Vektoren

   $\vec{v}_1 = \begin{pmatrix} 1 \\ 2 \\ 0 \end{pmatrix}, \vec{v}_2 = \begin{pmatrix} -5 \\ 5 \\ 3 \end{pmatrix}$ und $\vec{v}_3 = \begin{pmatrix} 3 \\ 1 \\ -1 \end{pmatrix}$

   linear abhängig sind.

Lösung:
Es gilt z. B.: $\vec{v}_3 = x_1 \cdot \vec{v}_1 + x_2 \cdot \vec{v}_2$

I $\quad 3 = x_1 - 5x_2$
II $\quad 1 = 2x_1 + 5x_2$
III $\quad -1 = 3x_2 \qquad \Rightarrow \quad x_2 = -\frac{1}{3}$

in I: $\quad x_1 = 3 - \frac{5}{3} = \frac{4}{3}$
in II: $\quad 1 = \frac{8}{3} - \frac{5}{3} \qquad$ (wahr)

$\Rightarrow \quad \vec{v}_3 = \frac{4}{3} \cdot \vec{v}_1 - \frac{1}{3} \cdot \vec{v}_2 \quad \Rightarrow \quad \vec{v}_1, \vec{v}_2, \vec{v}_3$ sind linear abhängig.

3. Die Vektoren
$$\vec{v}_1 = \begin{pmatrix} -1 \\ 1 \\ 0 \end{pmatrix}, \vec{v}_2 = \begin{pmatrix} 3 \\ 2 \\ 1 \end{pmatrix} \text{ und } \vec{v}_3 = \begin{pmatrix} 4 \\ 0 \\ -1 \end{pmatrix}$$
spannen den Raum $\mathbb{R}^3$ auf. Drücken Sie den Vektor $\vec{u} = \begin{pmatrix} 3 \\ 5 \\ 7 \end{pmatrix}$ durch $\vec{v}_1, \vec{v}_2, \vec{v}_3$ aus.

Lösung:
$\vec{u} = x_1 \cdot \vec{v}_1 + x_2 \cdot \vec{v}_2 + x_3 \cdot \vec{v}_3$

I	$-x_1 + 3x_2 + 4x_3 = 3$	Vorgehen: I+II bilden als neue Gleichung II; dann Gleichung I mit (−1) multiplizieren
II	$x_1 + 2x_2 \quad\quad\quad = 5$	
III	$\quad\quad x_2 - x_3 = 7$	

I	$x_1 - 3x_2 - 4x_3 = -3$	Vorgehen: Gleichung III mit (−5) multiplizieren und dann diese zu II addieren als neue Gleichung III
II	$\quad\quad 5x_2 + 4x_3 = 8$	
III	$\quad\quad x_2 - x_3 = 7$	

I $\quad x_1 - 3x_2 - 4x_3 = -3$
II $\quad\quad\quad 5x_2 + 4x_3 = 8$
III $\quad\quad\quad\quad\quad 9x_3 = -27$

Aus III: $\quad x_3 = -3$
Aus II: $\quad 5x_2 = 8 - 4 \cdot (-3) = 8 + 12 = 20 \quad \Rightarrow \quad x_2 = 4$
Aus I: $\quad x_1 = -3 + 3 \cdot 4 + 4 \cdot (-3) = -3 + 12 - 12 = -3$

$\Rightarrow \quad \vec{u} = -3 \cdot \vec{v}_1 + 4 \cdot \vec{v}_2 - 3 \cdot \vec{v}_3$

$$\begin{pmatrix} 3 \\ 5 \\ 7 \end{pmatrix} = -3 \cdot \begin{pmatrix} -1 \\ 1 \\ 0 \end{pmatrix} + 4 \cdot \begin{pmatrix} 3 \\ 2 \\ 1 \end{pmatrix} - 3 \cdot \begin{pmatrix} 4 \\ 0 \\ -1 \end{pmatrix}$$

8.4 Längenmessung

Der Satz des Pythagoras hilft, die Länge eines Vektors bzw. die Länge einer Strecke zu bestimmen. Man definiert:

> **Betrag eines Vektors**
> Unter dem **Betrag** $|\vec{a}|$ eines Vektors $\vec{a}$ versteht man die Länge der zum Vektor $\vec{a}$ gehörenden Pfeile.
> Wenn man den Vektor $\vec{a}$ in der Koordinatenschreibweise angibt, erhält man für den
> Betrag eines Vektors
> $$\vec{a} = \begin{pmatrix} a_1 \\ a_2 \end{pmatrix}$$
> im $\mathbb{R}^2$:
> $$|\vec{a}| = \sqrt{a_1^2 + a_2^2}$$
>
> Für den Betrag eines Vektors
> $$\vec{a} = \begin{pmatrix} a_1 \\ a_2 \\ a_3 \end{pmatrix}$$
> im $\mathbb{R}^3$ ergibt sich:
> $$|\vec{a}| = \sqrt{a_1^2 + a_2^2 + a_3^2}$$

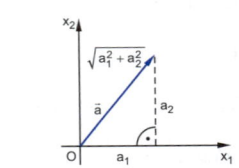

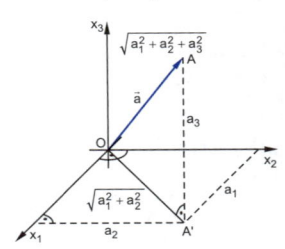

Beispiel Bestimmen Sie die Längen der folgenden Vektoren:

$$\vec{a} = \begin{pmatrix} 3 \\ 4 \end{pmatrix}, \vec{b} = \begin{pmatrix} 2 \\ -1 \\ 2 \end{pmatrix}, \vec{c} = \begin{pmatrix} -7 \\ 4 \\ -4 \end{pmatrix}, \vec{d} = \begin{pmatrix} 1 \\ 0 \\ 1 \end{pmatrix} \text{ und } \vec{e} = \begin{pmatrix} 0{,}6 \\ 0 \\ 0{,}8 \end{pmatrix}$$

Lösung:
$|\vec{a}| = \sqrt{9 + 16} = \sqrt{25} = 5$
$|\vec{b}| = \sqrt{4 + 1 + 4} = \sqrt{9} = 3$
$|\vec{c}| = \sqrt{49 + 16 + 16} = \sqrt{81} = 9$
$|\vec{d}| = \sqrt{1 + 1} = \sqrt{2}$
$|\vec{e}| = \sqrt{0{,}36 + 0{,}64} = \sqrt{1} = 1$

Die Länge $\overline{AB}$ einer Strecke [AB] kann man als Länge des zugehörigen Vektors $\overrightarrow{AB}$ bestimmen.

Länge einer Strecke
$\overline{AB} = |\overrightarrow{AB}| = |\vec{B} - \vec{A}|$

Bestimmen Sie die Länge $\overline{AB}$ der Strecke [AB] mit $A(1|-2|4)$ und $B(5|2|2)$.

Beispiel

Lösung:
$$\overrightarrow{AB} = \vec{B} - \vec{A} = \begin{pmatrix} 5 \\ 2 \\ 2 \end{pmatrix} - \begin{pmatrix} 1 \\ -2 \\ 4 \end{pmatrix} = \begin{pmatrix} 4 \\ 4 \\ -2 \end{pmatrix}$$
$\Rightarrow \overline{AB} = |\overrightarrow{AB}| = \sqrt{16 + 16 + 4} = \sqrt{36} = 6$

Einheitsvektor
Ein Vektor mit dem Betrag 1 heißt **Einheitsvektor**.
Zu jedem Vektor $\vec{a} \neq \vec{0}$ gibt es die beiden Einheitsvektoren
$\vec{a}^0 = \frac{1}{|\vec{a}|} \cdot \vec{a}$ bzw. $\vec{a}^0 = -\frac{1}{|\vec{a}|} \cdot \vec{a}$.

Bestimmen Sie die zum Vektor

Beispiel

$$\vec{a} = \begin{pmatrix} 5 \\ 14 \\ 2 \end{pmatrix}$$

gehörigen Einheitsvektoren.

Lösung:
$|\vec{a}| = \sqrt{25 + 196 + 4} = \sqrt{225} = 15$

$\Rightarrow \vec{a}^0 = \frac{1}{15} \begin{pmatrix} 5 \\ 14 \\ 2 \end{pmatrix}$ bzw. $\vec{a}^0 = -\frac{1}{15} \begin{pmatrix} 5 \\ 14 \\ 2 \end{pmatrix}$

8.5 Kreis- und Kugelgleichung

Aus der Mittelstufe ist bekannt, dass der Kreis (d. h. die Kreislinie) die Menge aller Punkte der Ebene ist, die von einem festen Punkt M (dem Mittelpunkt des Kreises) den gleichen Abstand (Radius) r besitzen. Die Kreisgleichung kann auch vektoriell beschrieben werden.

Kreisgleichung
Für einen Punkt $X(x_1|x_2)$, der auf der Kreislinie um den Mittelpunkt $M(m_1|m_2)$ mit dem Radius r liegt, gilt:
$|\overrightarrow{MX}| = r$ bzw. $|\vec{X} - \vec{M}| = r$
Als Koordinatengleichung:
$(x_1 - m_1)^2 + (x_2 - m_2)^2 = r^2$ oder
$\left[\vec{X} - \begin{pmatrix} m_1 \\ m_2 \end{pmatrix}\right]^2 = r^2$ bzw. $\left[\begin{pmatrix} x_1 \\ x_2 \end{pmatrix} - \begin{pmatrix} m_1 \\ m_2 \end{pmatrix}\right]^2 = r^2$

Die Kugel (d. h. die Kugelfläche) ist die Menge aller Punkte des Raumes, die von einem festen Punkt M (dem Mittelpunkt der Kugel) den gleichen Abstand (Radius) r besitzen.

Kugelgleichung
Für einen Punkt $X(x_1|x_2|x_3)$, der auf der Kugelfläche um den Mittelpunkt $M(m_1|m_2|m_3)$ mit dem Radius r liegt, gilt:
$|\overrightarrow{MX}| = r$ bzw. $|\vec{X} - \vec{M}| = r$
Als Koordinatengleichung:
$(x_1 - m_1)^2 + (x_2 - m_2)^2 + (x_3 - m_3)^2 = r^2$ oder
$\left[\vec{X} - \begin{pmatrix} m_1 \\ m_2 \\ m_3 \end{pmatrix}\right]^2 = r^2$ bzw. $\left[\begin{pmatrix} x_1 \\ x_2 \\ x_3 \end{pmatrix} - \begin{pmatrix} m_1 \\ m_2 \\ m_3 \end{pmatrix}\right]^2 = r^2$

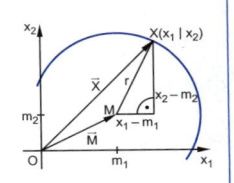

Koordinatengeometrie im Raum

1. Bestimmen Sie die Gleichung der Kugel K um den Punkt **Beispiel**
   M(1|4|−3) mit dem Radius 3.

   Lösung:
   Für die Kugel K gilt: $K: \left[\vec{X} - \begin{pmatrix} 1 \\ 4 \\ -3 \end{pmatrix}\right]^2 = 9$

2. Gegeben ist die Kugel
   $K: \left[\vec{X} - \begin{pmatrix} 1 \\ 2 \\ 2 \end{pmatrix}\right]^2 = 49$.

   Bestimmen Sie die Lage der Punkte $P_1(8|8|8)$, $P_2(7|4|-1)$ und $P_3(1|0|3)$ in Bezug auf die Kugel K.

   Lösung:
   $\overline{MP_1} = |\overrightarrow{MP_1}| = \sqrt{49 + 36 + 36} = \sqrt{121} = 11 > 7 = r$
   $\Rightarrow$ P_1 liegt außerhalb der Kugel.
   $\overline{MP_2} = |\overrightarrow{MP_2}| = \sqrt{36 + 4 + 9} = \sqrt{49} = 7 = r$
   $\Rightarrow$ P_2 liegt auf K.
   $\overline{MP_3} = |\overrightarrow{MP_3}| = \sqrt{4 + 1} = \sqrt{5} < 7 = r$
   $\Rightarrow$ P_3 liegt innerhalb der Kugel.

3. Die Gleichung
   $K: x_1^2 + x_2^2 + x_3^2 + 6x_1 - 4x_2 - 8x_3 - 20 = 0$

   beschreibt eine Kugel K. Bestimmen Sie den Mittelpunkt M sowie den Radius r der Kugel.

   Lösung:
   Die Gleichung wird quadratisch ergänzt:
   $K: (x_1^2 + 6x_1 + 3^2) + (x_2^2 - 4x_2 + 2^2) + (x_3^2 - 8x_3 + 4^2)$
   $= 20 + 3^2 + 2^2 + 4^2$

   $K: (x_1 + 3)^2 + (x_2 - 2)^2 + (x_3 - 4)^2 = 49$

   Aus dieser Darstellung können Mittelpunkt M und Radius r abgelesen werden:
   M(−3|2|4) und r = 7

8.6 Winkelmessung und Skalarprodukt

Um den Winkel φ zwischen zwei Vektoren zu berechnen, geht man von der nebenstehenden Figur aus. Dort bestimmen die Vektoren

$$\vec{a} = \begin{pmatrix} a_1 \\ a_2 \\ a_3 \end{pmatrix} \text{ und } \vec{b} = \begin{pmatrix} b_1 \\ b_2 \\ b_3 \end{pmatrix}$$

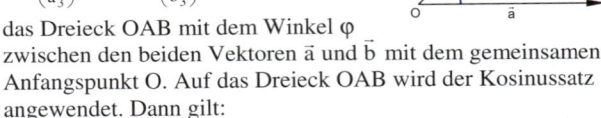

das Dreieck OAB mit dem Winkel φ zwischen den beiden Vektoren $\vec{a}$ und $\vec{b}$ mit dem gemeinsamen Anfangspunkt O. Auf das Dreieck OAB wird der Kosinussatz angewendet. Dann gilt:

$$|\vec{a} - \vec{b}|^2 = |\vec{a}|^2 + |\vec{b}|^2 - 2 \cdot |\vec{a}| \cdot |\vec{b}| \cdot \cos\varphi$$

Die Länge dieses Vektors beträgt auch:

$$\begin{aligned}|\vec{a} - \vec{b}|^2 &= (a_1 - b_1)^2 + (a_2 - b_2)^2 + (a_3 - b_3)^2 \\ &= a_1^2 - 2a_1b_1 + b_1^2 + a_2^2 - 2a_2b_2 + b_2^2 + a_3^2 - 2a_3b_3 + b_3^2 \\ &= a_1^2 + a_2^2 + a_3^2 + b_1^2 + b_2^2 + b_3^2 - 2 \cdot (a_1b_1 + a_2b_2 + a_3b_3) \\ &= |\vec{a}|^2 + |\vec{b}|^2 - 2 \cdot (a_1b_1 + a_2b_2 + a_3b_3)\end{aligned}$$

Die rechten Seiten müssen gleich sein. Damit folgt:

$$2 \cdot |\vec{a}| \cdot |\vec{b}| \cdot \cos\varphi = 2 \cdot (a_1b_1 + a_2b_2 + a_3b_3)$$

Weil keine Seitenlänge des Dreiecks null ist, ergibt sich:

$$\cos\varphi = \frac{a_1b_1 + a_2b_2 + a_3b_3}{|\vec{a}| \cdot |\vec{b}|}$$

Für den Zähler dieses Ausdrucks definiert man:

Skalarprodukt

Der Term $a_1b_1 + a_2b_2 + a_3b_3$ heißt Skalarprodukt der Vektoren $\vec{a} = \begin{pmatrix} a_1 \\ a_2 \\ a_3 \end{pmatrix}$ und $\vec{b} = \begin{pmatrix} b_1 \\ b_2 \\ b_3 \end{pmatrix}$ und wird mit $\vec{a} \circ \vec{b}$ bezeichnet.

Wenn φ der Winkel zwischen den Vektoren $\vec{a}$ und $\vec{b}$ ist, gilt:

$$\vec{a} \circ \vec{b} = \begin{pmatrix} a_1 \\ a_2 \\ a_3 \end{pmatrix} \circ \begin{pmatrix} b_1 \\ b_2 \\ b_3 \end{pmatrix} = a_1b_1 + a_2b_2 + a_3b_3 = |\vec{a}| \cdot |\vec{b}| \cdot \cos\varphi$$

Bestimmen Sie das Skalarprodukt $\vec{a} \circ \vec{b}$ der Vektoren

Beispiel

$\vec{a} = \begin{pmatrix} 2 \\ -1 \\ 2 \end{pmatrix}$ und $\vec{b} = \begin{pmatrix} -2 \\ -1 \\ 2 \end{pmatrix}$.

Lösung:

$\vec{a} \circ \vec{b} = \begin{pmatrix} 2 \\ -1 \\ 2 \end{pmatrix} \circ \begin{pmatrix} -2 \\ -1 \\ 2 \end{pmatrix} = -4 + 1 + 4 = 1$

Das Skalarprodukt hat folgende Eigenschaften:
1. Für $0° < \varphi < 90°$ gilt: $\quad \vec{a} \circ \vec{b} > 0$
   Für $90° < \varphi < 180°$ gilt: $\vec{a} \circ \vec{b} < 0$
   Für $\varphi = 0°$ gilt: $\qquad \vec{a} \circ \vec{b} = |\vec{a}| \cdot |\vec{b}|$
   Für $\varphi = 180°$ gilt: $\qquad \vec{a} \circ \vec{b} = -|\vec{a}| \cdot |\vec{b}|$
   Für $\varphi = 90°$ gilt: $\qquad \vec{a} \circ \vec{b} = 0$
2. $\vec{a} \circ \vec{b} = \vec{b} \circ \vec{a}$ $\qquad$ (Kommutativgesetz)
3. $(k \cdot \vec{a}) \circ \vec{b} = k \cdot (\vec{a} \circ \vec{b})$ $\quad$ (gemischtes Assoziativgesetz)
4. $\vec{a} \circ (\vec{b} + \vec{c}) = \vec{a} \circ \vec{b} + \vec{a} \circ \vec{c}$ (Distributivgesetz)
5. $\vec{a} \circ \vec{a} = \vec{a}^2 = |\vec{a}|^2 \geq 0$
6. $\vec{a} = \vec{b} \implies \vec{a} \circ \vec{x} = \vec{b} \circ \vec{x}$

Gegeben sind die Vektoren

Beispiel

$\vec{a} = \begin{pmatrix} 2 \\ -2 \\ 1 \end{pmatrix}$, $\vec{b} = \begin{pmatrix} 4 \\ 1 \\ -1 \end{pmatrix}$ und $\vec{c} = \begin{pmatrix} 1 \\ -2 \\ 2 \end{pmatrix}$.

Bestätigen Sie damit die Aussagen
$\vec{a} \circ \vec{b} = \vec{b} \circ \vec{a}$ und $\vec{a} \circ (\vec{b} + \vec{c}) = \vec{a} \circ \vec{b} + \vec{a} \circ \vec{c}$.

Lösung:

$\left. \begin{aligned} \vec{a} \circ \vec{b} = \begin{pmatrix} 2 \\ -2 \\ 1 \end{pmatrix} \circ \begin{pmatrix} 4 \\ 1 \\ -1 \end{pmatrix} = 8 - 2 - 1 = 5 \\ \vec{b} \circ \vec{a} = \begin{pmatrix} 4 \\ 1 \\ -1 \end{pmatrix} \circ \begin{pmatrix} 2 \\ -2 \\ 1 \end{pmatrix} = 8 - 2 - 1 = 5 \end{aligned} \right\} \implies \vec{a} \circ \vec{b} = \vec{b} \circ \vec{a}$

$\vec{b} + \vec{c} = \begin{pmatrix} 4 \\ 1 \\ -1 \end{pmatrix} + \begin{pmatrix} 1 \\ -2 \\ 2 \end{pmatrix} = \begin{pmatrix} 5 \\ -1 \\ 1 \end{pmatrix}$

$$\vec{a} \circ (\vec{b} + \vec{c}) = \begin{pmatrix} 2 \\ -2 \\ 1 \end{pmatrix} \circ \begin{pmatrix} 5 \\ -1 \\ 1 \end{pmatrix} = 10 + 2 + 1 = 13$$

$$\vec{a} \circ \vec{b} + \vec{a} \circ \vec{c} = 5 + \begin{pmatrix} 2 \\ -2 \\ 1 \end{pmatrix} \circ \begin{pmatrix} 1 \\ -2 \\ 2 \end{pmatrix} = 5 + 2 + 4 + 2 = 13$$

$$\Rightarrow \vec{a} \circ (\vec{b} + \vec{c}) = \vec{a} \circ \vec{b} + \vec{a} \circ \vec{c}$$

Der Betrag eines Vektors kann auch mit dem Skalarprodukt berechnet werden:

Betrag eines Vektors
$$|\vec{a}| = \sqrt{\vec{a} \circ \vec{a}} = \sqrt{\vec{a}^2}$$
$$|\overrightarrow{AB}| = \sqrt{(\vec{B} - \vec{A}) \circ (\vec{B} - \vec{A})} = \sqrt{(\vec{B} - \vec{A})^2}$$

Beispiel Berechnen Sie die Länge des Vektors $\overrightarrow{AB}$ mit A(2|1|−5) und B(−5|5|−1).

Lösung:
$$\overrightarrow{AB} = \vec{B} - \vec{A} = \begin{pmatrix} -7 \\ 4 \\ 4 \end{pmatrix} \Rightarrow |\overrightarrow{AB}| = \sqrt{49 + 16 + 16} = \sqrt{81} = 9$$

Winkel zwischen zwei Vektoren
Für den Winkel $\varphi = \sphericalangle(\vec{a}; \vec{b})$ zwischen zwei Vektoren $\vec{a}$ und $\vec{b}$ gilt:
$$\cos \varphi = \frac{\vec{a} \circ \vec{b}}{|\vec{a}| \cdot |\vec{b}|} \text{ mit } 0° \leq \varphi \leq 180°$$

Beispiel 1. Bestimmen Sie jeweils den Winkel zwischen den Vektoren $\vec{a}$ und $\vec{b}$:

a) $\vec{a} = \begin{pmatrix} 2 \\ 1 \\ 2 \end{pmatrix}; \vec{b} = \begin{pmatrix} 2 \\ 2 \\ -1 \end{pmatrix}$

b) $\vec{a} = \begin{pmatrix} 2 \\ 4 \\ -2 \end{pmatrix}; \vec{b} = \begin{pmatrix} 4 \\ -1 \\ 2 \end{pmatrix}$

Lösung:
a) $\vec{a} \circ \vec{b} = 4 + 2 - 2 = 4;$
$|\vec{a}| = \sqrt{4+1+4} = 3;\ |\vec{b}| = \sqrt{4+4+1} = 3$
$\Rightarrow \cos\varphi = \frac{4}{3 \cdot 3} = \frac{4}{9} \Rightarrow \varphi \approx 63{,}61°$

b) $\vec{a} \circ \vec{b} = 8 - 4 - 4 = 0 \Rightarrow \cos\varphi = 0 \Rightarrow \varphi = 90°$

2. Bestimmen Sie die Innenwinkel des Dreiecks ABC mit A(2|0|–1), B(4|–1|3) und C(–1|2|4).

Lösung:

$\overrightarrow{AB} = \vec{B} - \vec{A} = \begin{pmatrix} 2 \\ -1 \\ 4 \end{pmatrix} \Rightarrow |\overrightarrow{AB}| = \sqrt{4+1+16} = \sqrt{21}$

$\overrightarrow{AC} = \vec{C} - \vec{A} = \begin{pmatrix} -3 \\ 2 \\ 5 \end{pmatrix} \Rightarrow |\overrightarrow{AC}| = \sqrt{9+4+25} = \sqrt{38}$

$\overrightarrow{AB} \circ \overrightarrow{AC} = -6 - 2 + 20 = 12$

$\Rightarrow \cos\alpha = \frac{12}{\sqrt{21} \cdot \sqrt{38}} \Rightarrow \alpha \approx 64{,}86°$

$\overrightarrow{BA} = -\overrightarrow{AB} = \begin{pmatrix} -2 \\ 1 \\ -4 \end{pmatrix} \Rightarrow |\overrightarrow{BA}| = \sqrt{21}$ (siehe oben)

$\overrightarrow{BC} = \vec{C} - \vec{B} = \begin{pmatrix} -5 \\ 3 \\ 1 \end{pmatrix} \Rightarrow |\overrightarrow{BC}| = \sqrt{25+9+1} = \sqrt{35}$

$\overrightarrow{BA} \circ \overrightarrow{BC} = 10 + 3 - 4 = 9$

$\Rightarrow \cos\beta = \frac{9}{\sqrt{21} \cdot \sqrt{35}} \Rightarrow \beta \approx 70{,}61°$

Mit der Winkelsumme im Dreieck erhält man:
$\gamma = 180° - (\alpha + \beta) \approx 180° - 135{,}47° = 44{,}53°$

Aus dem vorhergehenden Beispiel 1 b erhält man eine Charakterisierung für Orthogonalität.

Senkrechte Vektoren
Die beiden Vektoren $\vec{a}$ und $\vec{b}$ sind genau dann **senkrecht (orthogonal)**, ($\vec{a} \perp \vec{b}$), wenn ihr Skalarprodukt gleich null ist, d. h.: $\vec{a} \perp \vec{b} \Leftrightarrow \vec{a} \circ \vec{b} = 0$

Koordinatengeometrie im Raum

Beispiel

1. Bestimmen Sie a_1 im Vektor $\vec{a} = \begin{pmatrix} a_1 \\ -2 \\ 5 \end{pmatrix}$ so, dass für $\vec{b} = \begin{pmatrix} 3 \\ 2 \\ 2 \end{pmatrix}$ gilt: $\vec{a} \perp \vec{b}$

   Lösung:

   $\vec{a} \circ \vec{b} = \begin{pmatrix} a_1 \\ -2 \\ 5 \end{pmatrix} \circ \begin{pmatrix} 3 \\ 2 \\ 2 \end{pmatrix} = 3a_1 - 4 + 10 = 0 \;\Rightarrow\; 3a_1 = -6$
   $\Rightarrow\; a_1 = -2$

2. Bestimmen Sie einen Vektor $\vec{n} = \begin{pmatrix} n_1 \\ n_2 \\ n_3 \end{pmatrix} \neq \vec{0}$, der sowohl auf dem Vektor $\vec{a} = \begin{pmatrix} 2 \\ -2 \\ 1 \end{pmatrix}$ als auch auf dem Vektor $\vec{b} = \begin{pmatrix} 1 \\ 2 \\ 2 \end{pmatrix}$ senkrecht steht.

   Lösung:

   I $\quad \vec{a} \circ \vec{n} = \begin{pmatrix} 2 \\ -2 \\ 1 \end{pmatrix} \circ \begin{pmatrix} n_1 \\ n_2 \\ n_3 \end{pmatrix} = 2n_1 - 2n_2 + n_3 = 0$

   II $\quad \vec{b} \circ \vec{n} = \begin{pmatrix} 1 \\ 2 \\ 2 \end{pmatrix} \circ \begin{pmatrix} n_1 \\ n_2 \\ n_3 \end{pmatrix} = n_1 + 2n_2 + 2n_3 = 0$

   I $\quad 2n_1 - 2n_2 + n_3 = 0$
   II $\quad n_1 + 2n_2 + 2n_3 = 0$
   ___
   I + II: $\quad 3n_1 + 3n_3 = 0 \;\Rightarrow\; n_1 = -n_3$

   Bei zwei Gleichungen mit drei Variablen ist eine frei wählbar ($\neq 0$, da man sonst $n_1 = n_2 = n_3 = 0$ erhält):
   $n_1 = 2 \;\Rightarrow\; n_3 = -2$
   Einsetzen in I: $4 - 2n_2 - 2 = 0 \;\Rightarrow\; n_2 = 1$
   $\Rightarrow\; \vec{n} = \begin{pmatrix} 2 \\ 1 \\ -2 \end{pmatrix}$

   Probe: $\vec{a} \circ \vec{n} = \begin{pmatrix} 2 \\ -2 \\ 1 \end{pmatrix} \circ \begin{pmatrix} 2 \\ 1 \\ -2 \end{pmatrix} = 4 - 2 - 2 = 0 \;\Rightarrow\; \vec{a} \perp \vec{n}$

   $\vec{b} \circ \vec{n} = \begin{pmatrix} 1 \\ 2 \\ 2 \end{pmatrix} \circ \begin{pmatrix} 2 \\ 1 \\ -2 \end{pmatrix} = 2 + 2 - 4 = 0 \;\Rightarrow\; \vec{b} \perp \vec{n}$

   Anmerkung:
   Jeder Vektor $k \cdot \vec{n}$ ($k \in \mathbb{R}$) steht auf $\vec{a}$ und auf $\vec{b}$ senkrecht.

8.7 Vektorprodukt

Bei vielen Anwendungen in der Geometrie, in der technischen Mechanik, in der Physik etc. benötigt man die Lotrichtung zu einem bzw. zwei Vektoren. Mithilfe des Skalarprodukts ergibt sich eine eindeutige Lotrichtung zu zwei Vektoren (siehe Beispiel auf der vorhergehenden Seite). Im Einzelnen gilt:

Im $\mathbb{R}^2$:
Gesucht ist ein **Lotvektor** bzw. **Normalenvektor** („normal" veraltet für „senkrecht") $\vec{n} = \begin{pmatrix} n_1 \\ n_2 \end{pmatrix}$ zu einem Vektor $\vec{a} = \begin{pmatrix} a_1 \\ a_2 \end{pmatrix}$.
Wegen $\vec{a} \circ \vec{n} = 0$ gilt:
$\vec{n} = \begin{pmatrix} -a_2 \\ a_1 \end{pmatrix}$ oder $\vec{n} = \begin{pmatrix} a_2 \\ -a_1 \end{pmatrix}$ bzw. $\vec{n} = k \cdot \begin{pmatrix} -a_2 \\ a_1 \end{pmatrix}$ oder $\vec{n} = k \cdot \begin{pmatrix} a_2 \\ -a_1 \end{pmatrix}$.

Die Lotvektoren zum Vektor $\vec{a} = \begin{pmatrix} 1 \\ 2 \end{pmatrix}$ sind z. B. $\vec{n} = \begin{pmatrix} -2 \\ 1 \end{pmatrix}$ bzw. **Beispiel**
$\vec{n} = \begin{pmatrix} 2 \\ -1 \end{pmatrix}$ bzw. $\vec{n} = \begin{pmatrix} 8 \\ -4 \end{pmatrix}$ usw.

Im $\mathbb{R}^3$:
Zu jedem Vektor $\vec{a}$ gibt es unendlich viele Lotrichtungen, dagegen ist die Lotrichtung zu zwei Vektoren eindeutig bestimmt, sofern sie nicht kollinear sind. Es muss gelten:

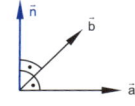

$\vec{a} \circ \vec{n} = 0 \;\land\; \vec{b} \circ \vec{n} = 0$

Daraus folgen die beiden Gleichungen:
I $\quad a_1 n_1 + a_2 n_2 + a_3 n_3 = 0$
II $\quad b_1 n_1 + b_2 n_2 + b_3 n_3 = 0$

Wenn die Vektoren $\vec{a}$ und $\vec{b}$ nicht parallel sind, gibt es eine eindeutige Lotrichtung. Eine mögliche Lösung wird durch den Vektor $\vec{n} = \begin{pmatrix} a_2 b_3 - a_3 b_2 \\ a_3 b_1 - a_1 b_3 \\ a_1 b_2 - a_2 b_1 \end{pmatrix}$ gegeben, was man durch Einsetzen schnell nachprüfen kann:

I $\quad a_1 a_2 b_3 - a_1 a_3 b_2 + a_2 a_3 b_1 - a_1 a_2 b_3 + a_1 a_3 b_2 - a_2 a_3 b_1 = 0$ w.
II $\quad a_2 b_1 b_3 - a_3 b_1 b_2 + a_3 b_1 b_2 - a_1 b_2 b_3 + a_1 b_2 b_3 - a_2 b_1 b_3 = 0$ w.

Koordinatengeometrie im Raum

Für diesen Lösungsvektor legt man fest:

> **Vektorprodukt**
> Für die Vektoren $\vec{a} = \begin{pmatrix} a_1 \\ a_2 \\ a_3 \end{pmatrix}$ und $\vec{b} = \begin{pmatrix} b_1 \\ b_2 \\ b_3 \end{pmatrix}$ heißt der Vektor
> $\begin{pmatrix} a_2 b_3 - a_3 b_2 \\ a_3 b_1 - a_1 b_3 \\ a_1 b_2 - a_2 b_1 \end{pmatrix}$ das **Vektorprodukt $\vec{a} \times \vec{b}$** der beiden Vektoren.

Das Ergebnis des Vektorprodukts der Vektoren $\vec{a}$ und $\vec{b}$ ist ein Vektor $\vec{a} \times \vec{b}$, der sowohl auf dem Vektor $\vec{a}$ als auch auf dem Vektor $\vec{b}$ senkrecht steht. $\vec{a}, \vec{b}, \vec{a} \times \vec{b}$ bilden in dieser Reihenfolge ein **Rechtssystem** (siehe Skizze).

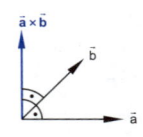

Zur Berechnung des Vektorprodukts $\vec{a} \times \vec{b}$ dient folgende Merkregel:

$$\begin{pmatrix} a_1 \\ a_2 \\ a_3 \end{pmatrix} \times \begin{pmatrix} b_1 \\ b_2 \\ b_3 \end{pmatrix} = \begin{pmatrix} a_2 b_3 - a_3 b_2 \\ a_3 b_1 - a_1 b_3 \\ a_1 b_2 - a_2 b_1 \end{pmatrix}$$

Beispiel

$$\begin{pmatrix} 1 \\ 2 \\ 2 \end{pmatrix} \times \begin{pmatrix} 2 \\ 1 \\ 2 \end{pmatrix} = \begin{pmatrix} 2 \cdot 2 - 2 \cdot 1 \\ 2 \cdot 2 - 1 \cdot 2 \\ 1 \cdot 1 - 2 \cdot 2 \end{pmatrix} = \begin{pmatrix} 4 - 2 \\ 4 - 2 \\ 1 - 4 \end{pmatrix} = \begin{pmatrix} 2 \\ 2 \\ -3 \end{pmatrix}$$

Kontrolle, dass das Vektorprodukt auf den beiden Vektoren senkrecht steht:

$$\begin{pmatrix} 1 \\ 2 \\ 2 \end{pmatrix} \circ \begin{pmatrix} 2 \\ 2 \\ -3 \end{pmatrix} = 2 + 4 - 6 = 0 \qquad \text{w.}$$

$$\begin{pmatrix} 2 \\ 1 \\ 2 \end{pmatrix} \circ \begin{pmatrix} 2 \\ 2 \\ -3 \end{pmatrix} = 4 + 2 - 6 = 0 \qquad \text{w.}$$

Koordinatengeometrie im Raum

Für den Betrag des Vektorprodukts $\vec{a} \times \vec{b}$ gilt $|\vec{a} \times \vec{b}| = |\vec{a}| \cdot |\vec{b}| \cdot \sin \varphi$, d. h., $|\vec{a} \times \vec{b}|$ stimmt mit dem **Flächeninhalt** des von den Vektoren $\vec{a}$ und $\vec{b}$ aufgespannten **Parallelogramms** überein.

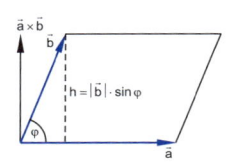

Beachte die Unterschiede zwischen
$|\vec{a} \times \vec{b}| = |\vec{a}| \cdot |\vec{b}| \cdot \sin \varphi$ und $\vec{a} \circ \vec{b} = |\vec{a}| \cdot |\vec{b}| \cdot \cos \varphi$.

Beispiel

Bestimmen Sie den Flächeninhalt des durch die Vektoren
$\vec{a} = \begin{pmatrix} 2 \\ -1 \\ 2 \end{pmatrix}$ und $\vec{b} = \begin{pmatrix} 1 \\ 2 \\ 2 \end{pmatrix}$ aufgespannten Parallelogramms auf zwei verschiedene Arten.

Lösung:
Mit dem **Vektorprodukt**:
$$\vec{a} \times \vec{b} = \begin{pmatrix} 2 \\ -1 \\ 2 \end{pmatrix} \times \begin{pmatrix} 1 \\ 2 \\ 2 \end{pmatrix} = \begin{pmatrix} -2-4 \\ 2-4 \\ 4+1 \end{pmatrix} = \begin{pmatrix} -6 \\ -2 \\ 5 \end{pmatrix}$$
$A_P = |\vec{a} \times \vec{b}| = \sqrt{36 + 4 + 25} = \sqrt{65}$

Mit der **elementargeometrischen Formel** $A_P = |\vec{a}| \cdot |\vec{b}| \cdot \sin \varphi$:
$|\vec{a}| = \sqrt{4+1+4} = 3$, $|\vec{b}| = \sqrt{1+4+4} = 3$
$\cos \varphi = \frac{\vec{a} \circ \vec{b}}{|\vec{a}| \cdot |\vec{b}|} = \frac{2-2+4}{3 \cdot 3} = \frac{4}{9}$
$\Rightarrow (\sin \varphi)^2 = 1 - (\cos \varphi)^2 = 1 - \frac{16}{81} = \frac{65}{81}$
$\Rightarrow \sin \varphi = \frac{1}{9}\sqrt{65}$, weil $0 \leq \varphi \leq 90°$
$\Rightarrow A_P = |\vec{a}| \cdot |\vec{b}| \cdot \sin \varphi = 3 \cdot 3 \cdot \frac{1}{9}\sqrt{65} = \sqrt{65}$

Das Vektorprodukt hat die folgenden Eigenschaften:
$\vec{a} \times \vec{b} = -(\vec{b} \times \vec{a})$
$\vec{a} \times \vec{b} = \vec{0} \iff \vec{a}, \vec{b}$ **linear abhängig**, d. h. parallel.

Beispiel

Zeigen Sie mithilfe des Vektorprodukts, dass die Vektoren
$\vec{a} = \begin{pmatrix} 3 \\ 4 \\ -2 \end{pmatrix}$ und $\vec{b} = \begin{pmatrix} -6 \\ -8 \\ 4 \end{pmatrix}$ linear abhängig sind.

Lösung:
$$\vec{a} \times \vec{b} = \begin{pmatrix} 3 \\ 4 \\ -2 \end{pmatrix} \times \begin{pmatrix} -6 \\ -8 \\ 4 \end{pmatrix} = \begin{pmatrix} 16-16 \\ 12-12 \\ -24+24 \end{pmatrix} = \begin{pmatrix} 0 \\ 0 \\ 0 \end{pmatrix} = \vec{0}$$

$\Rightarrow$ $\vec{a}, \vec{b}$ linear abhängig ($\vec{a}, \vec{b}$ parallel)

8.8 Berechnung von Flächeninhalten

Der Betrag des Vektorprodukts $\vec{a} \times \vec{b}$ stimmt mit dem Flächeninhalt des von $\vec{a}$ und $\vec{b}$ aufgespannten Parallelogramms überein.

Parallelogrammfläche
$A_P = |\vec{a} \times \vec{b}|$

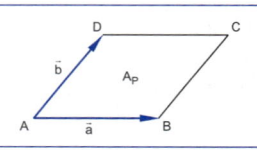

Beispiel $A(3|1|4)$, $B(5|5|0)$, $D(1|-1|3)$

$$\vec{a} = \overrightarrow{AB} = \begin{pmatrix} 2 \\ 4 \\ -4 \end{pmatrix}; \vec{b} = \overrightarrow{AD} = \begin{pmatrix} -2 \\ -2 \\ -1 \end{pmatrix}$$

$$\Rightarrow A_P = |\vec{a} \times \vec{b}| = \left| \begin{pmatrix} 2 \\ 4 \\ -4 \end{pmatrix} \times \begin{pmatrix} -2 \\ -2 \\ -1 \end{pmatrix} \right| = \left| \begin{pmatrix} -4-8 \\ 8+2 \\ -4+8 \end{pmatrix} \right| = \left| \begin{pmatrix} -12 \\ 10 \\ 4 \end{pmatrix} \right|$$

$$= \sqrt{144 + 100 + 16} = \sqrt{260} \approx 16{,}12 \text{ FE}$$

Die Dreiecksfläche wird als halbe Parallelogrammfläche, die Vielecksfläche als Summe von Dreiecksflächen bestimmt.

Dreiecksfläche
$A_\Delta = \frac{1}{2} |\vec{a} \times \vec{b}|$

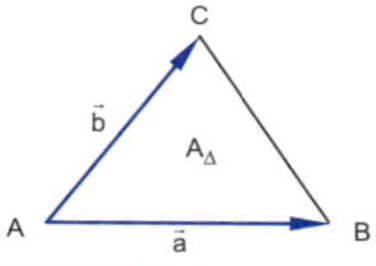

Vielecksfläche
$A = A_1 + A_2 + A_3$
$= \frac{1}{2} |\overrightarrow{AB} \times \overrightarrow{AC}|$
$+ \frac{1}{2} |\overrightarrow{AC} \times \overrightarrow{AD}|$
$+ \frac{1}{2} |\overrightarrow{AD} \times \overrightarrow{AE}|$

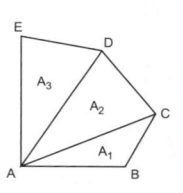

8.9 Berechnung von Volumina

Mithilfe des Vektorprodukts kann man das Volumen V eines durch die Vektoren $\vec{a}$, $\vec{b}$ und $\vec{c}$ aufgespannten **Spats** berechnen. Wenn die Vektoren (wie in der nebenstehenden Skizze) ein Rechtssystem bilden, dann gilt für die Grundfläche:

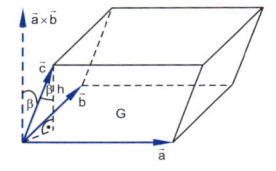

$G = |\vec{a} \times \vec{b}|$

Für die Höhe h des Spats gilt:
$h = |\vec{c}| \cdot \cos\beta$ mit $0° < \beta < 90°$

Damit ergibt sich für das Volumen des Spats:
$V = G \cdot h = |\vec{a} \times \vec{b}| \cdot |\vec{c}| \cdot \cos\beta$

Dieser Ausdruck ist aber gerade die Definition des Skalarprodukts zwischen den Vektoren $\vec{a} \times \vec{b}$ und $\vec{c}$, d. h.:
$|\vec{a} \times \vec{b}| \cdot |\vec{c}| \cdot \cos\beta = (\vec{a} \times \vec{b}) \circ \vec{c}$

Damit ergibt sich das sogenannte Spatprodukt für die Maßzahl des Volumens des durch die Vektoren $\vec{a}, \vec{b}, \vec{c}$ aufgespannten Spats.

Spatprodukt (Volumen eines Spats)

$V = |(\vec{a} \times \vec{b}) \circ \vec{c}|$

Entsprechend gilt auch:

$V = |\vec{a} \circ (\vec{b} \times \vec{c})|$

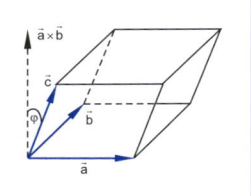

Berechnen Sie das Volumen des von den Vektoren

$\vec{a} = \begin{pmatrix} 2 \\ 1 \\ 3 \end{pmatrix}, \vec{b} = \begin{pmatrix} 6 \\ 0 \\ -2 \end{pmatrix}, \vec{c} = \begin{pmatrix} 1 \\ 1 \\ 1 \end{pmatrix}$

aufgespannten Spats.

Beispiel

Lösung:
$$\vec{a} \times \vec{b} = \begin{pmatrix} 2 \\ 1 \\ 3 \end{pmatrix} \times \begin{pmatrix} 6 \\ 0 \\ -2 \end{pmatrix} = \begin{pmatrix} -2-0 \\ 18+4 \\ 0-6 \end{pmatrix} = \begin{pmatrix} -2 \\ 22 \\ -6 \end{pmatrix}$$

$$\Rightarrow V = |(\vec{a} \times \vec{b}) \circ \vec{c}| = \left| \begin{pmatrix} -2 \\ 22 \\ -6 \end{pmatrix} \circ \begin{pmatrix} 1 \\ 1 \\ 1 \end{pmatrix} \right| = |-2 + 22 - 6| = 14 \text{ VE}$$

oder

$$\vec{b} \times \vec{c} = \begin{pmatrix} 6 \\ 0 \\ -2 \end{pmatrix} \times \begin{pmatrix} 1 \\ 1 \\ 1 \end{pmatrix} = \begin{pmatrix} 0+2 \\ -2-6 \\ 6-0 \end{pmatrix} = \begin{pmatrix} 2 \\ -8 \\ 6 \end{pmatrix}$$

$$\Rightarrow V = |\vec{a} \circ (\vec{b} \times \vec{c})| = \left| \begin{pmatrix} 2 \\ 1 \\ 3 \end{pmatrix} \circ \begin{pmatrix} 2 \\ -8 \\ 6 \end{pmatrix} \right| = |4 - 8 + 18| = 14 \text{ VE}$$

Mit der Volumenformel $V = \frac{1}{3} G \cdot h$ für die Pyramide ergibt sich das Volumen einer Pyramide mit einem Parallelogramm als Grundfläche:

Volumen einer Pyramide mit Parallelogramm als Grundläche
$$V = \frac{1}{3} V_{Spat} = \frac{1}{3} |(\vec{a} \times \vec{b}) \circ \vec{c}|$$

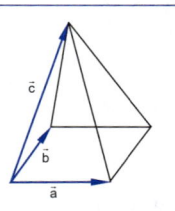

Beispiel Zeigen Sie, dass das Viereck ABCD mit A(1|3|1), B(5|5|5), C(2|5|−1) und D(−2|3|−5) ein Parallelogramm ist, und berechnen Sie dessen Fläche G. Bestimmen Sie dann das Volumen der Pyramide ABCDS mit S(4|1|−4).

Lösung:
$$\overrightarrow{AB} = \vec{B} - \vec{A} = \begin{pmatrix} 4 \\ 2 \\ 4 \end{pmatrix}; \quad \overrightarrow{DC} = \vec{C} - \vec{D} = \begin{pmatrix} 4 \\ 2 \\ 4 \end{pmatrix}$$

Wegen $\overrightarrow{AB} = \overrightarrow{DC}$ folgt:
$\overrightarrow{AB} \| \overrightarrow{DC} \wedge |\overrightarrow{AB}| = |\overrightarrow{DC}|$

$\Rightarrow$ ABCD ist ein Parallelogramm.

$$\overrightarrow{AD} = \vec{D} - \vec{A} = \begin{pmatrix} -3 \\ 0 \\ -6 \end{pmatrix}; \quad \overrightarrow{AS} = \vec{S} - \vec{A} = \begin{pmatrix} 3 \\ -2 \\ -5 \end{pmatrix}$$

$$\overrightarrow{AB} \times \overrightarrow{AD} = \begin{pmatrix} 4 \\ 2 \\ 4 \end{pmatrix} \times \begin{pmatrix} -3 \\ 0 \\ -6 \end{pmatrix} = \begin{pmatrix} -12 - 0 \\ -12 + 24 \\ 0 + 6 \end{pmatrix} = \begin{pmatrix} -12 \\ 12 \\ 6 \end{pmatrix}$$

$$\Rightarrow \quad G = |\overrightarrow{AB} \times \overrightarrow{AD}| = \sqrt{144 + 144 + 36} = \sqrt{324} = 18 \text{ FE}$$

$$\Rightarrow \quad V = \tfrac{1}{3} |(\overrightarrow{AB} \times \overrightarrow{AD}) \circ \overrightarrow{AS}| = \tfrac{1}{3} \cdot \left| \begin{pmatrix} -12 \\ 12 \\ 6 \end{pmatrix} \circ \begin{pmatrix} 3 \\ -2 \\ -5 \end{pmatrix} \right|$$

$$= \tfrac{1}{3} |-36 - 24 - 30| = 30 \text{ VE}$$

Die dreiseitige Pyramide hat das halbe Volumen der Pyramide mit dem Parallelogramm als Grundfläche. Man erhält:

Volumen einer Pyramide mit Dreieck als Grundfläche

$$V = \tfrac{1}{3} \cdot \tfrac{1}{2} |(\vec{a} \times \vec{b}) \circ \vec{c}| = \tfrac{1}{6} |(\vec{a} \times \vec{b}) \circ \vec{c}|$$

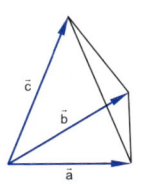

Falls die Pyramide ein n-Eck als Grundfläche besitzt, kann man die Pyramide in dreiseitige Pyramiden zerlegen.

1. Bestimmen Sie das Volumen der dreiseitigen Pyramide ABCS mit $A(0|0|0)$, $B(1|7|3)$, $C(6|1|10)$ und $S(2|-3|4)$.

   Beispiel

   Lösung:
   $$\overrightarrow{AB} = \vec{B} - \vec{A} = \begin{pmatrix} 1 \\ 7 \\ 3 \end{pmatrix}; \quad \overrightarrow{AC} = \vec{C} - \vec{A} = \begin{pmatrix} 6 \\ 1 \\ 10 \end{pmatrix}; \quad \overrightarrow{AS} = \vec{S} - \vec{A} = \begin{pmatrix} 2 \\ -3 \\ 4 \end{pmatrix}$$

   $$\overrightarrow{AB} \times \overrightarrow{AC} = \begin{pmatrix} 1 \\ 7 \\ 3 \end{pmatrix} \times \begin{pmatrix} 6 \\ 1 \\ 10 \end{pmatrix} = \begin{pmatrix} 70 - 3 \\ 18 - 10 \\ 1 - 42 \end{pmatrix} = \begin{pmatrix} 67 \\ 8 \\ -41 \end{pmatrix}$$

   $$V = \tfrac{1}{6} |(\overrightarrow{AB} \times \overrightarrow{AC}) \circ \overrightarrow{AS}| = \tfrac{1}{6} \cdot \left| \begin{pmatrix} 67 \\ 8 \\ -41 \end{pmatrix} \circ \begin{pmatrix} 2 \\ -3 \\ 4 \end{pmatrix} \right|$$

   $$= \tfrac{1}{6} |134 - 24 - 164| = 9 \text{ VE}$$

2. Die Grundfläche ABCD der Pyramide ABCDS mit A(0|1|0), B(4|3|4), C(1|3|−2), D(−6|1|−12) und S(3|−1|2) ist kein Parallelogramm.
Bestimmen Sie das Volumen der Pyramide.

Lösung:

$$\vec{AB} = \vec{B} - \vec{A} = \begin{pmatrix} 4 \\ 2 \\ 4 \end{pmatrix}; \quad \vec{AC} = \vec{C} - \vec{A} = \begin{pmatrix} 1 \\ 2 \\ -2 \end{pmatrix}; \quad \vec{AS} = \vec{S} - \vec{A} = \begin{pmatrix} 3 \\ -2 \\ 2 \end{pmatrix}$$

$$\vec{DA} = \vec{A} - \vec{D} = \begin{pmatrix} 6 \\ 0 \\ 12 \end{pmatrix}; \quad \vec{DC} = \vec{C} - \vec{D} = \begin{pmatrix} 7 \\ 2 \\ 10 \end{pmatrix}; \quad \vec{DS} = \vec{S} - \vec{D} = \begin{pmatrix} 9 \\ -2 \\ 14 \end{pmatrix}$$

$$\vec{AB} \times \vec{AC} = \begin{pmatrix} 4 \\ 2 \\ 4 \end{pmatrix} \times \begin{pmatrix} 1 \\ 2 \\ -2 \end{pmatrix} = \begin{pmatrix} -4-8 \\ 4+8 \\ 8-2 \end{pmatrix} = \begin{pmatrix} -12 \\ 12 \\ 6 \end{pmatrix}$$

$$\vec{DA} \times \vec{DC} = \begin{pmatrix} 6 \\ 0 \\ 12 \end{pmatrix} \times \begin{pmatrix} 7 \\ 2 \\ 10 \end{pmatrix} = \begin{pmatrix} 0-24 \\ 84-60 \\ 12-0 \end{pmatrix} = \begin{pmatrix} -24 \\ 24 \\ 12 \end{pmatrix}$$

Dreiseitige Pyramide ABCS:

$$V_1 = \tfrac{1}{6} \left| (\vec{AB} \times \vec{AC}) \circ \vec{AS} \right|$$

$$= \tfrac{1}{6} \left| \begin{pmatrix} -12 \\ 12 \\ 6 \end{pmatrix} \circ \begin{pmatrix} 3 \\ -2 \\ 2 \end{pmatrix} \right|$$

$$= \tfrac{1}{6} |-36 - 24 + 12| = 8 \text{ VE}$$

Dreiseitige Pyramide DACS:

$$V_2 = \tfrac{1}{6} \left| (\vec{DA} \times \vec{DC}) \circ \vec{DS} \right|$$

$$= \tfrac{1}{6} \left| \begin{pmatrix} -24 \\ 24 \\ 12 \end{pmatrix} \circ \begin{pmatrix} 9 \\ -2 \\ 14 \end{pmatrix} \right|$$

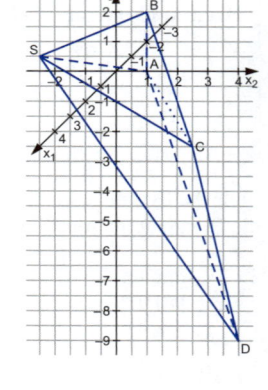

$$= \tfrac{1}{6} |-216 - 48 + 168| = 16 \text{ VE}$$

Gesamte Pyramide ABCDS:
$V_{ges} = V_1 + V_2 = 24$ VE

9 Geraden und Ebenen im Raum

Die wichtigsten Elemente der Geometrie im dreidimensionalen Raum $\mathbb{R}^3$, die auf lineare Gleichungen führen, sind Geraden und Ebenen.
Im Folgenden wird beschrieben, wie man Gleichungen von Geraden und Ebenen aufstellt und deren Lagebeziehungen untersucht.

9.1 Geradengleichungen

Eine Gerade g ist durch einen **Punkt** und ihre **Richtung**, d. h. durch einen Punkt A und einen Vektor $\vec{u}$ eindeutig bestimmt.
Für den Ortsvektor $\vec{X} = \overrightarrow{OX}$ eines Punktes X der Geraden g gilt dann:
$\overrightarrow{OX} = \overrightarrow{OA} + \overrightarrow{AX}$

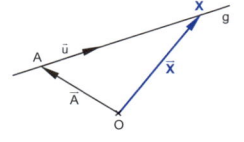

> **Punkt-Richtungs-Gleichung**
> g: $\vec{X} = \vec{A} + \lambda \cdot \vec{u}, \lambda \in \mathbb{R}$

Für jeden Wert $\lambda \in \mathbb{R}$ erhält man einen Punkt X und umgekehrt.

Anmerkungen:
- Eine Gerade ist durch einen Punkt und eine Richtung eindeutig bestimmt. Da die Geradengleichung den Parameter λ enthält, nennt man diese auch **Geradengleichung in Parameterform**.
- Es ergeben sich folgende Koordinatengleichungen:
  Im $\mathbb{R}^2$: $x_1 = a_1 + \lambda u_1$ Im $\mathbb{R}^3$: $x_1 = a_1 + \lambda u_1$
  $x_2 = a_2 + \lambda u_2$ $x_2 = a_2 + \lambda u_2$
                                          $x_3 = a_3 + \lambda u_3$
  Nur im $\mathbb{R}^2$ kann der Parameter eliminiert und so eine Koordinatengleichung (Normalenform) hergestellt werden.
- Eine Gerade h, die durch einen Punkt P parallel zur Geraden g verläuft, hat eine Gleichung der Form h: $\vec{X} = \vec{P} + \mu \cdot \vec{u}, \mu \in \mathbb{R}$.

Geraden und Ebenen im Raum

Beispiel

1. Die Gerade g durch den Punkt A(1|2|3) hat die Richtung $\vec{u} = \begin{pmatrix} 1 \\ -2 \\ 3 \end{pmatrix}$.

   Überprüfen Sie, ob der Punkt C(3|−2|9) auf g liegt.

   Lösung:
   $$g: \vec{X} = \begin{pmatrix} 1 \\ 2 \\ 3 \end{pmatrix} + \lambda \cdot \begin{pmatrix} 1 \\ -2 \\ 3 \end{pmatrix}$$

   Wenn der Punkt C auf der Geraden g liegt, muss sich ein eindeutiger Wert für den Parameter λ bestimmen lassen:

   C in g: $\left. \begin{array}{l} 3 = 1 + \lambda \quad \Rightarrow \quad \lambda = 2 \\ -2 = 2 - 2\lambda \quad \Rightarrow \quad \lambda = 2 \\ 9 = 3 + 3\lambda \quad \Rightarrow \quad \lambda = 2 \end{array} \right\} \Rightarrow C \in g$

2. Stellen Sie für die Gerade $g \subset \mathbb{R}^2$ eine Koordinatengleichung her:

   $$g: \vec{X} = \begin{pmatrix} 1 \\ -4 \end{pmatrix} + \lambda \cdot \begin{pmatrix} 1 \\ 1 \end{pmatrix}$$

   Lösung:
   (1) $x_1 = 1 + \lambda$ aus (1): $\lambda = x_1 - 1$
   (2) $x_2 = -4 + \lambda$ in (2): $x_2 = -4 + x_1 - 1$
   $\Rightarrow$ g: $x_1 - x_2 - 5 = 0$

   Schreibt man wie in der Analysis $x_1 = x$ und $x_2 = y$, so erhält man die bekannte Form $y = mx + t$ der Geradengleichung:
   $x_2 = x_1 - 5 \Rightarrow y = x - 5$

Eine Gerade ist auch durch **zwei Punkte** eindeutig bestimmt.
Man benötigt einen Punkt und eine Richtung. Es bieten sich an:
Punkt A und Richtung $\vec{u} = \overrightarrow{AB}$

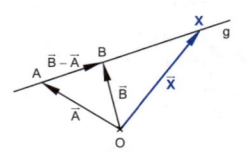

Zwei-Punkte-Gleichung
$g: \vec{X} = \vec{A} + \lambda \cdot (\vec{B} - \vec{A}), \; \lambda \in \mathbb{R}$

Überprüfen Sie, ob die Punkte A(4|5|6), B(6|6|9) und C(2|2|3) auf einer Geraden liegen.

Beispiel

Lösung:

Gerade g = AB: $\vec{X} = \vec{A} + \lambda \cdot (\vec{B} - \vec{A}) = \begin{pmatrix} 4 \\ 5 \\ 6 \end{pmatrix} + \lambda \cdot \begin{pmatrix} 2 \\ 1 \\ 3 \end{pmatrix}$

C in g: $\left. \begin{array}{l} 2 = 4 + 2\lambda \Rightarrow \lambda = -1 \\ 2 = 5 + \lambda \Rightarrow \lambda = -3 \\ 3 = 6 + 3\lambda \Rightarrow \lambda = -1 \end{array} \right\} \Rightarrow C \notin g$

Die drei Punkte liegen nicht auf einer Geraden, d. h., sie bestimmen ein Dreieck.

Besondere Lagen von Geraden

g: $\vec{X} = \begin{pmatrix} 1 \\ 3 \\ 2 \end{pmatrix} + \lambda \cdot \begin{pmatrix} 0 \\ 0 \\ 1 \end{pmatrix}$ ist parallel zur x_3-Achse.

h: $\vec{X} = \begin{pmatrix} 4 \\ 0 \\ 0 \end{pmatrix} + \mu \cdot \begin{pmatrix} 1 \\ 0 \\ 0 \end{pmatrix}$ ist eine mögliche Gleichung für die x_1-Achse.

Die x_1-Achse wird auch durch h': $\vec{X} = \lambda \cdot \begin{pmatrix} 1 \\ 0 \\ 0 \end{pmatrix}$ beschrieben.

k: $\vec{X} = \begin{pmatrix} 1 \\ 3 \\ 2 \end{pmatrix} + \sigma \cdot \begin{pmatrix} 2 \\ 0 \\ 1 \end{pmatrix}$ ist parallel zur $x_1 x_3$-Koordinatenebene, weil $x_2 = 3$ gilt.

ℓ: $\vec{X} = \begin{pmatrix} 1 \\ 0 \\ 2 \end{pmatrix} + \delta \cdot \begin{pmatrix} 2 \\ 0 \\ 1 \end{pmatrix}$ liegt in der $x_1 x_3$-Koordinatenebene, weil $x_2 = 0$ gilt.

9.2 Ebenengleichungen in Parameterform

Alle Vektoren in einer Ebene lassen sich durch zwei linear unabhängige Vektoren ausdrücken, d. h., die Richtung der Ebene im Raum wird durch zwei solche Vektoren festgelegt, ihre Lage im Raum durch einen (Antrags-)Punkt.

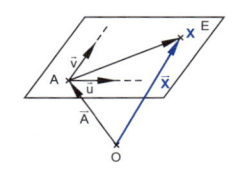

Geraden und Ebenen im Raum

Für den Ortsvektor $\vec{X} = \overrightarrow{OX}$ eines Punktes der Ebene E gilt dann:
$\vec{X} = \overrightarrow{OX} = \overrightarrow{OA} + \overrightarrow{AX} = \overrightarrow{OA} + \lambda \cdot \vec{u} + \mu \cdot \vec{v}$

Punkt-Richtungs-Gleichung
E: $\vec{X} = \vec{A} + \lambda \cdot \vec{u} + \mu \cdot \vec{v}, \ \lambda, \mu \in \mathbb{R}$

Anmerkungen:
- Eine Ebene ist durch einen Punkt und zwei linear unabhängige Richtungen bestimmt. Da die Ebenengleichung zwei Parameter λ, μ enthält, nennt man diese auch **Ebenengleichung in Parameterform**.
- In der Koordinatenschreibweise ergibt sich für die Ebene E:
  $x_1 = a_1 + \lambda u_1 + \mu v_1$;
  $x_2 = a_2 + \lambda u_2 + \mu v_2$;
  $x_3 = a_3 + \lambda u_3 + \mu v_3$

Beispiel Liegt der Punkt $D(0|4|0)$ in der Ebene

E: $\vec{x} = \begin{pmatrix} 1 \\ 2 \\ 3 \end{pmatrix} + \lambda \cdot \begin{pmatrix} 1 \\ 1 \\ 0 \end{pmatrix} + \mu \cdot \begin{pmatrix} 2 \\ -1 \\ 3 \end{pmatrix}$?

Lösung:
D liegt in der Ebene E, wenn λ und μ eindeutig bestimmt werden können.
D in E: (1) $0 = 1 + \lambda + 2\mu$ \quad aus (3): $\mu = -1$
\quad\quad\quad\quad (2) $4 = 2 + \lambda - \mu$ \quad in (1): $\lambda = 1$
\quad\quad\quad\quad (3) $0 = 3 + 3\mu$ \quad\quad in (2): $4 = 2 + 1 + 1$ wahr $\Rightarrow D \in E$

Eine Ebene E ist auch durch drei Punkte A, B, C, die nicht auf einer Geraden liegen, eindeutig festgelegt. Man benötigt einen Punkt und zwei linear unabhängige Richtungen, z. B. Punkt A sowie $\vec{u} = \overrightarrow{AB}$ und $\vec{v} = \overrightarrow{AC}$.

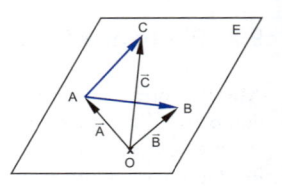

Drei-Punkte-Gleichung
E: $\vec{X} = \vec{A} + \lambda \cdot (\vec{B} - \vec{A}) + \mu \cdot (\vec{C} - \vec{A}), \ \lambda, \mu \in \mathbb{R}$

Anmerkung:
Jeder der drei Punkte ist gleichberechtigt als Antragspunkt.
Ebenso können je zwei linear unabhängige Richtungen aus
$\overrightarrow{AB}, \overrightarrow{AC}, \overrightarrow{BC}, \overrightarrow{BA}, \overrightarrow{CA}, \overrightarrow{CB}$ gewählt werden.

Beispiel

Bestimmen Sie eine Gleichung der Ebene E in Parameterform durch die Punkte A(4|2|3), B(6|2|−7) und C(3|3|1).

Lösung:
$$E: \vec{X} = \vec{A} + \lambda \cdot (\vec{B} - \vec{A}) + \mu \cdot (\vec{C} - \vec{A}) = \begin{pmatrix} 4 \\ 2 \\ 3 \end{pmatrix} + \lambda \cdot \begin{pmatrix} 2 \\ 0 \\ -10 \end{pmatrix} + \mu \cdot \begin{pmatrix} -1 \\ 1 \\ -2 \end{pmatrix}$$

Eine Ebene E ist ferner durch eine Gerade g und einen Punkt P, der nicht auf dieser Geraden liegt, eindeutig festgelegt. Man benötigt einen Punkt und zwei linear unabhängige Richtungen, z. B. Punkt A ∈ g sowie Richtungen $\vec{u}$ und $\vec{v} = \overrightarrow{AP}$.

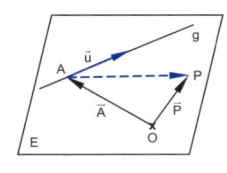

Ebene durch Punkt und Gerade
$E: \vec{X} = \vec{A} + \lambda \cdot \vec{u} + \mu \cdot (\vec{P} - \vec{A}), \ \lambda, \mu \in \mathbb{R}$

Beispiel

Zeigen Sie, dass die Gerade
$$g: \vec{X} = \begin{pmatrix} 1 \\ 2 \\ 1 \end{pmatrix} + \lambda \cdot \begin{pmatrix} 2 \\ 0 \\ 1 \end{pmatrix}$$
und der Punkt P(3|4|−7) eine Ebene E aufspannen, und geben Sie eine Gleichung von E in Parameterform an.

Lösung:
P in g: $3 = 1 + 2\lambda$
$\quad\quad\quad 4 = 2$ falsch $\Rightarrow$ P ∉ g $\Rightarrow$ P und g spannen eindeutig eine Ebene auf.
$\quad\quad -7 = 1 + \lambda$

$$E: \vec{X} = \begin{pmatrix} 1 \\ 2 \\ 1 \end{pmatrix} + \lambda \cdot \begin{pmatrix} 2 \\ 0 \\ 1 \end{pmatrix} + \mu \cdot \begin{pmatrix} 2 \\ 2 \\ -8 \end{pmatrix}$$

Eine Ebene E ist auch durch zwei Geraden g_1 und g_2, die sich in einem Punkt S schneiden, eindeutig festgelegt. Man benötigt einen Punkt und zwei linear unabhängige Richtungen, z. B. Punkt A sowie Richtungen $\vec{u}$ und $\vec{v}$.

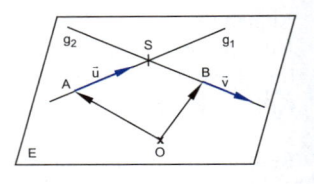

Ebene durch zwei sich schneidende Geraden
$E: \vec{X} = \vec{A} + \lambda \cdot \vec{u} + \mu \cdot \vec{v}, \ \lambda, \mu \in \mathbb{R}$

Beispiel Bestimmen Sie eine Gleichung der Ebene E in Parameterform, die durch die Geraden

$g_1: \vec{X} = \begin{pmatrix} 1 \\ 2 \\ 1 \end{pmatrix} + \lambda \cdot \begin{pmatrix} 2 \\ 0 \\ 1 \end{pmatrix}$ und $g_2: \vec{X} = \begin{pmatrix} 1 \\ 2 \\ 1 \end{pmatrix} + \mu \cdot \begin{pmatrix} 2 \\ 1 \\ -1 \end{pmatrix}$

aufgespannt wird.

Lösung:

$E: \vec{X} = \begin{pmatrix} 1 \\ 2 \\ 1 \end{pmatrix} + \lambda \cdot \begin{pmatrix} 2 \\ 0 \\ 1 \end{pmatrix} + \mu \cdot \begin{pmatrix} 2 \\ 1 \\ -1 \end{pmatrix}$

Eine Ebene E ist ebenfalls durch zwei echt parallele Geraden eindeutig bestimmt.
Man benötigt einen Punkt und zwei linear unabhängige Richtungen, z. B. Punkt A sowie Richtungen $\vec{u}$ und $\vec{v} = \overrightarrow{AB}$.

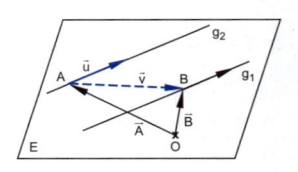

Ebene durch zwei parallele Geraden
$E: \vec{X} = \vec{A} + \lambda \cdot \vec{u} + \mu \cdot (\vec{B} - \vec{A}), \ \lambda, \mu \in \mathbb{R}$

Geraden und Ebenen im Raum **171**

Bestimmen Sie eine Gleichung der Ebene E in Parameterform, die durch die echt parallelen Geraden

Beispiel

$$g: \vec{X} = \begin{pmatrix} 2 \\ 4 \\ -3 \end{pmatrix} + \lambda \cdot \begin{pmatrix} 1 \\ 2 \\ -1 \end{pmatrix} \text{ und } h: \vec{X} = \begin{pmatrix} 3 \\ 4 \\ 4 \end{pmatrix} + \mu \cdot \begin{pmatrix} 2 \\ 4 \\ -2 \end{pmatrix}$$

aufgespannt wird.

Lösung:

$$E: \vec{X} = \begin{pmatrix} 2 \\ 4 \\ -3 \end{pmatrix} + \lambda \cdot \begin{pmatrix} 1 \\ 2 \\ -1 \end{pmatrix} + \mu \cdot \begin{pmatrix} 1 \\ 0 \\ 7 \end{pmatrix}$$

9.3 Ebenengleichungen in Normalenform

In der Ebenengleichung $E: \vec{X} = \vec{A} + \lambda \cdot \vec{u} + \mu \cdot \vec{v}$ lassen sich die beiden Parameter λ und μ eliminieren, wenn man die drei Koordinatengleichungen aufschreibt, aus zwei der drei Gleichungen die Parameter frei rechnet und diese Ausdrücke in die dritte verbleibende Gleichung einsetzt. Dann entsteht eine Gleichung zwischen den Variablen x_1, x_2, x_3. Diese Form der Ebenengleichung heißt die **Koordinatenform** oder **Normalenform**. Da das Freirechnen der beiden Parameter sehr mühsam sein kann, verwendet man im Allgemeinen einen Weg, der mithilfe von Skalar- und Vektorprodukt beschrieben werden kann.

Zu den beiden Richtungsvektoren $\vec{u}$ und $\vec{v}$ in
$E: \vec{X} = \vec{A} + \lambda \cdot \vec{u} + \mu \cdot \vec{v}$
bestimmt man einen Vektor $\vec{n}$, der sowohl auf $\vec{u}$ als auch auf $\vec{v}$ senkrecht steht. Multipliziert man die Ebenengleichung skalar mit $\vec{n}$, so erhält man:

$$\vec{n} \circ \vec{X} = \vec{n} \circ \vec{A} + \lambda \cdot \underbrace{\vec{n} \circ \vec{u}}_{0} + \mu \cdot \underbrace{\vec{n} \circ \vec{v}}_{0}$$

Normalenform von E in Vektordarstellung
$E: \vec{n} \circ \vec{X} = \vec{n} \circ \vec{A}$ bzw.
$E: \vec{n} \circ \vec{X} - \vec{n} \circ \vec{A} = 0$ bzw.
$E: \vec{n} \circ (\vec{X} - \vec{A}) = 0$

Geraden und Ebenen im Raum

$\vec{n}$ ist ein Vektor, der auf **allen** Vektoren der Ebene E **senkrecht steht**, und heißt **Normalenvektor** der Ebene. Schreibt man die Vektoren in der Koordinatenschreibweise, so ergibt sich:

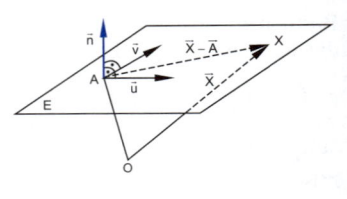

E: $\begin{pmatrix} n_1 \\ n_2 \\ n_3 \end{pmatrix} \circ \begin{pmatrix} x_1 \\ x_2 \\ x_3 \end{pmatrix} = \begin{pmatrix} n_1 \\ n_2 \\ n_3 \end{pmatrix} \circ \begin{pmatrix} a_1 \\ a_2 \\ a_3 \end{pmatrix}$

$\Rightarrow$ E: $n_1 x_1 + n_2 x_2 + n_3 x_3 - (n_1 a_1 + n_2 a_2 + n_3 a_3) = 0$

E: $n_1 x_1 + n_2 x_2 + n_3 x_3 + n_0 = 0$

Normalenform von E in Koordinatendarstellung
E: $n_1 x_1 + n_2 x_2 + n_3 x_3 + n_0 = 0$

Einen solchen Vektor $\vec{n}$ erhält man über das Vektorprodukt $\vec{n} = \vec{u} \times \vec{v}$. Da die Lotrichtung (Richtung der Senkrechten) früher als Normalenrichtung (Richtung der Normalen) bezeichnet wurde, hat sich wegen des „Normalenvektors $\vec{n}$" in der Ebenengleichung der Name „Normalenform" der Ebenengleichung erhalten.

Beispiel Bestimmen Sie eine Normalenform der Ebenengleichung der

Ebene E: $\vec{X} = \begin{pmatrix} 2 \\ 1 \\ 3 \end{pmatrix} + \lambda \cdot \begin{pmatrix} 1 \\ 0 \\ 1 \end{pmatrix} + \mu \cdot \begin{pmatrix} 2 \\ 2 \\ -1 \end{pmatrix}$.

Lösung:

$\vec{n} = \begin{pmatrix} 1 \\ 0 \\ 1 \end{pmatrix} \times \begin{pmatrix} 2 \\ 2 \\ -1 \end{pmatrix} = \begin{pmatrix} 0-2 \\ 2+1 \\ 2-0 \end{pmatrix} = \begin{pmatrix} -2 \\ 3 \\ 2 \end{pmatrix}$

E: $\vec{n} \circ \vec{X} = \vec{n} \circ \vec{A}$

E: $\begin{pmatrix} -2 \\ 3 \\ 2 \end{pmatrix} \circ \vec{X} = \begin{pmatrix} -2 \\ 3 \\ 2 \end{pmatrix} \circ \begin{pmatrix} 2 \\ 1 \\ 3 \end{pmatrix} = -4 + 3 + 6 = 5$

E: $-2x_1 + 3x_2 + 2x_3 - 5 = 0$ bzw. E: $2x_1 - 3x_2 - 2x_3 + 5 = 0$

Ebenen können im Koordinatensystem wieder besondere Lagen besitzen. Betrachtet wird im Einzelnen:

> **Besondere Lagen**
> Ist in der Ebenengleichung $n_1x_1 + n_2x_2 + n_3x_3 + n_0 = 0$ der Koeffizient $n_1 = 0$ (bzw. $n_2 = 0$ bzw. $n_3 = 0$), so ist die Ebene parallel zur x_1- (bzw. x_2- bzw. x_3-) Achse.
> Ist $n_0 = 0$, so enthält die Ebene den Ursprung.

Beispiel

E: $3x_1 - 5x_2 + 16 = 0$ ist parallel zur x_3-Achse.
E: $6x_1 - 7 = 0$ ist parallel zur x_2-Achse und zur x_3-Achse, d. h. zur x_2x_3-Koordinatenebene.
E: $6x_1 + 3x_2 - 2x_3 = 0$ enthält den Ursprung $O(0|0|0)$.

> **Gleichungen der Koordinatenebenen**
> $x_1 = 0$ x_2x_3-Koordinatenebene
> $x_2 = 0$ x_1x_3-Koordinatenebene
> $x_3 = 0$ x_1x_2-Koordinatenebene

9.4 Lagebeziehungen zwischen Geraden und Ebenen

Die drei gegenseitigen Lagen von Geraden in einer Ebene werden in der Mittelstufe diskutiert. Im Raum kommt eine weitere Lage hinzu, da die Geraden aneinander vorbei verlaufen können, ohne parallel zu sein. Neu sind die Betrachtungen über gegenseitige Lage von Ebene zu Ebene bzw. von Gerade zu Ebene.

Zwei Geraden

Im $\mathbb{R}^3$ gibt es für zwei Geraden vier mögliche Lagen: Die Geraden sind echt parallel, sie fallen zusammen, sie schneiden sich in einem Punkt oder sie sind windschief (sie laufen aneinander vorbei, ohne parallel zu sein).
Die beiden Geraden sollen in der folgenden Form gegeben sein:
g: $\vec{X} = \vec{A} + \lambda \cdot \vec{u}, \lambda \in \mathbb{R}$;   h: $\vec{X} = \vec{B} + \mu \cdot \vec{v}, \mu \in \mathbb{R}$

Geraden und Ebenen im Raum

Durch die Betrachtung der Richtungsvektoren $\vec{u}$ und $\vec{v}$ ergeben sich die folgenden beiden Unterscheidungen, die jeweils zwei der vier Fälle abdecken.

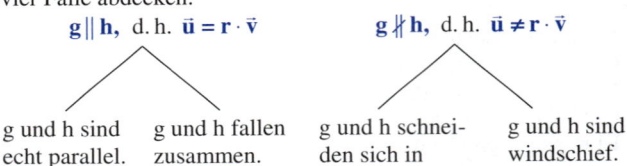

g ∥ h, d. h. $\vec{u} = r \cdot \vec{v}$ **g ∦ h,** d. h. $\vec{u} \neq r \cdot \vec{v}$

g und h sind echt parallel.   g und h fallen zusammen.   g und h schneiden sich in einem Punkt.   g und h sind windschief.

Innerhalb dieser beiden Gruppen fällt die Entscheidung jeweils nach dem gleichen Verfahren.

- **g ∥ h**, d. h. $\vec{u} = r \cdot \vec{v}$
  Man wählt einen Punkt A ∈ g (bzw. B ∈ h) und prüft nach, ob er auf h (bzw. auf g) liegt.
  Falls **A ∈ g ∧ A ∈ h ⇒ g = h,** d. h., die beiden Geraden fallen zusammmen.
  Falls **A ∈ g ∧ A ∉ h ⇒ g und h sind echt parallel.**

Beispiel

Bestimmen Sie jeweils die gegenseitige Lage der beiden Geraden g und h:

1. g: $\vec{X} = \begin{pmatrix} 1 \\ 0 \\ 1 \end{pmatrix} + \lambda \cdot \begin{pmatrix} 2 \\ 2 \\ 1 \end{pmatrix}$ h: $\vec{X} = \begin{pmatrix} 5 \\ 4 \\ 3 \end{pmatrix} + \mu \cdot \begin{pmatrix} -2 \\ -2 \\ -1 \end{pmatrix}$

   Lösung:
   g ∥ h, weil $\begin{pmatrix} 2 \\ 2 \\ 1 \end{pmatrix} = (-1) \cdot \begin{pmatrix} -2 \\ -2 \\ -1 \end{pmatrix}$ gilt.

   A(1 | 0 | 1) in h: $1 = 5 - 2\mu \Rightarrow \mu = 2$
                      $0 = 4 - 2\mu \Rightarrow \mu = 2 \Rightarrow A \in h$
                      $1 = 3 - \mu \Rightarrow \mu = 2$

   ⇒ g = h, d. h., die beiden Geraden fallen zusammen.

2. g: $\vec{X} = \begin{pmatrix} 3 \\ 2 \\ 2 \end{pmatrix} + \lambda \cdot \begin{pmatrix} 2 \\ 2 \\ 1 \end{pmatrix}$ h: $\vec{X} = \begin{pmatrix} 4 \\ 3 \\ 1 \end{pmatrix} + \mu \cdot \begin{pmatrix} 4 \\ 4 \\ 2 \end{pmatrix}$

   Lösung:
   g ∥ h, weil $\begin{pmatrix} 2 \\ 2 \\ 1 \end{pmatrix} = \frac{1}{2} \cdot \begin{pmatrix} 4 \\ 4 \\ 2 \end{pmatrix}$ gilt.

Geraden und Ebenen im Raum

A(3|2|2) in h: $\quad 3 = 4 + 4\mu \quad \Rightarrow \quad \mu = -\frac{1}{4}$

$\qquad\qquad\qquad 2 = 3 + 4\mu \quad \Rightarrow \quad \mu = -\frac{1}{4} \quad \Rightarrow \quad A \notin h$

$\qquad\qquad\qquad 2 = 1 + 2\mu \quad \Rightarrow \quad \mu = \frac{1}{2}$

$\Rightarrow\;$ g und h sind echt parallel, d. h. g $\parallel$ h und g $\cap$ h = { }.

- **g $\nparallel$ h**, d. h. $\vec{u} \neq r \cdot \vec{v}$
  Man versucht einen Schnittpunkt auszurechnen, d. h., man setzt die Koordinatengleichungen der Geraden gleich. Aus zwei der drei Gleichungen kann man die Parameter (hier λ und μ) frei rechnen. Das Einsetzen in die dritte Gleichung entscheidet die Lage.
  Es entsteht eine **wahre Aussage**. $\Rightarrow$ **g und h schneiden sich in einem Punkt.**
  Es entsteht eine **falsche Aussage**. $\Rightarrow$ **g und h sind windschief.**

Bestimmen Sie jeweils die gegenseitige Lage der beiden Geraden g und h: **Beispiel**

1. g: $\vec{X} = \begin{pmatrix} -3 \\ -4 \\ -1 \end{pmatrix} + \lambda \cdot \begin{pmatrix} 2 \\ 2 \\ 1 \end{pmatrix}$ $\qquad$ h: $\vec{X} = \begin{pmatrix} 4 \\ 3 \\ 1 \end{pmatrix} + \mu \cdot \begin{pmatrix} -1 \\ -1 \\ 1 \end{pmatrix}$

   Lösung:
   g $\nparallel$ h, weil $\begin{pmatrix} 2 \\ 2 \\ 1 \end{pmatrix} \neq k \cdot \begin{pmatrix} -1 \\ -1 \\ 1 \end{pmatrix}$ gilt.

   (1) $\quad -3 + 2\lambda = 4 - \mu$
   (2) $\quad -4 + 2\lambda = 3 - \mu$
   (3) $\quad -1 + \lambda = 1 + \mu$

   $(2) + (3): -5 + 3\lambda = 4 \quad\Rightarrow\quad \lambda = 3$
   in (3): $\quad -1 + 3 = 1 + \mu \Rightarrow \mu = 1$
   in (1): $\quad -3 + 6 = 4 - 1$ wahr $\Rightarrow\;$ g und h schneiden sich in einem Punkt S.

   $\vec{S} = \begin{pmatrix} -3 \\ -4 \\ -1 \end{pmatrix} + 3 \cdot \begin{pmatrix} 2 \\ 2 \\ 1 \end{pmatrix} = \begin{pmatrix} 3 \\ 2 \\ 2 \end{pmatrix} \quad\Rightarrow\quad S(3|2|2)$

Geraden und Ebenen im Raum

2. $g: \vec{X} = \begin{pmatrix} 1 \\ 0 \\ 1 \end{pmatrix} + \lambda \cdot \begin{pmatrix} 2 \\ 2 \\ 1 \end{pmatrix}$ $\qquad$ $h: \vec{X} = \begin{pmatrix} 4 \\ 3 \\ 1 \end{pmatrix} + \mu \cdot \begin{pmatrix} 1 \\ -2 \\ 2 \end{pmatrix}$

Lösung:

$g \nparallel h$, weil $\begin{pmatrix} 2 \\ 2 \\ 1 \end{pmatrix} \neq k \cdot \begin{pmatrix} 1 \\ -2 \\ 2 \end{pmatrix}$ gilt.

(1) $\qquad 1 + 2\lambda = 4 + \mu$
(2) $\qquad \phantom{1 +{}} 2\lambda = 3 - 2\mu$
(3) $\qquad 1 + \lambda \phantom{{}+ 2\lambda} = 1 + 2\mu$

$(2) + (3): 1 + 3\lambda = 4 \quad \Rightarrow \quad \lambda = 1$

in (2): $\quad 2 \phantom{+{}1} = 3 - 2\mu \quad \Rightarrow \quad \mu = \tfrac{1}{2}$

in (1): $\quad 1 + 2 = 4 + \tfrac{1}{2}$ falsch

$\Rightarrow$ g und h sind windschief.

Zwei Ebenen

Die Ebenen werden für alle Rechnungen immer in Normalenform in Koordinatendarstellung gebracht.

Für die gegenseitige Lage zweier Ebenen
$E_1: n_1 x_1 + n_2 x_2 + n_3 x_3 + n_0 = 0$ und
$E_2: n'_1 x_1 + n'_2 x_2 + n'_3 x_3 + n'_0 = 0$

gibt es drei Möglichkeiten: Die Ebenen fallen zusammen, sie sind echt parallel oder sie schneiden sich in einer Geraden.

Bei der Betrachtung von Ebenen versucht man immer (etwa durch Division der gesamten Gleichung) die kleinstmöglichen (ganzen) Zahlen als Koeffizienten in der Ebenengleichung zu erhalten. Dann kann man die Ebenen besser vergleichen.

- Können die Gleichungen durch Division so umgeformt werden, dass $n_1 = n'_1 \wedge n_2 = n'_2 \wedge n_3 = n'_3 \wedge n_0 = n'_0$ gilt, so **fallen die beiden Ebenen zusammen**, d. h., es gilt $E_1 = E_2$.

Beispiel

$E_1: 6x_1 + 8x_2 - 2x_3 - 16 = 0 \quad |:(-2)$
$E_2: -3x_1 - 4x_2 + x_3 + 8 = 0$

$E_1: -3x_1 - 4x_2 + x_3 + 8 = 0$
$E_2: -3x_1 - 4x_2 + x_3 + 8 = 0$ $\quad \Rightarrow \quad$ Es gilt: $E_1 = E_2$

Geraden und Ebenen im Raum **177**

- Können die Gleichungen durch Division so umgeformt werden, dass $n_1 = n_1' \land n_2 = n_2' \land n_3 = n_3' \land n_0 \neq n_0'$ gilt, so **sind die beiden Ebenen echt parallel**.

Beispiel

E_1: $\quad 3x_1 - 8x_2 + 4x_3 - 16 = 0$
E_2: $-6x_1 + 16x_2 - 8x_3 + 4 = 0 \qquad |:(-2)$

E_1: $\quad 3x_1 - 8x_2 + 4x_3 - 16 = 0$
E_2: $\quad 3x_1 - 8x_2 + 4x_3 - 2 = 0$
$\Rightarrow$ E_1 und E_2 sind echt parallel.

- Können die Gleichungen nicht dementsprechend umgeformt werden, dann schneiden sich die beiden Ebenen in einer Geraden s, der **Schnittgeraden s**.
Die Bestimmung einer Gleichung der Schnittgeraden s wird am folgenden Beispiel gezeigt.

Beispiel

E_1: $\quad 2x_1 + x_2 - 2x_3 - 3 = 0$
E_2: $\quad x_1 - x_2 + 3x_3 = 0$

1. Möglichkeit:
Da die zwei Gleichungen drei Variable besitzen, kann eine beliebig frei gewählt werden, z. B. $x_1 = \lambda$.

(1) $\quad 2\lambda + x_2 - 2x_3 - 3 = 0$
(2) $\quad \lambda - x_2 + 3x_3 = 0$

(1) + (2): $3\lambda + x_3 - 3 = 0 \Rightarrow x_3 = 3 - 3\lambda$
in (2): $\lambda - x_2 + 9 - 9\lambda = 0 \Rightarrow x_2 = 9 - 8\lambda$

$x_1 = 0 + \lambda \cdot 1$
$x_2 = 9 + \lambda \cdot (-8) \Rightarrow$ s: $\vec{X} = \begin{pmatrix} 0 \\ 9 \\ 3 \end{pmatrix} + \lambda \cdot \begin{pmatrix} 1 \\ -8 \\ -3 \end{pmatrix}$
$x_3 = 3 + \lambda \cdot (-3)$

2. Möglichkeit:
Wählt man jeweils eine Variable fest, so kann man zwei Punkte auf der Schnittgeraden bestimmen.

$x_1 = 0$: (1) $\quad x_2 - 2x_3 - 3 = 0$
$\qquad$ (2) $\quad -x_2 + 3x_3 = 0$

(1) + (2): $\quad x_3 - 3 = 0 \Rightarrow x_3 = 3$
in (2): $\quad x_2 = 9 \Rightarrow S_1(0|9|3)$

$x_3 = 0$: (1) $\quad 2x_1 + x_2 - 3 = 0$
(2) $\quad\quad x_1 - x_2 \quad\quad = 0$

$\overline{(1)+(2): 3x_1 \quad\quad\quad - 3 = 0} \Rightarrow x_1 = 1$

in (2): $\quad\quad\quad x_2 \quad\quad = 1 \Rightarrow S_2(1|1|0)$

$s = S_1S_2$: $\vec{X} = \begin{pmatrix} 0 \\ 9 \\ 3 \end{pmatrix} + \lambda \cdot \begin{pmatrix} 1 \\ -8 \\ -3 \end{pmatrix}$

Gerade und Ebene

Die Ebene wird wieder in die Normalenform in Koordinatendarstellung umgewandelt, d. h. E: $n_1x_1 + n_2x_2 + n_3x_3 + n_0 = 0$.

Die Gerade sei in der Form g: $\vec{X} = \vec{A} + \lambda \cdot \vec{u}$ gegeben.

Es können drei verschiedene Lagen auftreten: Die Gerade g liegt in der Ebene E, sie ist echt parallel zu ihr oder sie schneidet sie in einem Punkt.
Alle drei Fälle können mit dem gleichen Verfahren bestimmt werden: Man setzt die Koordinaten der Punkte der Geraden

g: $\begin{cases} x_1 = a_1 + \lambda u_1 \\ x_2 = a_2 + \lambda u_2 \\ x_3 = a_3 + \lambda u_3 \end{cases}$

in die Ebene E ein.

- Errechnet sich für den Parameter (hier λ) ein Wert, dann **schneidet die Gerade g die Ebene E in einem Punkt S**.

Beispiel

Untersuchen Sie die gegenseitige Lage der
Ebene E: $3x_1 - 2x_2 + 6x_3 + 14 = 0$
und der Geraden g: $\vec{X} = \begin{pmatrix} -7 \\ 4 \\ -1 \end{pmatrix} + \lambda \cdot \begin{pmatrix} 3 \\ -3 \\ 1 \end{pmatrix}$.

Lösung:
$x_1 = -7 + 3\lambda \quad\quad 3(-7 + 3\lambda) - 2(4 - 3\lambda) + 6(-1 + \lambda) + 14 = 0$
$x_2 = 4 - 3\lambda$ in E: $\quad\quad -21 + 9\lambda - 8 + 6\lambda - 6 + 6\lambda + 14 = 0$
$x_3 = -1 + \lambda \quad\quad\quad\quad\quad\quad\quad\quad\quad\quad\quad\quad\quad 21\lambda = 21$
$\quad\quad\quad\quad\quad\quad\quad\quad\quad\quad\quad\quad\quad\quad\quad\quad\quad \Rightarrow \lambda = 1$

$\lambda = 1$ in g eingesetzt liefert: $S(-4|1|0)$

- Die Ausdrücke mit dem Parameter (hier λ) fallen weg und es bleibt eine wahre Aussage stehen: **Die Gerade g liegt in der Ebene E**, weil sich für jeden Wert des Parameters beim Einsetzen in E eine wahre Aussage ergibt, d. h., jeder Punkt der Geraden liegt in der Ebene.

Beispiel

Untersuchen Sie die gegenseitige Lage der
Ebene E: $6x_1 + 4x_2 + 3x_3 - 12 = 0$
und der Geraden g: $\vec{X} = \begin{pmatrix} 2 \\ 3 \\ -4 \end{pmatrix} + \lambda \cdot \begin{pmatrix} 1 \\ -3 \\ 2 \end{pmatrix}$.

Lösung:
$x_1 = 2 + \lambda$ $6(2+\lambda) + 4(3-3\lambda) + 3(-4+2\lambda) - 12 = 0$
$x_2 = 3 - 3\lambda$ in E: $12 + 6\lambda + 12 - 12\lambda - 12 + 6\lambda - 12 = 0$
$x_3 = -4 + 2\lambda$ $0 = 0$ w.
$\Rightarrow$ $g \subset E$, d. h., g liegt in E.

- Die Ausdrücke mit dem Parameter (hier λ) fallen weg und es bleibt eine falsche Aussage stehen: **Die Gerade g ist echt parallel zur Ebene E**, weil sich für jeden Wert des Parameters beim Einsetzen eine falsche Aussage ergibt, d. h., kein Punkt der Geraden liegt in der Ebene.

Beispiel

Untersuchen Sie die gegenseitige Lage der
Ebene E: $2x_1 + 2x_2 - x_3 - 15 = 0$
und der Geraden g: $\vec{X} = \begin{pmatrix} 1 \\ 1 \\ 1 \end{pmatrix} + \lambda \cdot \begin{pmatrix} 2 \\ -1 \\ 2 \end{pmatrix}$.

Lösung:
$x_1 = 1 + 2\lambda$ $2(1+2\lambda) + 2(1-\lambda) - (1+2\lambda) - 15 = 0$
$x_2 = 1 - \lambda$ in E: $2 + 4\lambda + 2 - 2\lambda - 1 - 2\lambda - 15 = 0$
$x_3 = 1 + 2\lambda$ $-12 = 0$ f.
$\Rightarrow$ g ist echt parallel zu E.

9.5 Hesse'sche Normalenform und Abstände

Der Abstand $\overline{AB}$ zwischen zwei Punkten A und B wurde bereits als Länge $|\overrightarrow{AB}|$ des Vektors $\overrightarrow{AB}$ bestimmt. Wenn man den Abstand eines Punktes von einer Ebene berechnen will, muss man wie im Folgenden vorgehen.

> **Hesse'sche Normalenform der Ebenengleichung**
> Benutzt man zum Aufstellen der Normalenform der Ebenengleichung einen Normaleneinheitsvektor $\vec{n}^0$ (also einen Vektor der Länge 1, der senkrecht zur Ebene E steht), sodass in E: $\vec{n}^0 \circ \vec{x} = \vec{n}^0 \circ \vec{a}$ der Ausdruck $\vec{n}^0 \circ \vec{a} > 0$ ist, so heißt diese Normalenform **Hesse-Form E_H** der Ebenengleichung.

Anmerkung:
$\vec{n}^0 \circ \vec{a} > 0$ besagt, dass in der Ebenengleichung E_H vor dem x-freien Ausdruck stets ein Minuszeichen stehen muss.

Beispiel

1. E: $2x_1 - x_2 - 2x_3 - 9 = 0$
   $|\vec{n}| = \sqrt{4+1+4} = 3 \;\Rightarrow\; E_H: \frac{1}{3}(2x_1 - x_2 - 2x_3 - 9) = 0$

2. E: $7x_1 - 4x_2 + 4x_3 + 36 = 0$
   $|\vec{n}| = \sqrt{49+16+16} = 9 \;\Rightarrow\; E_H: \frac{-7x_1 + 4x_2 - 4x_3 - 36}{9} = 0$

Mithilfe der Hesse'schen Normalenform kann man jetzt den Abstand d_{PE} eines Punktes P von der Ebene E bestimmen, wobei der Punkt P auf beiden Seiten der Ebene liegen kann (siehe Skizze mit den Punkten P_1 und P_2).
Wenn $\vec{n}^0$ ein Normaleneinheitsvektor der Ebene E und d der Abstand des Punktes P (mit Fußpunkt Q) ist, dann gilt:
$\overrightarrow{QP} = \pm d \cdot \vec{n}^0 = \vec{P} - \vec{Q}$
$\Rightarrow \;\; \vec{Q} = \vec{P} \mp d \cdot \vec{n}_0$

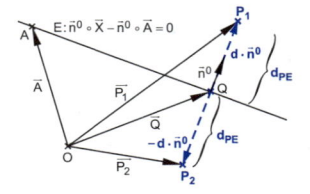

Da der Punkt Q in der Ebene E liegt, erfüllen seine Koordinaten die Ebenengleichung, d. h., es gilt:

$$\vec{n}^0 \circ \vec{Q} - \vec{n}^0 \circ \vec{A} = 0$$
$$\vec{n}^0 \circ (\vec{P} \mp d \cdot \vec{n}^0) - \vec{n}^0 \circ \vec{A} = 0$$
$$\vec{n}^0 \circ \vec{P} \mp d \cdot \underbrace{\vec{n}^0 \circ \vec{n}^0}_{1} - \vec{n}^0 \circ \vec{A} = 0$$

$$\Rightarrow \quad d = \pm \left(\vec{n}^0 \circ \vec{P} - \vec{n}^0 \circ \vec{A} \right) \text{ mit } \vec{n}^0 = \frac{\vec{n}}{|\vec{n}|}$$

Ausführlich geschrieben erhält man:

$$d_{PE} = \frac{1}{|\vec{n}|} \left| \vec{n} \circ \vec{P} - \vec{n} \circ \vec{A} \right|$$

$$= \frac{1}{|\vec{n}|} \left| \begin{pmatrix} n_1 \\ n_2 \\ n_3 \end{pmatrix} \circ \begin{pmatrix} p_1 \\ p_2 \\ p_3 \end{pmatrix} - \begin{pmatrix} n_1 \\ n_2 \\ n_3 \end{pmatrix} \circ \begin{pmatrix} a_1 \\ a_2 \\ a_3 \end{pmatrix} \right|$$

$$= \frac{1}{|\vec{n}|} \left| n_1 p_1 + n_2 p_2 + n_3 p_3 \underbrace{- (n_1 a_1 + n_2 a_2 + n_3 a_3)}_{+ n_0} \right|$$

$$= \frac{1}{|\vec{n}|} \left| n_1 p_1 + n_2 p_2 + n_3 p_3 + n_0 \right|$$

$$= \frac{|n_1 p_1 + n_2 p_2 + n_3 p_3 + n_0|}{|\vec{n}|}$$

Abstand eines Punktes von einer Ebene
Der Abstand d_{PE} des Punktes $P(p_1|p_2|p_3)$ von der Ebene E mit der Hesse'schen Normalenform
E: $n_1 x_1 + n_2 x_2 + n_3 x_3 + n_0 = 0$
beträgt:
$$d_{PE} = \frac{|n_1 p_1 + n_2 p_2 + n_3 p_3 + n_0|}{|\vec{n}|} = \frac{1}{|\vec{n}|} |n_1 p_1 + n_2 p_2 + n_3 p_3 + n_0|$$

Mit dem gleichen Verfahren berechnet man den **Abstand paralleler Ebenen** und den **Abstand einer Geraden g von einer Ebene E**, wenn $g \parallel E$ gilt.

1. Welchen Abstand besitzen der Punkt $P(1|4|-2)$ und der Ursprung $O(0|0|0)$ von der Ebene E: $6x_1 - 2x_2 + 3x_3 - 27 = 0$?

Beispiel

Geraden und Ebenen im Raum

Lösung:
$|\vec{n}| = \sqrt{36+4+9} = 7$
$E_H: \frac{1}{7}(6x_1 - 2x_2 + 3x_3 - 27) = 0$
$d_{PE} = \left|\frac{1}{7}(6 \cdot 1 - 2 \cdot 4 + 3 \cdot (-2) - 27)\right| = \left|\frac{1}{7} \cdot (-35)\right| = |-5| = 5$
$d_{OE} = \left|\frac{1}{7}(0 - 0 + 0 - 27)\right| = \left|\frac{1}{7} \cdot (-27)\right| = \frac{27}{7}$

Der Betrag des x-freien Gliedes in der Hesse-Form E_H gibt den Abstand des Ursprungs von der Ebene E an.

2. Bestimmen Sie den Abstand des Punktes $P(9|-1|-2)$ von der Ebene E: $x_1 + 8x_2 - 4x_3 + 27 = 0$ und geben Sie die Gleichung einer Lotgeraden ℓ durch P zur Ebene E an.
Bestimmen Sie dann diejenigen Punkte $P_1, P_2 \in \ell$, die von P die Entfernung $d = 9$ besitzen.

Lösung:
$|\vec{n}| = \sqrt{1+64+16} = 9 \Rightarrow E_H: -\frac{1}{9}(x_1 + 8x_2 - 4x_3 + 27) = 0$
$d_{PE} = \left|-\frac{1}{9}(9 - 8 + 8 + 27)\right| = |-4| = 4$

Die Lotgerade ℓ hat den Normalenvektor $\vec{n}$ der Ebene als Richtungsvektor, d. h., es gilt:

$\ell: \vec{X} = \begin{pmatrix} 9 \\ -1 \\ -2 \end{pmatrix} + \lambda \cdot \begin{pmatrix} 1 \\ 8 \\ -4 \end{pmatrix}$

Für die Punkte P_1, P_2 gilt:
$\overrightarrow{P_{1;2}} = \vec{P} \pm d \cdot \vec{n}^0 = \begin{pmatrix} 9 \\ -1 \\ -2 \end{pmatrix} \pm 9 \cdot \left(-\frac{1}{9}\right) \cdot \begin{pmatrix} 1 \\ 8 \\ -4 \end{pmatrix}$

$\overrightarrow{P_1} = \begin{pmatrix} 9 \\ -1 \\ -2 \end{pmatrix} - \begin{pmatrix} 1 \\ 8 \\ -4 \end{pmatrix} = \begin{pmatrix} 8 \\ -9 \\ 2 \end{pmatrix} \Rightarrow P_1(8|-9|2)$

$\overrightarrow{P_2} = \begin{pmatrix} 9 \\ -1 \\ -2 \end{pmatrix} + \begin{pmatrix} 1 \\ 8 \\ -4 \end{pmatrix} = \begin{pmatrix} 10 \\ 7 \\ -6 \end{pmatrix} \Rightarrow P_2(10|7|-6)$

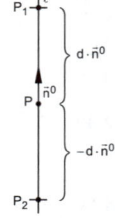

3. Gegeben sind die parallelen Ebenen $E_1: 2x_1 - x_2 + 2x_3 - 6 = 0$ und $E_2: 2x_1 - x_2 + 2x_3 + 12 = 0$.
Bestimmen Sie den **Abstand der beiden parallelen Ebenen** und geben Sie die Menge aller Punkte X an, die von E_1 und E_2 den gleichen Abstand besitzen.

Lösung:
Jeder Punkt der Ebene E_1 hat von der Ebene E_2 den gesuchten Abstand. Wir wählen z. B. $P(0|0|3) \in E_1$.

E_{2H}: $-\frac{1}{3}(2x_1 - x_2 + 2x_3 + 12) = 0$

$d_{E_1 E_2} = d_{PE_2} = \left| -\frac{1}{3}(6 + 12) \right| = |-6| = 6$

Die Menge aller Punkte X, die von E_1 und E_2 den gleichen Abstand besitzen, bildet die **Mittelebene E_M** zu E_1 und E_2.
Für E_M gilt:

E_M: $2x_1 - x_2 + 2x_3 + c = 0$ mit $c = \frac{-6 + 12}{2} = 3$, wobei c das

arithmetische Mittel der x-freien Glieder von E_1 und E_2 ist.
$\Rightarrow$ E_M: $2x_1 - x_2 + 2x_3 + 3 = 0$

Geraden, die sich nicht schneiden oder zusammenfallen, können echt parallel oder windschief sein. Damit besitzen sie einen wohldefinierten Abstand.
Für die Abstandsbestimmung von zwei echt parallelen Geraden wird zuerst der **Abstand des Punktes P von der Geraden g** berechnet. Die Berechnung dieses Abstands geschieht über die Bestimmung des Fußpunktes L des Lotes von P auf g.
Ein Punkt L auf der Geraden g: $\vec{X} = \vec{A} + \lambda \cdot \vec{u}$ hat die Koordinaten:
$L(a_1 + \lambda \cdot u_1 | a_2 + \lambda \cdot u_2 | a_3 + \lambda \cdot u_3)$

Der Richtungsvektor $\vec{PL}$ steht senkrecht auf dem Richtungsvektor $\vec{u}_g$ der Geraden g, d. h.:

$\vec{PL} \circ \vec{u}_g = 0$

Daraus erhält man den Punkt L. Dann gilt:

$d_{Pg} = d_{PL}$

Mit dem gleichen Verfahren bestimmt man den **Abstand paralleler Geraden**.

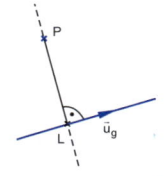

1. Bestimmen Sie den Abstand des Punktes $P(6|5|2)$ von der Geraden

   g: $\vec{X} = \begin{pmatrix} 5 \\ 1 \\ 3 \end{pmatrix} + \lambda \cdot \begin{pmatrix} 1 \\ -2 \\ 2 \end{pmatrix}$.

Beispiel

Lösung:
$L \in g$: $L(5+\lambda \mid 1-2\lambda \mid 3+2\lambda)$ $\Rightarrow$ $\overrightarrow{PL} = \begin{pmatrix} -1+\lambda \\ -4-2\lambda \\ 1+2\lambda \end{pmatrix}$

$\overrightarrow{PL} \circ \vec{u}_g = \begin{pmatrix} -1+\lambda \\ -4-2\lambda \\ 1+2\lambda \end{pmatrix} \circ \begin{pmatrix} 1 \\ -2 \\ 2 \end{pmatrix} = -1+\lambda+8+4\lambda+2+4\lambda = 0$

$\qquad\qquad\qquad\qquad\qquad 9\lambda = -9$

$\qquad\qquad\qquad\qquad \Rightarrow \lambda = -1 \Rightarrow L(4\mid 3\mid 1)$

$\overrightarrow{PL} = \begin{pmatrix} -2 \\ -2 \\ -1 \end{pmatrix} \Rightarrow d_{Pg} = d_{PL} = |\overrightarrow{PL}| = \sqrt{4+4+1} = 3$

2. Zeigen Sie, dass die Geraden

    $g: \vec{X} = \begin{pmatrix} 2 \\ 1 \\ 0 \end{pmatrix} + \lambda \begin{pmatrix} 2 \\ 2 \\ 1 \end{pmatrix}$ und $h: \vec{X} = \begin{pmatrix} 3 \\ 4 \\ -2 \end{pmatrix} + \mu \begin{pmatrix} 4 \\ 4 \\ 2 \end{pmatrix}$

    echt parallel sind, und bestimmen Sie ihren Abstand.

Lösung:
Es ist $g \parallel h$, weil $\begin{pmatrix} 4 \\ 4 \\ 2 \end{pmatrix} = 2 \cdot \begin{pmatrix} 2 \\ 2 \\ 1 \end{pmatrix}$ gilt.

$A(2\mid 1\mid 0)$ in h: 1. $2 = 3+4\mu \Rightarrow \mu = -\frac{1}{4}$
$\qquad\qquad\qquad\quad$ 2. $1 = 4+4\mu$ $\qquad$ f. $\Rightarrow A \notin h$
$\qquad\qquad\qquad\quad$ 3. $0 = -2+2\mu \Rightarrow \mu = 1$

$\Rightarrow$ g und h sind echt parallel.

Ebene E durch A und senkrecht zu g wird mit h geschnitten
$\Rightarrow$ Lotfußpunkt L des Lotes von A auf h.

Für die Ebene E gilt $\vec{n}_E = \vec{u}_g$:

$E: \begin{pmatrix} 2 \\ 2 \\ 1 \end{pmatrix} \circ \vec{X} = \begin{pmatrix} 2 \\ 2 \\ 1 \end{pmatrix} \circ \begin{pmatrix} 2 \\ 1 \\ 0 \end{pmatrix} = 4+2 = 6$

$\Rightarrow E: 2x_1 + 2x_2 + x_3 - 6 = 0$

$E \cap h: 6+8\mu+8+8\mu-2+2\mu-6 = 0$
$\qquad\qquad\qquad\qquad\quad 18\mu = -6$
$\qquad\qquad\qquad\qquad\quad\;\; \mu = -\frac{1}{3}$

$\Rightarrow L\left(\frac{5}{3} \mid \frac{8}{3} \mid -\frac{8}{3}\right) \Rightarrow \overrightarrow{AL} = \vec{L} - \vec{A} = \frac{1}{3}\begin{pmatrix} -1 \\ 5 \\ -8 \end{pmatrix}$

Für den gesuchten Abstand d_{gh} gilt:

$d_{gh} = d_{AL} = |\overrightarrow{AL}| = \sqrt{\frac{1}{9} + \frac{25}{9} + \frac{64}{9}} = \sqrt{10}$

Geraden und Ebenen im Raum

Mit einer geometrisch anschaulichen Überlegung bestimmt man den **Abstand zwischen windschiefen Geraden g und h:**

$g: \vec{X} = \vec{A} + \lambda \cdot \vec{u}; \quad h: \vec{X} = \vec{B} + \mu \cdot \vec{v}$

Die Geraden g und h sind windschief, wenn sie weder parallel sind noch sich schneiden. Zur Bestimmung ihres Abstands stellt man eine **Ebene E** auf, die **g enthält und parallel zu h** verläuft. Der Punkt B ∈ h hat dann von der Ebene E den gesuchten Abstand, d. h. $d_{gh} = d_{BE}$. Der Normalenvektor $\vec{n}_E$ der so bestimmten Ebene E ist ein Vektor, der in **Richtung des Abstands** zeigt, d. h. auf g und auf h senkrecht steht.

Fragt man noch nach den beiden Punkten $P_1 \in g$ und $P_2 \in h$, die **Träger dieses Abstands** sind, so erhält man diese wie folgt:

Eine **Ebene E'**, die **g enthält** und in **Richtung des Abstands** (d. h. in Richtung von $\vec{n}_E$) **zeigt**, schneidet die Gerade h im gesuchten Punkt P_2. Den Punkt P_1 erhält man als Schnittpunkt der Lotgeraden $\ell: \vec{X} = \vec{P_2} + \delta \cdot \vec{n}_E$ mit der Geraden g.

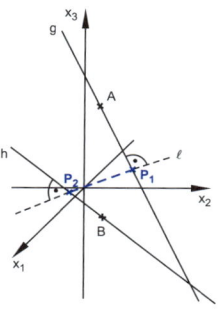

Bestimmen Sie den Abstand der windschiefen Geraden **Beispiel**

$g: \vec{X} = \begin{pmatrix} 2 \\ 1 \\ 6 \end{pmatrix} + \lambda \cdot \begin{pmatrix} 1 \\ 2 \\ -3 \end{pmatrix}$ und $h: \vec{X} = \begin{pmatrix} -1 \\ 2 \\ -4 \end{pmatrix} + \mu \cdot \begin{pmatrix} 0 \\ 1 \\ -1 \end{pmatrix}$

sowie die Trägerpunkte P_1 und P_2 des Abstands.

Lösung:

$E: \vec{X} = \begin{pmatrix} 2 \\ 1 \\ 6 \end{pmatrix} + \lambda \cdot \begin{pmatrix} 1 \\ 2 \\ -3 \end{pmatrix} + \mu \cdot \begin{pmatrix} 0 \\ 1 \\ -1 \end{pmatrix} \Rightarrow \vec{n}_E = \begin{pmatrix} 1 \\ 2 \\ -3 \end{pmatrix} \times \begin{pmatrix} 0 \\ 1 \\ -1 \end{pmatrix} = \begin{pmatrix} -2+3 \\ 0+1 \\ 1-0 \end{pmatrix} = \begin{pmatrix} 1 \\ 1 \\ 1 \end{pmatrix}$

$E: \begin{pmatrix} 1 \\ 1 \\ 1 \end{pmatrix} \circ \vec{X} = \begin{pmatrix} 1 \\ 1 \\ 1 \end{pmatrix} \circ \begin{pmatrix} 2 \\ 1 \\ 6 \end{pmatrix} = 2 + 1 + 6 = 9 \Rightarrow E: x_1 + x_2 + x_3 - 9 = 0$

$E_H: \frac{1}{\sqrt{3}}(x_1 + x_2 + x_3 - 9) = 0$

$B(-1 \mid 2 \mid -4) \in h$ in E_H:

$d_{gh} = d_{BE} = \left| \frac{1}{\sqrt{3}}(-1 + 2 - 4 - 9) \right| = \left| \frac{-12}{\sqrt{3}} \right| = 4\sqrt{3}$

Bestimmung der Punkte P_1 und P_2:

$$E': \vec{X} = \begin{pmatrix} 2 \\ 1 \\ 6 \end{pmatrix} + \lambda \cdot \begin{pmatrix} 1 \\ 2 \\ -3 \end{pmatrix} + \sigma \cdot \begin{pmatrix} 1 \\ 1 \\ 1 \end{pmatrix} \implies \vec{n}_{E'} = \begin{pmatrix} 1 \\ 2 \\ -3 \end{pmatrix} \times \begin{pmatrix} 1 \\ 1 \\ 1 \end{pmatrix} = \begin{pmatrix} 2+3 \\ -3-1 \\ 1-2 \end{pmatrix} = \begin{pmatrix} 5 \\ -4 \\ -1 \end{pmatrix}$$

$$E': \begin{pmatrix} 5 \\ -4 \\ -1 \end{pmatrix} \circ \vec{X} = \begin{pmatrix} 5 \\ -4 \\ -1 \end{pmatrix} \circ \begin{pmatrix} 2 \\ 1 \\ 6 \end{pmatrix} = 10 - 4 - 6 = 0 \implies E': 5x_1 - 4x_2 - x_3 = 0$$

h in E':
$5 \cdot (-1) - 4(2+\mu) - (-4-\mu) = 0$
$\qquad\qquad\qquad -3\mu = 9 \implies \mu = -3 \implies P_2(-1|-1|-1)$

Lotgerade ℓ: $\vec{X} = \vec{P_2} + \delta \cdot \vec{n}_E = \begin{pmatrix} -1 \\ -1 \\ -1 \end{pmatrix} + \delta \cdot \begin{pmatrix} 1 \\ 1 \\ 1 \end{pmatrix}$

$\ell \cap g$:
(1) $\qquad\qquad -1 + \delta = 2 + \lambda \qquad$ in (1): $\lambda = 1$
(2) $\qquad\qquad -1 + \delta = 1 + 2\lambda \qquad$ in (2): $\lambda = 1 \implies P_1(3|3|3)$
(3) $\qquad\qquad -1 + \delta = 6 - 3\lambda \qquad$ in (3): $\lambda = 1$

(1) + (2) + (3) $\quad -3 + 3\delta = 9 \implies \delta = 4$

Kontrolle: $d_{gh} = d_{P_1P_2} = \left| \begin{pmatrix} 4 \\ 4 \\ 4 \end{pmatrix} \right| = \sqrt{4^2 + 4^2 + 4^2} = \sqrt{3 \cdot 4^2} = 4\sqrt{3}$

9.6 Winkelbestimmungen

Bei der Definition des Skalarprodukts wurde der Winkel zwischen zwei Vektoren bestimmt. Diese Kenntnis wird jetzt bei der Bestimmung des **Schnittwinkels zweier Geraden**
g: $\vec{X} = \vec{A} + \lambda \cdot \vec{u}$ und h: $\vec{X} = \vec{B} + \mu \cdot \vec{v}$
verwendet. Diesen bestimmt man als den spitzen Winkel zwischen den Richtungsvektoren der beiden Geraden.

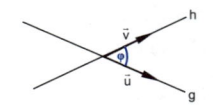

Winkel zwischen zwei Geraden
Unter dem Winkel zwischen zwei Geraden g und h versteht man den **spitzen** Winkel φ, den die Richtungsvektoren $\vec{u}$ und $\vec{v}$ einschließen. Es gilt:

$\cos \varphi = \left| \dfrac{\vec{u} \circ \vec{v}}{|\vec{u}| \cdot |\vec{v}|} \right|$

Geraden und Ebenen im Raum

Bestimmen Sie den Winkel φ zwischen den Geraden

Beispiel

g: $\vec{X} = \begin{pmatrix} 2 \\ 1 \\ 3 \end{pmatrix} + \lambda \cdot \begin{pmatrix} 1 \\ 0 \\ 1 \end{pmatrix}$ und h: $\vec{X} = \begin{pmatrix} 5 \\ 0 \\ 4 \end{pmatrix} + \mu \cdot \begin{pmatrix} -2 \\ 1 \\ 0 \end{pmatrix}$.

Lösung:

$\vec{u} \circ \vec{v} = \begin{pmatrix} 1 \\ 0 \\ 1 \end{pmatrix} \circ \begin{pmatrix} -2 \\ 1 \\ 0 \end{pmatrix} = -2;$

$|\vec{u}| = \sqrt{1+0+1} = \sqrt{2}; \quad |\vec{v}| = \sqrt{4+1+0} = \sqrt{5}$

$\Rightarrow \quad \cos \varphi = \left| \frac{-2}{\sqrt{2} \cdot \sqrt{5}} \right| \quad \Rightarrow \quad \varphi \approx 50{,}77°$

Der **Schnittwinkel zwischen zwei Ebenen** wird mithilfe der Normalenvektoren der Ebenen bestimmt.

> **Schnittwinkel zweier Ebenen**
> Unter dem Schnittwinkel zweier Ebenen versteht man den **spitzen** Winkel φ, den die Normalenvektoren miteinander einschließen. Es gilt:
> $\cos \varphi = \left| \dfrac{\vec{n}_1 \circ \vec{n}_2}{|\vec{n}_1| \cdot |\vec{n}_2|} \right|$

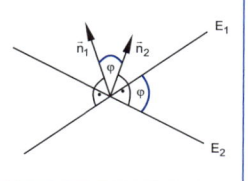

Bestimmen Sie den Winkel φ, den die Ebenen
$E_1: 5x_1 + 2x_2 - 6x_3 - 12 = 0$ und $E_2: x_1 + 5x_2 + 3x_3 + 4 = 0$
miteinander einschließen.

Beispiel

Lösung:

$\vec{n}_1 \circ \vec{n}_2 = \begin{pmatrix} 5 \\ 2 \\ -6 \end{pmatrix} \circ \begin{pmatrix} 1 \\ 5 \\ 3 \end{pmatrix} = 5 + 10 - 18 = -3$

$|\vec{n}_1| = \sqrt{25+4+36} = \sqrt{65}; \quad |\vec{n}_2| = \sqrt{1+25+9} = \sqrt{35}$

$\cos \varphi = \left| \dfrac{-3}{\sqrt{65} \cdot \sqrt{35}} \right| \quad \Rightarrow \quad \varphi \approx 86{,}39°$

Geraden und Ebenen im Raum

Der **Schnittwinkel zwischen einer Geraden und einer Ebene** wird mithilfe des Richtungsvektors der Geraden und des Normalenvektors der Ebene berechnet.

Mit den Bestimmungsstücken von g und E lässt sich nur der Winkel φ' bestimmen, der den gesuchten Winkel φ zu 90° ergänzt.

Es gilt:

$$\cos \varphi' = \left| \frac{\vec{u} \circ \vec{n}}{|\vec{u}| \cdot |\vec{n}|} \right| \quad \wedge \quad \varphi = 90° - \varphi'$$

Wegen $\cos \varphi' = \cos(90° - \varphi) = \sin \varphi$ gilt auch direkt für den Schnittwinkel φ:

$$\sin \varphi = \left| \frac{\vec{u} \circ \vec{n}}{|\vec{u}| \cdot |\vec{n}|} \right|$$

Schnittwinkel einer Geraden mit einer Ebene

Unter dem Schnittwinkel φ einer Geraden mit einer Ebene versteht man den Winkel, der den spitzen Winkel φ' zwischen dem Richtungsvektor $\vec{u}$ der Geraden und dem Normalenvektor $\vec{n}$ der Ebene zu 90° ergänzt. Es gilt:

$$\cos \varphi' = \left| \frac{\vec{u} \circ \vec{n}}{|\vec{u}| \cdot |\vec{n}|} \right| \quad \wedge \quad \varphi = 90° - \varphi' \quad \text{bzw.} \quad \sin \varphi = \left| \frac{\vec{u} \circ \vec{n}}{|\vec{u}| \cdot |\vec{n}|} \right|$$

Beispiel

Bestimmen Sie den Winkel φ, den die Gerade $g: \vec{X} = \begin{pmatrix} 1 \\ 2 \\ 4 \end{pmatrix} + \lambda \cdot \begin{pmatrix} 2 \\ 2 \\ 1 \end{pmatrix}$ und die Ebene E: $x_1 + 2x_2 - 4 = 0$ einschließen.

Lösung:

$$\vec{u} \circ \vec{n} = \begin{pmatrix} 2 \\ 2 \\ 1 \end{pmatrix} \circ \begin{pmatrix} 1 \\ 2 \\ 0 \end{pmatrix} = 2 + 4 = 6;$$

$$|\vec{u}| = \sqrt{4+4+1} = 3; \quad |\vec{n}| = \sqrt{1+4+0} = \sqrt{5}$$

$$\cos \varphi' = \left| \frac{6}{3 \cdot \sqrt{5}} \right| \;\Rightarrow\; \varphi' \approx 26{,}57° \;\Rightarrow\; \varphi = 90° - \varphi' \approx 63{,}43°$$

bzw.

$$\sin \varphi = \left| \frac{6}{3 \cdot \sqrt{5}} \right| \;\Rightarrow\; \varphi \approx 63{,}43°$$

Stichwortverzeichnis

Abgeschlossenheit 137
abhängige Variable 3
Abhängigkeit, lineare 144 f., 159
Ablehnungsbereich 120
Ableitung
- an einer Nahtstelle 41
- der Elementarfunktionen 44
- der Integralfunktion 84
- einer Differenz 45
- einer Funktion 43
- einer Summe 45
- einer verketteten Funktion 47
- eines Produktes 46
- eines Quotienten 46
- höhere 49

Ableitungsfunktion
- Definition 43
- n-ter Ordnung 49

Ableitungsregeln
- Kettenregel 47
- Potenzregel 44
- Produktregel 46
- Quotientenregel 46
- Summenregel 45

abschnittsweise definierte Funktion 14, 33
Absolutbetrag von Funktionen 14
Abstand
- Punkt–Ebene 181
- Punkt–Gerade 183
- Punkt–Punkt 149
- zweier paralleler Ebenen 182
- zweier paralleler Geraden 183
- zweier windschiefer Geraden 185

Achsenabschnittspunkte 4
Achsensymmetrie 6
Addition von Vektorpfeilen 136
Additionsregel 94

allgemeine
- Exponentialfunktion 9
- lineare Funktion 15
- Logarithmusfunktion 9
- quadratische Funktion 16

Alternativtest 126
Änderungsrate
- mittlere 38
- momentane 38

Annahmebereich 120
Antragspunkt 167
arithmetischer Vektorraum 142
arithmetisches Mittel 101
Asymptoten
- Definition 34
- gebrochen-rationaler Funktionen 35
- horizontale (waagrechte) 34
- schiefe (schräge) 34
- vertikale (senkrechte) 34

Aufspalten
- in Linearfaktoren 16
- von Betragsfunktionen 14

Aufstellen von Funktionsgleichungen 69
äußere Funktion bei Verkettung 21
Axiome von Kolmogorow 92

Basis 146
bedingte Wahrscheinlichkeit 94
Bedingungen
- für relative Extrema 69
- für Terrassenpunkt 69
- für Wendepunkt 69

Berechnung
- eines lokalen (relativen) Extremwertes 62
- eines Wendepunktes 62

Stichwortverzeichnis

Bernoulli-Experiment 110
Bernoulli-Kette
- Definition 110
- Wahrscheinlichkeit eines Ereignisses 111
- Wahrscheinlichkeit eines Ergebnisses 111

Berührung
- der x-Achse 63
- zweier Graphen 55

besondere Lagen
- von Ebenen 173
- von Geraden 167

bestimmtes Integral
- Definition 78
- Berechnung 78
- Eigenschaften 79
- Rechenregeln 80

Betrag
- einer Strecke 131, 149
- eines Vektors 148, 154

Betragsfunktion 8
Binomialkoeffizient 106
Binomialverteilung
- Definition der 112
- Eigenschaften der 114
- Erwartungswert der 112
- Tabelle der 115
- Varianz der 112

Definitionslücke 33
Definitionsmenge 3
Differenzenquotient 37
Differenzialquotient 38
Differenziation 38
Differenzierbarkeit
- an einer Nahtstelle 41
- an einer Stelle 38
- und Stetigkeit 41

Differenzierbarkeitsmenge 43
Dimension 146
Distributivgesetz 141
Divergenz von Funktionen 23

Drei-Punkte-Gleichung einer Ebene 168
durchdringende Berührung 55

Ebene 167, 171
- durch drei Punkte 168
- durch Punkt und Gerade 169
- durch zwei parallele Geraden 170
- durch zwei sich schneidende Geraden 170
- parallel zu einer Koordinatenachse 173

echt parallel 174, 177, 179
eindeutige Zuordnung 3
Einheitsvektor 149
einseitiger Signifikanztest 120, 123
Elementarfunktionen 8 f.
endliche Sprungstelle 32
Entscheidungsregel 121
Ereignis 91
Ereignisraum 91
Ereignisse
- abhängige 94
- unabhängige 94
- unvereinbare 94

Ergebnisraum 91
Erwartungswert
- Definition 101
- der Binomialverteilung 112

Euler'sche Zahl e 9
Exponentialfunktion
- allgemeine 9
- natürliche 9

Extremwerte von Funktionen 5, 51
Extremwertproblem
- Beispiele 72 ff.
- Einführung 71

Extremwertsatz 71

faires Spiel 102
Fallen einer Funktion 50

Fehler
- 1. Art 122, 126
- 2. Art 126

Flächeninhalt
- Beispiele 82
- Berechnung durch Integration 81
- eines Dreiecks 160
- eines Parallelogramms 159 f.
- eines Vielecks 160

Formvariable, Einfluss von 10 f.

Funktion
- Ableitung einer 43
- abschnittsweise definierte 14, 33
- Definitionslücke einer 33
- Definitionsmenge einer 3
- Extremwerte einer 5, 53, 62
- Exponential- 9
- ganzrationale 18, 63, 69
- gebrochen-rationale 19, 65
- gerade 6
- Grenzwert einer 28
- Integral- 83
- Kosinus- 10
- lineare 8, 15
- Logarithmus- 9
- nichtrationale 19, 67
- periodische 7
- Polstelle einer 61
- Potenz- 8 f.
- quadratische 8, 16
- reelle 3
- Sinus- 10
- Stamm- 75
- Umkehr- 20
- Unendlichkeitsstelle einer 33
- ungerade 6
- verkettete 21
- Wendepunkt einer 54, 62
- Wertemenge einer 3, 63
- Wurzel- 8

Funktion $|f(x)|$ 14
Funktion $f(|x|)$ 15

Funktionenschar 22
Funktionsgleichung 3
Funktionsgraph einer Wahrscheinlichkeitsverteilung 100
Funktionswert 3
Funktionszuordnung 3

Galton-Brett 118
ganzrationale Funktion 18, 63, 69
gebrochen-rationale Funktion 19, 65
Gegenhypothese 120
Gegenvektor 134
Gerade 165
gerade Funktion 6
Geraden
- parallele 174
- schneidende 175
- windschiefe 175

Geradengleichung 15
Geradensteigung 15
geschlossene Vektorkette 138
Gleichung einer Ebene
- mit Parameter 168 ff.
- ohne Parameter 171 f.

Gleichung einer Geraden
- mit Parameter 165 f.
- ohne Parameter 165

Grad einer ganzrationalen Funktion 18
Graph
- der Umkehrfunktion 20
- einer Funktion 4, 63

Grenzwert
- einer Differenz 25
- einer Funktion 28
- einer Summe 24
- eines Produktes 25
- eines Quotienten 26
- häufig auftretende 27, 31

Grenzwertsätze 24 ff.
Grundgesamtheit 119

häufig auftretende Grenzwerte 27, 31
Häufigkeit, relative 91
Hauptsatz der Differenzial- und Integralrechnung 84
Hesse-Form einer Ebene 180
Histogramm 100
Hochpunkt 5, 51, 62
höhere Ableitungen 49
Hyperbel 9
Hypothese 120

innere Funktion bei Verkettung 21
Integral
- bestimmtes 78
- unbestimmtes 76

Integralfunktion
- Berechnung von 84
- Definition der 83

Integration
- bei verketteter Exponentialfunktion 87
- durch Umkehrung der logarithmischen Differenziation 87
- elementarer Funktionen 77
- mit bekannten Funktionen 86
- mit Grundformeln 85

Integrationsregeln 80
integrierbare Funktionen 79
inverser Vektor 138
Irrtumswahrscheinlichkeit 122

kartesisches Koordinatensystem 129
Kettenregel 47
klassischer Signifikanztest 125
kollinear 141, 144
Kolmogorow-Axiome 92
Kommutativgesetz 138
komplanar 145
Konvergenz von Funktionen 23, 28

Koordinaten
- eines Punktes 130
- eines Vektors 135

Koordinatenachse 129
Koordinatenebene 130, 173
Koordinatenform
- einer Ebene 172
- einer Geraden 165

Koordinatensystem, kartesisches 129
Kosinusfunktion 10
Kreisgleichung 150
Kreuzprodukt 158
Kriterien der Kurvendiskussion
- Asymptoten 62
- Berührpunkte 55
- Definitionsmenge 61
- Extremwerte 62
- Fallen 62
- Graph 63
- Krümmung 62
- Monotonie 62
- Schnittpunkte 61
- Steigen 62
- Symmetrie 62
- Unendlichkeitsstelle (Polstelle) 61
- Verhalten im Unendlichen 61
- Wendepunkte 62
- Wertemenge 63
- Wertetabelle 63

Krümmung 53
Kugelgleichung 150
kumulative Verteilungsfunktion 100
Kurvendiskussion, Beispiele zur 63 ff.

Lage
- Ebene–Ebene 176 f.
- Gerade–Ebene 178 f.
- Gerade–Gerade 173 ff.

Länge
- einer Bernoulli-Kette 110
- einer Strecke 131, 149
- eines Vektors 148

Laplace-Experiment 91
Laplace-Wahrscheinlichkeit 91
Leibniz-Schreibweise 43
lineare Abhängigkeit 144 f., 159
lineare Funktion 8, 15
lineare Unabhängigkeit 144 f.
Linearfaktoren, Abspalten von 16
Linearkombination 144
Linkskrümmung 53
lokale (relative) Extremwerte 5, 53, 62
Logarithmusfunktion
- allgemeine 9
- natürliche 9

Lotgerade 182
Lotvektor 157

Maßzahlen von Zufallsgrößen 101 ff.
Maximum, relatives 5, 51, 62
Minimum, relatives 5, 51, 62
Mittel, arithmetisches 101
Mittelebene 183
Mittelpunkt einer Strecke 143
Monotonie 5, 50, 62
Multiplikationsregel 94

Nahtstelle, Ableitung an einer 41
natürliche Exponentialfunktion 9
natürliche Logarithmusfunktion 9
neutrales Element 138
Newton-Verfahren 57 ff.
nichtrationale Funktion 19, 67
Niete 110
Normale 40

Normalenform
- einer Ebene 171 f.
- einer Geraden 165
- Hesse'sche 180

Normalenvektor 157, 172
Nullhypothese 120
Nullstelle
- Definition der 4
- doppelte = Berührung der x-Achse 63
- n-fache 18

Nullvektor 134, 137 f.

Oktant 130
orthogonaler Vektor 155
Ortsvektor 134

Parabel
- allgemeine (quadratische) 16
- allgemeine n-ter Ordnung 8
- Scheitel einer 16

Parallelflach 139
Parallelität
- von Ebenen 177
- von Geraden 174
- von Geraden und Ebenen 179
- von Vektoren 141

Parallelogramm 159 f.
Parameter der Bernoulli-Kette 110
Parameterdarstellung
- einer Ebene 168
- einer Geraden 165

parameterfreie Darstellung
- einer Ebene 172
- einer Geraden 165

Pascal-Dreieck 106
periodische Funktion 7
Periode einer Funktion 7
Pfeil 133
Polstelle (Unendlichkeitsstelle) 61
Polynomdivision 18

Potenzfunktion 8 f.
Potenzregel der Ableitung 44
Produktregel
- Ableitung 46
- Unabhängigkeit 94

Punkt-Richtungs-Gleichung
- einer Ebene 168
- einer Geraden 165

Punktsymmetrie zum Ursprung 6
Pyramide 140

quadratische Funktion 8, 16
Quotientenregel 46

rationale Funktion 19
Rechtskrümmung 53
Rechtssystem 158
reelle Funktion 3
reeller Vektorraum 141
relative Häufigkeit 91
relatives Maximum 5, 53
relatives Minimum 5, 53
Repräsentant eines Vektors 133
repräsentative Stichprobe 119
Richtungsvektor 165
Risiko (Fehler) 1. Art 122, 126
Risiko (Fehler) 2. Art 126

Satz von Sylvester 92
Scheitel einer Parabel 16
Schnitt
- von Ebenen 177
- von zwei Graphen 7, 55

Schnittgerade 177
Schnittpunkt
- mit den Achsen 4
- von Geraden 175
- von Gerade und Ebene 178

Schnittwinkel
- mit der x-Achse 40
- mit der y-Achse 40

Schrägbild des Koordinatensystems 130

Schwerpunkt eines Dreiecks 143
senkrechte Vektoren 155
Signifikanzniveau 122
Signifikanztest
- einseitiger 120, 123
- klassischer 125

Sinusfunktion 10
Skalar 140
Skalarprodukt 152 f.
S-Multiplikation 140 f.
Spaltenschreibweise 134 f.
Spat 139
Spatprodukt 161
Spiegelung
- am Ursprung 13
- an der Geraden $y = x$ 20
- an der x-Achse 13
- an der y-Achse 12

Sprungstelle
- endliche 32
- unendliche 33

Stabdiagramm 100
Stammfunktion
- Definition der 75
- der Elementarfunktionen 77
- der ganzrationalen Funktionen 76
- Graph der 76

Standardabweichung 103
Steigung
- der Tangente 39
- einer Funktion 38
- einer Geraden 15
- eines Graphen 38

stetig behebbare Definitionslücke 33
Stetigkeit
- an der Stelle x_0 32
- und Differenzierbarkeit 41

Stichprobe 119
Stichprobenlänge 119
strenge Monotonie 5, 50
Subtraktion von Vektoren 139
Summenvektor 136

Symmetrie
- zum Ursprung 6
- zur y-Achse 6

Tabelle der Binomialverteilung 115
Tangente
- Gleichung der 39
- in einem Punkt auf dem Graphen 38
- Steigung der 39
- von einem Punkt an einen Graphen 56
- waagrechte 51
- Wende- 54

Terrassenpunkt 55
Testen von Hypothesen 119
Tiefpunkt 5, 51, 62
Treffer 110

Umkehrfunktion
- Gleichung der 20
- Graph der 20

unabhängige Variable 3
Unabhängigkeit
- lineare 144 f.
- von Ereignissen 94

unbestimmtes Integral 76
unendliche Sprungstelle 33
Unendlichkeitsstelle 33
ungerade Funktion 6
unitäres Gesetz 141
Unstetigkeit 33
unvereinbar 94
Urnenmodell
- Ziehen mit Zurücklegen 108
- Ziehen ohne Zurücklegen 107

Ursprung 129

Variable
- abhängige 3
- unabhängige 3

Varianz
- Definition 102
- der Binomialverteilung 112

Verhalten einer Funktion
- für $x \to x_0$ 28
- für $x \to \pm\infty$ 23

Vektor 133
Vektoraddition 136, 141
Vektoren in der Physik 133
Vektorkette 138
Vektorprodukt 158
Vektorraum
- arithmetischer 142
- reeller 141

Verkettung von Funktionen
- Ableitung 47
- Definition 21

Verschiebung eines Graphen
- in x-Richtung 11
- in y-Richtung 10

Verteilungsfunktion, kumulative 100
Vierfeldertafel 92, 95
Volumen
- einer Pyramide 162 f.
- eines Spats 161

Wahrscheinlichkeit, bedingte 94
Wahrscheinlichkeitsfunktion 99
Wahrscheinlichkeitsverteilung
- Beispiele 93
- Definition 92
- einer Zufallsgröße 99
- Funktionsgraph 100
- Histogramm 100
- Stabdiagramm 100
- über dem Ergebnisraum 92

Wendepunkt/Wendestelle 54, 62
Wendetangente 54
Wertemenge 3, 63
Wertetabelle 63
windschiefe Geraden 175

Winkel zwischen
- Gerade und Ebene 188
- zwei Ebenen 187
- zwei Geraden 186
- zwei Vektoren 154

Wurzelfunktion 8

Zerlegen in Linearfaktoren 16
Ziehen
- mit Zurücklegen 95, 108, 111
- ohne Zurücklegen 95, 107

Zielfunktion 71
Zufallsgröße/Zufallsvariable 98
- binomialverteilte 112
- Maßzahlen 101 ff.

Zuordnung, eindeutige 3
Zusammenfallen von Ebenen 176
Zusammenfallen von Geraden 174
Zwei-Punkte-Gleichung einer Geraden 166

Ihre Anregungen sind uns wichtig!

Liebe Kundin, lieber Kunde,

der STARK Verlag hat das Ziel, Sie effektiv beim Lernen zu unterstützen. In welchem Maße uns dies gelingt, wissen Sie am besten. Deshalb bitten wir Sie, uns Ihre Meinung zu den STARK-Produkten in dieser Umfrage mitzuteilen.

Unter *www.stark-verlag.de/ihremeinung* finden Sie ein Online-Formular. Einfach ausfüllen und Ihre Verbesserungsvorschläge an uns abschicken. Wir freuen uns auf Ihre Anregungen.

www.stark-verlag.de/ihremeinung

Richtig lernen, bessere Noten
7 Tipps wie's geht

1. 15 Minuten geistige Aufwärmzeit Lernforscher haben beobachtet: Das Gehirn braucht ca. eine Viertelstunde, bis es voll leistungsfähig ist. Beginne daher mit den leichteren Aufgaben bzw. denen, die mehr Spaß machen.

2. Ähnliches voneinander trennen Ähnliche Lerninhalte, wie zum Beispiel Vokabeln, sollte man mit genügend zeitlichem Abstand zueinander lernen. Das Gehirn kann Informationen sonst nicht mehr klar trennen und verwechselt sie. Wissenschaftler nennen diese Erscheinung „Ähnlichkeitshemmung".

3. Vorübergehend nicht erreichbar Größter potenzieller Störfaktor beim Lernen: das Smartphone. Es blinkt, vibriert, klingelt – sprich: Es braucht Aufmerksamkeit. Wer sich nicht in Versuchung führen lassen möchte, schaltet das Handy beim Lernen einfach aus.

4. Angenehmes mit Nützlichem verbinden Wer englische bzw. amerikanische Serien oder Filme im Original-Ton anschaut, trainiert sein Hörverstehen und erweitert gleichzeitig seinen Wortschatz. Zusatztipp: Englische Untertitel helfen beim Verstehen.

5. In kleinen Portionen lernen Die Konzentrationsfähigkeit des Gehirns ist begrenzt. Kürzere Lerneinheiten von max. 30 Minuten sind ideal. Nach jeder Portion ist eine kleine Verdauungspause sinnvoll.

6. Fortschritte sichtbar machen Ein Lernplan mit mehreren Etappenzielen hilft dabei, Fortschritte und Erfolge auch optisch sichtbar zu machen. Kleine Belohnungen beim Erreichen eines Ziels motivieren zusätzlich.

7. Lernen ist Typsache Die einen lernen eher durch Zuhören, die anderen visuell, motorisch oder kommunikativ. Wer seinen Lerntyp kennt, kann das Lernen daran anpassen und erzielt so bessere Ergebnisse.

How To Become A Fly Fisher And Learn How To Fly Fish

By Dannie Elwins

Copyright © 2009 By Dannie Elwins

No part of this publication may be reproduced or transmitted in any form or by any means, mechanical or electronic, including photocopying and recording, or by any information storage and retrieval system, without permission in writing from author or publisher.

OBLIGATORY LEGAL NOTICE: While all attempts have been made to verify information provided in this publication, neither the Author nor the Publisher assumes any responsibility for errors, omissions, or contrary interpretation of the subject matter herein. Any perceived slights of specific persons, peoples, or organizations is unintentional.

This publication is an information product, and is not intended for use as a source of legal, medical, accounting, or tax advice. Information contained herein may be subject to varying national, state, and/or local laws or regulations. All users are advised to retain the services of competent professionals for legal, medical, accounting, or tax advice.

The purchaser or reader of this publication assumes responsibility for the use of these materials and information, including adherence to all applicable laws and regulations, federal, state, and local, governing professional licensing, business practices, advertising, and all other aspects of doing business in the United States or any other jurisdiction in the world.

No guarantees are made. Publisher reserves the right to make changes. If you can't accept these terms, kindly return product. The Author and Publisher assume no responsibility or liability whatsoever on the behalf of any purchaser or reader of these materials.

Printed in the United States of America.

ISBN: 978-0-557-15735-8

INTRODUCTION

It's a beautiful day in early spring. You are standing beside a beautiful river flowing through the mountains of Colorado. In your hands you hold your gear. You are brimming with excitement as you imagine what you will catch today. You are getting ready to fly fish and you can't wait to get started!

People have been fly fishing for years. In its beginnings, people would use flies to fish with for food, but then it turned into a sport and now anglers fly fish for both food and sport.

Fly fishing is a traditional angling method that uses artificial flies for lures that are made of materials like fur and feathers. The flies are fastened onto a hook and are meant to imitate a fish's natural food source. The rods are light, but the lines are heavy providing the weight and momentum for casting.

Fly fishermen use a series of casting moves meant to imitate the bug on water. The techniques are wide and varied. When casting much of the rod's movement comes from the angler's wrist.

Fly fishing as a sport is something many people find amazingly enjoyable. Most fly fishing is done in certain places like Colorado, Montana, and Wisconsin. The fish most often caught are trout and salmon, although anglers can catch a variety of fish with their flies.

In this book, we'll explore a variety of topics with regards to fly fishing. Some of the information will be geared towards beginning fishermen, but experienced fly fishers can benefit from this information as well. A refresher course is always good in any sport!

We'll look at the gear you'll need, ways to tie flies, and the best places to find an excellent fishing spot. You'll learn about places to buy your gear from and what to look for when you are buying that gear.

I am an equal opportunity person and no disrespect is meant to women who like to fly fish when I use the term fisherman. Because most of the time we say the word "fisherman", don't fret gals, I'm talking about you too!

New and experienced anglers can both benefit from this great book. So, let's explore the joys of fly fishing!

TERMINOLOGY

Just as with any sport, there are some terms that are synonymous with the sport itself. While most people think of flies as pesky insects, fly fishermen know that flies are something else altogether. Flies to a fisherman are what is most important to make their hobby enjoyable and challenging.

To a beginner, fly fishing terminology might be confusing, so in this section, we'll present you with some new terms and what those terms mean so that when we use them later in this book, you'll know what we're talking about.

Back cast – The portion of any fly cast that extends beyond the person doing the casting.

Bass Bug - Name used to describe a large number of surface bass flies usually tied with hollow hair (such as deer hair).

Bass Bug Taper - A special weight forward floating fly line with a short front taper so that the generally wind-resistant bass bugs can turn over

Blood Knot - The most widely used knot for tying two pieces of monofilament with similar diameters together; the best knot for construction of a knotted tapered leader; also called the barrel knot.

Breaking Strength - Amount of effort required to break a single strand of unknotted monofilament or braided line, usually stated in pounds (example: 6 lb. test).

Caddis - One of the three most important aquatic insects imitated by fly fishermen; found world wide in all freshwater habitats; adult resembles a moth when in flight; at rest the wings are folded in a tent shape down the back; the most important aquatic state of the caddis is the pupa, which is its emerging stage

Casting Arc - The path that the fly rod follows during a complete cast, usually related to the face of a clock.

Clinch Knot - Universally used knot for attaching a hook, lure, swivel, or fly to the leader or line; a slight variation results in the improved clinch knot, which is an even stronger knot for the above uses.

Co-Polymers – These are mixtures of various nylons and plastics along with anti-UV chemicals that have resulted in the exceptionally high breaking strength of modern tippet material. This is certainly one of the biggest advancements in fly fishing in the last 50 years. It allows you to use very fine tippets with breaking strengths two to four times as strong as regular nylon monofilament. Co-polymers are not as abrasion resistant as regular nylon monofilament.

Damping - Reducing excess vibrations in the rod blank when unloading the rod during a cast. This causes fewer waves in your fly line resulting in more power & distance for less effort.

Dead Drift - A perfect float meaning the fly is traveling at the same pace as the current; used in both dry fly and nymph fishing

Double Taper (DT) - A standard fly line design in which both ends of the line are tapered, while the greater portion or "belly" of the line is level; excellent line for short to moderate length casts, and for roll casting; not as well suited for distance casts; commonly available in floating, or sinking styles.

Drag - (1) Term used to describe an unnatural motion of the fly caused by the effect of the current on line and leader. Drag is usually detrimental, though at times useful such as when imitating the actions of the adult caddis. (2) Resistance applied to the reel spool to prevent it from turning faster than the line leaving the spool which is used in playing larger fish.

Dry Fly - Any fly fished upon the surface of the water; usually constructed of non-water-absorbent materials; most commonly used to imitate the adult stage of aquatic insects.

Dry Fly Floatant – This is a chemical preparation that is applied to a dry fly before use to waterproof it; may be a paste, liquid, or aerosol.

False Cast - Standard fly fishing cast; used to lengthen and shorten line, to change direction, and to dry off the fly; frequently overused. In false casting, the line is kept moving backwards and forwards without being allowed to touch the surface of the water or the ground

Floating Fly Line - a fly line where the entire line floats; best all round fly line

Fly Casting - standard method of presenting a fly to a target using a fly rod and fly line; involves many different casts

Fly Line - key ingredient to fly fishing; made of a tapered plastic coating over a braided Dacron or nylon core; available in several tapers and in floating, sinking, and sink-tip styles

Fly Reel - fishing reel used in fly fishing to hold the fly line. There are three basic types: single action, multiplier, and automatic. 1.) Single action is the most common and the most popular. Single action means that one turn of the handle equals one turn of the spool. 2.) Multiplying reels use a gear system to increase this ratio (usually, 2-to-1). With a 2-to-1 ratio, each turn of the handle equals 2 revolutions of the spool. 3.) Automatic fly reels are the least practical for most people; they operate by a manually wound spring which is activated by a lever; automatic reels are heavy and tend to malfunction.

Fly Rod - a type of fishing rod especially designed to cast a fly line. Fly rods differ from other types of rods in that the reel attaches at the butt of the rod with the rod handle always above the reel; fly rods usually have more line guides than other types of rods of the same length. Fly rod lengths vary, with common lengths being between 7 and 9 feet. Materials used in fly rod construction are bamboo, fiberglass, and graphite.

Forceps - hand operated medical instrument widely used in fly-fishing to remove flies from the jaws of a hooked fish. Have pliers-like jaws with locking clips so that once they are clamped to the hook, they stay there until you release them.

Forward Cast - the front portion of the false cast or pick-up and lay-down, and a mirror image of the back cast.

Freestone – this is a type of river or stream with a significant gradient resulting in medium to fast-moving water. Although the upper reaches of a freestone stream may be spring-fed, the vast majority of its flow comes from run-off or tributaries. The fast moving water inhibits the growth of weeds or other rooted vegetation resulting in a "Free Stone" bottom. Freestone streams are less fertile than spring creeks resulting in a smaller and less diverse aquatic insect population. Fewer bugs in faster water usually results in fewer but more opportunistic trout.

Gel-spun polyethylene – This is a synthetic fiber that is extremely thin, supple, slippery, very abrasion resistant, and strong. It is stronger than steel for its size. It is often used as a braided fly line backing where large amounts of backing are needed and space on the reel is limited.

Graphite - the most popular rod-building material in use today; offers the best weight, strength, and flex ratio of any rod building material currently available.

Hackle - a feather, usually from the neck area of a chicken; can be any color (dyed or natural); hackle quality, such as the stiffness of the individual fibers and amount of web, determines the type of fly tied with the hackle; many hackles are grown specifically for fly tying.

Headwaters - upstream section of the river before the main tributaries join it. This section is typically much smaller in width and flow than the main section of the river.

Hollow Hair - hair from some animals is mostly hollow, thus holding air and making these hairs float. Hollow hair is ideal for tying dry flies and bass bugs. Antelope, deer, and elk all have hollow hair.

Hook – a hook is the object upon which the fly is tied; can be any size from tiny to huge; made from steel wire, and either bronzed, cadmium coated, or stainless. Hook designs are variable; style used depends upon the type of fly being tied.

Imitative Flies- flies tied to more closely match specific insects. Imitative flies are most effective in slow-moving, clear water, with finicky trout in fertile streams with large populations of aquatic insects.

Impressionistic Flies - flies tied to loosely suggest a variety of insects or insect families. For instance, a Hare's Ear nymph in sizes 12-16 can be used as both a mayfly and a caddis fly imitation and in larger sizes as a stonefly imitation. Impressionistic flies are usually most effective in medium to fast water, in streams with sparser populations of aquatic insects.

Indicator - floating object placed on the leader or end of the fly line to "indicate" the take of the fly by a fish or to indicate the path of the drift of the fly; used when nymph fishing with a slack line; very effective.

Knotless Tapered Leader - a fly fishing leader entirely constructed from a single piece of monofilament. Extrusion or acid immersion is most commonly used to taper the leader.

Knotted Leader – this is a fly fishing leader constructed by knotting sections of different diameter leader material to each other to make a tapered leader. Most commonly used knots to construct such a leader are blood (or barrel) knot and surgeon's knot

Leader – the leader is the section of monofilament line between the fly line and the fly. It is usually tapered, so that it will deliver the fly softly and away from the fly line

Leader Material – leader material is clear nylon or other type of monofilament. Two types are commonly used. One is the stiff or hard type, used mainly for the butt section and saltwater leaders; the second type is soft or supple monofilament, used mostly for tippets on all line weights, and for complete leaders on light weight fly lines

Level Line - an un-tapered fly line, usually floating. It is difficult to cast, a poor line for delicacy or distance, and a poor choice for an all round line.

Loading the Rod - phrase used to describe the bend put in the rod by the weight of the line as it travels through the air during the cast.

Mayfly - world wide, the most commonly imitated aquatic insect. Most dry fly and nymph patterns imitate this insect. Nymph stage of the mayfly lasts approximately one year; adult stages last one to three days. The adult has one pair of upright wings, making it look like a small sailboat. Mayflies are commonly found in cold or cool freshwater environments.

Mending Line - method used after the line is on the water to achieve a drag free float. It constitutes a flip, or series of flips with the rod tip, which puts a horseshoe shaped bow in the line. This slows down the speed with which the line travels if mended upstream, and speeds up the line if mended downstream. For example: if a cast is across the flow of the stream and the fastest part of the current is on your side, the mends would typically be made upstream to slow the line down so it keeps pace with the fly traveling in the slower current across from you.

Midge - a term properly applied to the small Dipterans that trout feed on. Many people call them gnats. Adult's appearance is similar to mosquitoes. Midges have two wings that lie in a flat "V" shape over the back when at rest. They are also known as "the fly fisher's curse" because of their small size and trout's affinity to feeding upon them. The term "midge" is sometimes loosely applied (and incorrectly so) when referring to small mayflies.

Monofilament - a clear, supple nylon filament used in all types of fishing that is available in many breaking strengths and diameters.

Nail Knot- method used to attach a leader or butt section of monofilament to the fly line, and of attaching the backing to the fly line; most commonly tied using a small diameter tube rather than a nail.

Narrow Loop - term that describes what the fly line should look like as it travels through the air; a narrow loop can best be described as the letter "U" turned on its side; it is formed by using a narrow casting arc.

Needle Nail Knot - same as the nail knot except that the leader or backing is run up through the center of the fly line for 3/16 to 3/8 inch, then out through the side of the fly line before the nail knot is tied; this allows the backing or the leader to come out the center of the fly line rather than along the side of it as in the nail knot.

Nymph - immature form of insects; as fly fishers, we are concerned only with the nymphs of aquatic insects.

Nymphing - word describing fish feeding on nymphs; nymphing right at the surface can be difficult to tell from fish feeding on adults, careful observation should tell.

Open Loop - term used to describe what the fly line looks like as it travels through the air during a poor cast; caused by a very wide casting arc.

Pick-up & Lay Down - a fly fishing cast using only a single back cast. The line is lifted from the water and a back cast made, followed by a forward cast which is allowed to straighten and fall to the water, completing the cast; good wet fly cast; also useful in bass bugging; most efficient cast to use, when possible, because the fly spends more time in the water (also see presentation).

Popping Bug a bass bug made from a hard material. Usually cork or balsa woods, as these are high floating materials that can be made into a variety of shapes.

Presentation - the act of putting the fly on the water and offering it to the fish; the variety of presentations is infinite, and changes with each fishing situation. The object is to present the fly in a manner similar to the natural insect or food form that you are imitating.

Reel Seat - mechanism that holds the reel to the rod, usually using locking metal rings or sliding bands.

Retrieve - bringing the fly back towards the caster after the cast is made; can be done in a variety of ways; important points of retrieving are to keep the rod tip low and pointed straight down the line.

Rod Flex - The manner in which the rod bends during the cast during the acceleration phase of the cast. Tip-Flex rods bend primarily through the tip section, Mid-Flex rods bend down into the middle section, and Full-flex rods bend throughout the entire rod during the cast.

Roll Cast - one of the three most basic fly casts; allows a cast to be made without a back cast; essential for use with sinking lines, to bring the line to the surface so it may be picked up and cast in a normal manner.

Running Line - a thin line attached to the back of a shooting taper (shooting head) line. The line may be 20 to 30 pound monofilament, braided nylon, narrow floating or sinking line, or other material. Usually 100 feet in length, it allows the fly fisher to quickly change the type of line being used by interchanging only the head section.

"S" Cast - cast used to put deliberate and controlled slack into a cast; used in getting a drag free float and in conjunction with mending line

Saltwater Taper - a weight forward fly line that is similar to a bass bug taper

Setting the Hook – this is the act of pulling the hook into the flesh of the fish's mouth. The amount of effort needed to do this varies with the size of hook, type of fish, and breaking strength of leader; most people strike too hard on trout and warm water fish and not hard enough on salmon and saltwater fish.

Shooting Taper or Shooting Head - a short single tapered fly line, 30-38 feet long; shooting heads are designed for longest casts with minimum effort; shooting heads allow quick change of line types (floating, sinking, sink-tip, etc.) by quickly interchanging head sections; shooting heads are most commonly used with salmon, steelhead, saltwater, and shad fishing, though they can be used in all types of fly fishing.

Sink Rate - the speed at which a sinking fly line sinks; there are at least 6 different sink rates for fly lines, from very slow to extremely fast.

Sink-Tip Fly Line - a floating fly line where the tip portion sinks; available in 4 foot, 10 foot, 12 foot, 15 foot, 20 foot, 24 foot, and 30 foot sinking tips; the 10 foot sink-tips are most commonly used and are practical in many applications; sink-tip lines are useful in all types of fly fishing, but especially in wet fly or streamer fishing.

Sinking Fly Line – this is a fly line in which the entire length of the line sinks beneath the surface of the water.

Spool – the spool is the part of the fly reel that revolves and which holds the backing and the fly line; may be purchased separately.

Standing Line - the part of the line that is joined to another piece of line when tying the tag ends together. Two standing lines are joined by tying their tag ends into a knot.

Stonefly - very important aquatic insect; nymph lives for one to three years, depending on species; most species hatch out by crawling to the shoreline and emerging from its nymphal case above the surface, thus adults are available to trout only along shoreline and around midstream obstructions; adult has two pair of wings which are folded flat along its back when at rest; stoneflies require a rocky bottomed stream with very good water quality.

Streamer - fly tied to imitate the various species of baitfish upon which game fish feed; usually tied using feathers for the wing, but can be tied with hair and/or feathers; tied in all sizes

Stripping line - Retrieving the line by pulling it in through your fingers as opposed to winding it in on the reel. Term sometimes used to refer to running line (not a common usage).

Surgeon's Knot - excellent knot used to tie two lengths of monofilament together; the lines may be of dissimilar diameters.

Tag (Tag End) - the end of the line that is used to tie a knot

Tapered Leader - a leader made of monofilament and used for fly fishing; the back or butt section of the leader is of a diameter nearly as large as the fly line, then becomes progressively smaller in diameter as you approach the tip end

Tippet - the end section of a tapered leader; the smallest diameter section of a tapered leader; the fly is tied onto the tippet.

Turn Over - words that describe how the fly line and leader straighten out at the completion of the cast.

Unloading the Rod - unbending the rod or transferring the casting energy from the rod back into the fly line.

Waders - high topped waterproof boots; two main types used in fishing: boot foot and stocking foot; boot foot have boots built in, just pull on and go; stocking foot requires the use of a pair of wading shoes and provides better support and traction.

Wading Shoes - shoes built specifically to be worn over stocking foot waders; can be made of leather, nylon or other synthetic materials.

Weight Forward - an easy casting fly line because it carries most of its weight in the forward section of the line; instead of a level middle section, like a double taper, it quickly tapers down to a fine diameter running line which shoots through the guides with less resistance for added distance; the most versatile fly line.

Wet Fly - (1) any fly fished below the surface of the water; nymphs and streamers are wet flies (2) a traditional style of fly tied with soft, swept back hackle, and a backward sweeping wing; the forerunner of the nymph and streamer.

Wet Fly Swing – this is the typical presentation method for fishing a wet fly. Cast the fly downstream and across, and then swim it across the current. A wet fly swing is commonly used to imitate swimming mayflies, emerging caddis, and small fish.

Wind Knot - an overhand knot put in the leader by poor casting, greatly reducing the breaking strength of the leader

As you read through this book, refer to this glossary if you don't understand what a term means. We have tried to provide a comprehensive list of the most commonly used terms that you may come across.

You will need to have the right equipment if you are going to be fly fishing as a hobby or as a sport. There are just certain things you can't do without.

GETTING THE GEAR

Fly fishing isn't the cheapest sport in the world when it comes to getting outfitted with all the gear you need. But the truth of the matter is that when you invest in some quality equipment, you'll not only enjoy the sport more, but you'll have better luck catching the fish you dreamed of when you have the right equipment.

Let's start with clothing. You can wear anything you want underneath the vest and waders, but these two items of apparel are vital to successful fly fishing.

Vests

Fly fishing requires a lot of parts and accessories. You'll have to carry them all with you, and the most efficient way to do this is with a fishing vest. These vests have many, many pockets where you can stow all your gear like flies, lines, weights, etc. Here are some things to consider when buying your fly fishing vest:

- What types of weather conditions will you be encountering during your fly fishing trips? Weather and temperature are both huge considerations when it comes to your fishing vest. If you will be fishing mostly in warm weather, get a mesh vest that is more ventilated. For colder weather, get a vest that is big enough to allow for layers underneath so that you don't freeze!

- When fly fishing, you will probably be doing a lot of wading in water, so you will want a vest with a short waist. This will keep your equipment above the waterline and avoid damaging it.
- Think seriously about how much you will be carrying with you. Lots of pockets are great, but if you fill all of them up with unnecessary equipment, you'll weigh yourself down. You will, however, want a vest with various sizes of pockets to accommodate the different things you will be carrying with you.
- The pockets in your vest should be easy to open and close. Ideally, you should be able to get in them with just one hand. Vests with Velcro to seal them are the best, and look for one with a "D-ring" on the back so you have someplace to hold your net.
- Make sure that you can move easily once your vest is filled with your chosen equipment. If you are weighed down too much, casting can become difficult.
- Vests come in various colors, and you will want to pick one that blends with the vegetation of the area you will be fishing. Tan is good for fishing in the West and green will match the foliage of the East.
- Also find a vest with few places where your line can get caught during casting. Lines and leaders have a nasty habit of getting caught on fly patches, zippers, sunglass holders, and anything else that sticks out on your vest

Just find a vest within your budget that meets the basic guidelines listed above and you should be ready to go.

Waders

Waders are a combination of pants and boots all in one piece that will keep you dry inside while you're wading in the water. That's why they call them waders! The last thing you want is to have your waders leaking while you are waist deep in a cold Colorado River in November. What do you look for in a good pair of waders? Here are a few suggestions:

- Waders can be used for a variety of outdoor activities like duck hunting, goose hunting, and, of course, fishing. Consider what your primary use of your waders is going to be. If you fish more than you hunt, then the type, thickness, and color of your waders is going to be important. Consider what the temperature of the water is going to be when you wear your waders. That will determine how thick your waders need to be.
- The material of your waders can be very important as well. Again, you will need to take into consideration why type of weather condition you be wearing them in. Here are some of the more popular materials:
    - Neoprene – This is the most popular material for waders. It is very durable and can take a lot of abuse. It comes in many thicknesses, so you can choose the one that will best fit your needs: 3mm or 5mm. 3mm is best for places where it is usually of moderate weather with a few cold days. This is

also a good thickness if you have to walk a ways to get to your fishing spot or if you walk a lot while you're fishing. 5mm is the choice for colder weather spots or if you want to use your waders for hunting as well.

- o Gore Tex – This type of material is relatively new and is a breathable fabric that is comfortable and watertight. It allows moisture to escape even while in the water. These types of waders can be worn in the summer time and sweat is not an issue. They can also be worn in the winter with a pair of sweat pants underneath and the moisture will be released keeping you dry. These types of waders are also very comfortable and are conducive to walking while fishing.
- o Canvas – These are considered "old school" waders and are hard to find anymore. While they are durable and cheaper than other materials, you will sacrifice comfort, flexibility, and breathability when you choose canvas as a material. These are generally a good choice for someone starting out in the sport of fly fishing.
- o Nylon – This is another good choice for beginners. They are lightweight and will keep you dry and warm. However, nylon waders can get quite warm inside because they are not made of a breathable material and when you sweat inside them, you could get quite uncomfortable. Because of the accumulation of moisture, this could lead to hypothermia in cold weather.
- o Rubber – This material was long considered the one of choice among fishermen because the rubber waders are generally cheaper. But the drop in price for neoprene and Gore Tex has caused rubber waders to drop in popularity. You will have less flexibility and virtually no breathability with rubber waders, plus they can be cumbersome.

- Getting your waders to fit right is also very important. If your waders don't fit right, you will find yourself tiring more easily and growing uncomfortable just a short time into your fishing expedition. Your waders should provide enough room so that you can wear clothing underneath without being too tight.

  If you order your waders off the Internet, make sure the site has your height, weight, and shoe size. They should be able to guide you toward the right pair. If you go to a sporting goods store, take the time to try on the waders. Do a couple of knee bends and walk around. Put your foot up on a chair and make sure that they don't ride up on you.

- You will also need to make a decision as to what type of boot and boot soles to get. Some waders have the boots connected to the wader in one piece. If you are going to spend most of your fishing and hunting time in cold weather, this type of wader should be your first choice. They provide the best cold water protection and most are insulated. This type of wader is also very easy to put on and take off.

  Stocking foot waders are quite popular these days among hunters and fishers. This is because of their weight advantage. They are constructed the same way as boot waders but without the built-in boots. This type of wader has a neoprene sock attached, so you will have to get a separate pair of wading boots. Be aware that if you pick stocking waders, the possibility of gravel and debris getting into your boots is greater and can cause great discomfort for you.

Chest high waders are the best kind to get so that you can go into deeper water without getting wet. When you get your waders home, they should be washed off thoroughly. Wash your wading boots as well. It's also a good idea to wash the waders down with a 10 percent bleach solution after you've been fishing to kill any possible molds or fish diseases that might be clinging to the material.

Fly Rods

Fly rods and line weights are typically written as Nwt where the n is a number. For example, you can have 8wt, 9wt, etc. All rods are matched to fly lines according to weight. So if you have an 8wt rod, you'll need an 8wt fly line although you can safely go one number above or below the weight if need be.

It is important to use the correct fly line with the appropriate rod weight or it will significantly affect your casting performance. It can also warp the rod.

Some rods are multi-rated (7-8wt, 7-8-9wt, etc.). The advantage to a rod like this is that you have a variety of fly lines that you can use with the same rod. The disadvantage is that you will be sacrificing flexibility in the rod itself.

Selecting a fly rod depends a lot on what type of fish you will want to catch. Some rods are better suited for smaller fish and bigger fish. Here is an idea of the weight of rod you will need for certain situations:

- 1-3 Weight: delicate presentations with small flies, designed for trout or pan fish on small to moderate size waters

- 4-6 Weight: trout, pan fish, and small bass, 4wt is for delicate presentation, 5wt is good for trout on spring-fed creeks or bigger rivers, 6wt is best on big waters or in windy conditions

- 7-8 Weight: give extra power to land smallmouth bass, steelhead, and bigger trout in rivers or reservoirs; work best with bigger flies; good for steelhead, redfish, snook, or light salmon fishing

- 9-10 Weight: good for larger flies and catching salmon and pike; also work good in saltwater with medium-sized fish

- 11 Weight and Up: this is for the larger fish like tarpon, tuna, billfish

There are basically two types of materials that rods can be made of: fiberglass and graphite. There are advantages to either type of material.

Fiberglass rods are durable and generally less expensive. This is the most common type of material fly rods are made of. Fiberglass rods are a good choice for beginners because they can be used for a variety of fishing situations.

Graphite or composition rods are lighter and better at casting. These rods can also handle many type of fishing situations, so it's also a good choice for beginners as well as experienced fishermen. Graphite, however, will give you more fighting weight with your rod when it comes to landing your fish.

You can also use a bamboo rod which is what the earliest fly fishing rods were made of. Bamboo rods can be quite expensive. These rods offer grace, form, and strength. They demand a slow or soft casting style that is suited to slow, leisurely fishing. Beginners should shy away from bamboo rods because they can be a bit difficult to control in certain situations.

Rod lengths can have an effect on casting action. In general, longer rods give more action while shorter rods are geared for tighter situations such as narrow streams. Consider the following guidelines:

- Less than 8 foot: These are short rods and are good for fishing tight areas such as narrow streams with overhanging trees or small ponds with lots of brush
- 8 – 9 feet: These lengths are good for trout and bass fishing. The longer length will give more casting range and improve line control.
- 9 feet and longer: This length is designed for long casts and better ability to manage line. This size rod is good for open waters and fishing from float tubes.

If you are a beginner, it's a good idea to start with a pre-packaged combo. These types of rods will give you a better chance of landing a fish and lead to your enjoyment of the sport. Look for a 5-6 weight rod and reel in an 8 or 9 foot length. This type of combo will allow you to fish in all sorts of situations.

Fly Reels

Just like when picking out your wader and rod, when choosing a reel, you'll need to consider what type of fish you will be fishing for. You can't catch a big game fish like a tarpon with a small reel or you're setting yourself up for some big trouble.

At one point in time, fly reels were thought of as just storage devices. In use, a fly fishermen strips line off the reel with one hand, casting the rod with the other, and then retrieving slack line by rotating the reel spool.

Manually-operated fly reels have traditionally been rather simple in terms of mechanical construction, with a simple click-pawl drag system. However, in recent years, more advanced fly reels have been developed for larger fish and more demanding conditions.

Newer reels often feature disc-type drags to permit the use of lighter leaders and tippets, or to successfully capture fish that pull long lengths of line/leader. Many newer fly reels have large-arbor designs to increase speed of retrieve and improve drag performance during long runs. In order to prevent corrosion, saltwater fly reels often use aerospace aluminum frames and spools, stainless steel components and sealed bearing/drive mechanisms.

Fly reels are generally made of aluminum. Some cheap reels are made of castings while the more expensive ones are bar stock that is hand turned on lathes. Pressed reels, while cheaper, don't have the strength that bar stock reels have.

A reel is connected to the seat with a long sanded metal object called the reel feet. The feet slide into bands or clips called a reel seat. All reels are made on one standard so seats on rods will accept any reel.

A reel has a handle of course which is used to turn the spool. There are several creative designs but most are screwed into the spool, some are machined and attached to the face. Usually in fly tackle we have only one handle, although some designs have two knobs. A handle should be secure, not wiggle and be solidly attached. I have seen a few that barely get the job done. Some have knobs that spin freely, while the handle itself is stationary. Most are metal although some have wood or plastic inserts.

A spool is the part of the reel that holds the line. Attached to the outside of the spool is a small weight that is called a counter balance. This acts as balance so that the spool spins freely and true. In most modern reels, the counter balance is decoration but in older reels, if the weight wasn't there it didn't turn true. This is primarily due to the weight and size of the reel. Think of the counter balance like the weights on your tires.

Spools generally have exposed rims; this is called the palming rim. If you are playing a fish you can cup your hand on the outside of the rim and slow the fish or play it with a palming rim. If you are playing a fish on light tackle with light tippets, this often is a better choice because it doesn't stress the tip of your rod as much or risk breaking the tip of the rod. It also can help you from breaking off the fish when using light tippets.

The arbor is the center of the reel. A large arbor has a large inside center while a regular arbor has a smaller inside center post. Usually large arbor reels are heavier while a small arbor reel is lighter. The main advantage here is that a large arbor makes the line pick up faster and creates fewer coils in the line.

If you don't use a lot of backing when spooling the line, you will pack it in tightly creating lots of coils. When you cast this out, it will cork screw and spin almost any fly into a doughnut. This is one reason for using backing or also to increase the size of the reel as you up the size of the line. If you have a small arbor with little backing, don't leave the reel in hot trunk of your car or you are likely to make permanent sets and coils into the line.

Drags are the part of the reel that creates pressure and prevents the line from free spooling or back lashing. The drag is created in several ways: spring /pawl or disc drag. Click drags are springs that mostly put pressure against a gear and keep it from free spooling. It doesn't create a lot of pressure on the line and mostly is an anti-back lash thing. These reels are noisy.

Disc drags are either pads or gears. In a pad system the drag has a caliper like the breaks on a car, the caliper clamps against a disc and as the pressure increases, the clamp tightens. A gear system uses bearings and gears and a one way clip that controls the amount of pressure against the gears. As the pressure increases, the force increases.

Again, you need to consider what type of fishing you will be doing when choosing your reel. The larger the fish, the larger the reel you will need.

Fly Lines

Fly lines come in a variety of forms. They may have varying diameters or tapered section or a level (even) diameter. A fly line may float, sink, or have a floating main section with a sinking tip.

A fly line consists of a tough braided or monofilament core wrapped in a thick waterproof plastic sheath often made of polyvinyl chloride (PVC). In the case of floating fly lines, the PVC sheath is usually embedded with many "micro-balloons" or air bubbles and may also contain silicone or other lubricants to give buoyancy and reduce wear.

Fly lines also come in a variety of models for use in specific environments. These climates include fresh water, salt water, cold, or tropical temperatures, etc.

All fly lines are matched to the individual rod according to weight. Because the fly line and not the lure determine casting, fly rods are sized according to the size of fly line and not the weight of the lure. Fly lines comes in a wide range of numbered sizes from a small #0 to a strong #16. They also come in many profiles such as double-tapered, weight-forward, shooting-head, etc.

Most fly lines are only around 90 feet long which is sufficient for sporting purposes. Specialized shooting-head lines with a short, heavy front section and small-diameter backing are often used for long-distance casting as well as competitive events.

To fill up the reel spool and insure an adequate reserve in case of a run by a powerful fish, fly lines are usually attached to a secondary line at the butt section which is called backing. Fly line backing is usually composed of braided Dacron or Gelspun monofilaments. Backing varies in length according to the type of fish. Seventy-five yards is used for smaller freshwater species and as much as 400 yards is for large saltwater game fish.

All fly lines are equipped with a leader of monofilament or fluorocarbon fishing line usually tapered in diameter and referred to by the "X-size" (0X, 2X, etc.) of its final tip section or tippet. For example, a freshwater trout leader might have a butt section of 20 point test monofilament tapering through 15, 12, 10, and 8-pound test sections and terminating in a 5X tippet. A fly line is only as strong as its weakest link which is the final tippet section.

Where can you find your equipment? Many places carry fly fishing equipment. Local sporting goods stores are a good place to start. You may want to look on the Internet for a place like Cabela's or Bass Pro Shops. Orvis is another good place to find your fly fishing equipment.

Some towns and cities have specialty fishing stores as well. These can be extremely helpful places to go as they will have all the latest information on where to fish, what to look for in certain pieces of equipment, and recommendations on what types of equipment would work best for you.

Now that you have all of this equipment, what do you do next?

PUTTING TOGETHER YOUR ROD AND REEL

Before you start putting together your rod take some paraffin wax and rub in on the male parts of the rod where it goes together. Don't be afraid of using too much. You can always rub it off later. This will keep the sections from coming loose and it will also keep it from sticking together.

Next, put the reel on. The reel fits into the reel-seat, one 'foot' of the reel slides into a slot in the reel seat. The reel is secured to the rod with the sliding or screw rings. There are both 'up-locking' and 'down-locking' reel seats.

Which way to use the reel? Most prefer for a right hander to have the handles on the left side. If you will cast with your right hand, keep the rod in that hand and reel with your left. At least start out that way. You can always change later if you want to.

Check to make sure your reel is set-up for left hand retrieve by pulling out some line and noticing if the drag engages going out or coming in. It should be 'on' when the line is going out. Most reels are convertible to right or left hand retrieve. There should be instructions for changing it with the reel.

Now as you put the rod together, start with the eyes misaligned and 'twist' the sections together. Don't make it a straight pull; twist them about ninety degrees or so. When you are done make sure they are all nicely in line. This will seat them properly. Check the sections often to make sure they still have some paraffin; it can wear off over a season.

Presuming you already have the line on the reel, put the butt of the rod on the ground and after folding a small loop in the fly line, start poking it up through the guides. Don't put the line through the tiny little loop right by the cork, that's a hook keeper.

As the rod is a few feet taller than you are you could have a problem here. You can try jumping at the top guides but this has always proven a poor method. Try this. With the butt section on the ground, and the reel on YOUR side, angle the rod to your left and easily walk to your left as you continue stringing it. This will also make others think you just may know something about how to string a fly rod.

With your right hand, hold onto the tip of the rod. With your left hand carefully pull out the fly line, pull out about ten feet of fly line and the leader too. Be careful. This is a critical time. Many rods are broken by not doing it this way. Now your rig is together.

Pick up the rod and pull line straight off of the reel. That means 'straight' off, pulling toward the stripping guide, not down and against the edge of the reel. That will damage the fly line. You are now ready to cast.

If your reel was not filled when you got it, here are a few pointers. Backing (a bit like kite string) is used to help fill the reel so the fly line is near the top of the reel. This makes for larger coils of line which are better than little kinky ones. Fasten the backing to the reel with the 'Arbor knot.'

You can use a 'Nail Knot' to tie the fat end of the leader to the end of the fly line, for small rods and small fish. A better method is to put a 'Perfection Loop' in the fat end of the leader and use another knot of your choice to connect them. A 'blood knot' is often used to tie on a section of 'tippet material' to the leader if desired. Last, with a clinch knot, is the fly.

This seems like a great time to go ahead and address the different types of knots that are helpful to know.

KNOTS

There are many different knots that you can use to tie your fly lines. Any one of them will work just fine. Which one you choose is a matter of personal preference. It is important that you tie the knot correctly and secure it properly. Failing to do so will result in lost fish and a lot of frustration.

Before you tighten a knot, you should wet it either with saliva or by dipping it in water. This will help the knot slide and seat properly. Lubrication also decreases excessive heat which dramatically weakens monofilament. Heat is generated by the friction created when knots are drawn up tight.

Seating the knot means to tie it tightly. Tighten knots with a steady, continuous pull. Make sure the knot is tight and secure. After it is tied, pull on the line and leader to make sure it holds. It is better to test it now than when a fish is on.

You will also need to trim the ends neatly. Use nippers to trim the material as close as possible without nicking or damaging the knot.

Here are a few of the more common knots you can try:

Albright

The Albright knot is used in situations where you need to join two lines of greatly unequal diameter or of different material. Mostly used in saltwater situations, you can also use this knot for joining of fly line to backing material.

Step 1: Loop the heavier line (wider diameter) and place it between your thumb and index finger of your left hand. Pass the lighter line through the formed loop leaving about 8 inches. Pinch the lighter line in with the line already in your left hand. (See illustration 1)

Step 2: Make approximately 10 wraps with the lighter line wrapping away from you and working from left to right. With each wrap, work your thumb and index finger along holding these wraps in place, trying not to let up any pressure on your left hand. On the 10th wrap, come around and then through the remaining loop.

Take the standing line in your right hand and pull gently as you push the wraps with your left hand towards the closed loop. Alternate between the end of the lighter line and on the standing part until the wraps are against the tag end. Make sure the wraps do not go over each other and that you don't push them to far. Pull the tag tight then pull on the standing part of both lines until the knot is secure.

Step 3: Finally, clip the two short pieces close to the knot.

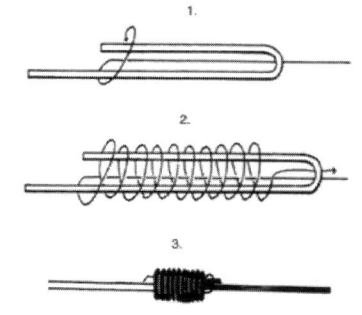

Arbor Knot (Backing To Reel)

    Step 1: Wrap the line around the arbor of your spool and tie an overhand knot around the standing line.

    Step 2: Tie a second overhand knot on the tag end a few inches from the first.

    Step 3: Moisten the line and the two overhand knots. Tighten the smaller knot and holding the spool in your left-hand pull on the standing line with your right hand sliding the first overhand knot against the arbor of the spool. The second overhand knot will keep this from slipping. Trim the tag end.

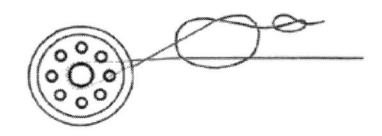

Blood Knot (Monofilament to Monofilament)

    The blood knot is a knot used for attaching two pieces of monofilament together, primarily for rebuilding tapered leaders. This is an extremely strong knot when formed properly and should be tied with monofilament close in diameter. Best use is for monofilament 10 lbs. and up.

    Step 1: Lay both sections of monofilament across one another. Wrap one section 5-6 times around the other bringing the end back down through the loop formed by both. (See illustration 1)

Step 2: Wrap the other line 5-6 times around the remaining portion of the first line and pass it's free end up through the formed loop. (See illustration 2)

Step 3: Moisten the knot with your mouth, and while holding the long ends pull the knot tight. Clip the short ends close and the knot is complete.

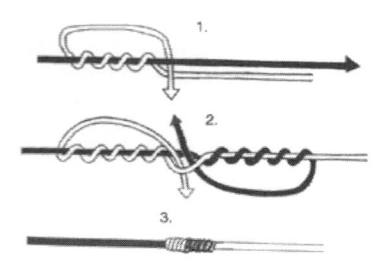

Turle Knot

The Turle knot is ideal when tying on flies with turned-up or turned-down eyes to your leader. This gives your fly good action because of the way the knot causes the leader to pull away from the hook. It can be tied with one or two wraps of an overhand knot.

Step 1: Pass the leader end through the hook-eye. Take two wraps around the standing line and pass the tag end through the loops forming a simple overhand knot. Tighten it down.

Step 2: Pass the fly through the large loop formed and snug it against the hook-eye.

Step 3: Tighten down and trim off the excess.

Improved Clinch Knot (Leader to Fly)

The Improved Clinch knot is used for fastening the leader to the fly. If you are using over 12 Lb. test line, this is not a recommended knot.

Step 1: Thread your leader tippet through the eye of the hook. Wrap the end of the leader around the standing line 5 times for lines up to 8lb test and 4 times for lines from 8-12lb test. (You can also turn the hook 5 or 4 times)

Step 2: Take the tag end of the leader and pass it through the gap between the eye of the hook and the first wrap. Continue the tag end back up through the main loop just formed.

Step 3: Moisten the knot with your mouth, and while holding the hook in your left-hand pull on the standing leader allowing the knot to seat tightly against the hook. Clip the excess line.

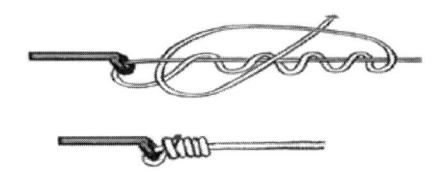

Non-Slip Mono Knot

The Non-Slip Mono Knot is extremely strong and as the name says, does mot slip like some of the other loop knots. This knot has been tested to close to 100% of the line strength. It is very important that you follow the wrap counts for maximizing its strength. 8X to 6lb test: 7 wraps. 8 to 12lbs: 5 wraps. 15lb to 40lb test: 4 wraps. 50-60lb test: 3 wraps, and up to 120lb test: 2 wraps.

Step 1: Take your line and form an over-hand knot, leaving approximately 8 inches. Pass the tag end through the eye of the hook. Bring the line back through the overhand knot the same side it came out. Make your wraps based upon the numbers above.

Step 2: After all the wraps are completed pass the line back through the over hand knot the same way it came out in the last step.

Step 3: Moisten the knot with your mouth, and while holding the hook in your right-hand pull slowly. As the knot tightens, take the standing line in your left hand and pull your hands apart finishing the knot. Finally, trim the ends.

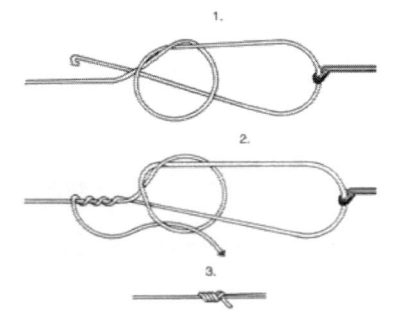

Perfection Loop

The perfection loop knot is used for attaching two looped pieces of monofilament together. Sometimes used for a quick change of leaders. This is a dependable and strong when formed properly.

Step 1: Take the standing line in your left hand and form a loop by crossing the tag end over itself with your right hand. Pinch between the thumb and index finger in your left hand where it crosses leaving about 5 inches of the tag end exposed to work with. Form a smaller loop in front of the larger loop by bringing the tag end in front of the first formed loop. Pinch this in with the first crossover.

Step 2: Take the tag end, wrapping it around the back of both loops and then between the two loops. After you go between both loops add that to what you are pinching down between your fingers.

Step 3: With your right hand, reach through the first formed loop taking the second smaller loop between your thumb and index finger and pulls it through the first loop.

Moisten and slowly pull on the standing line continuing to hold the smaller loop that you pulled through. Trim the tag end close and the loop knot is complete.

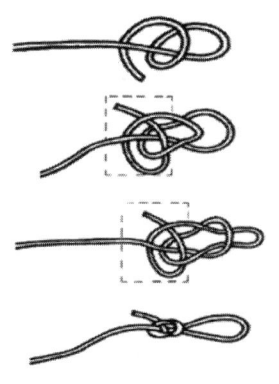

Surgeon's Knot

The Surgeon's Knot is a knot also used for attaching two pieces of monofilament together. It is a very fast and easy knot to tie and is usually preferred more than the blood knot. This is a great knot for joining two pieces of monofilament that are greatly different in diameter. When you are building a tapered leader, tied correctly, this knot is generally stronger than the blood knot. This is a very quick and easy knot for attaching 4X-5X-6X-7X tippet to each other. You can do this one in the dark.

Step 1: The main line should come in from the left and the line to be attached should come from the right. Overlap the two pieces approximately 6 or so inches. (See illustration 1)

Step 2: Pinch the overlapped lines together on the left between your thumb and index finger. Do the same with the sections on the right and make a loop by crossing it over itself. Take the long and short lines that are in your right hand and pass them through the formed loop, around, and back through a second time. (See illustration 2)

Step 3: Pull both pieces being held in each hand away from each other closing the knot. Moisten and pull tight. Once this not is secure you can tighten it further by pulling individual pieces. I would not recommend this knot for line over 30lbs because it will be hard to tighten and the strength of the knot will only be there if tightened all the way.

23

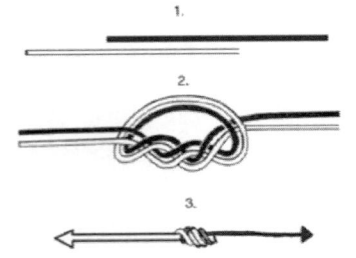

These are only a few of the knots you can use to tie your fly line. Ask others what they prefer and learn from your fishing buddies if you want. There are all sorts of knots and no one is better than another. As we've said, it's a matter of personal preference!

Since the basic idea in fly fishing is casting, let's look at a few casting techniques you can employ on your next excursion.

CASTING BASICS

You don't necessarily have to be a pro to know how to cast your fly line. Many people who are inept at casting can catch a myriad of fish, but once you know the basic rules for fly casting, you'll be well on your way to angling like the pros.

You'll need to start with the line straight and organized. You cannot move a fly with a slack line. If the line isn't straightened, you will waste time and energy on ineffective casts and you will place your rod in the wrong place. Always start tight. If the fly moves when the tip is moved just a little, the line is properly organized.

Every casting stroke is a smooth acceleration followed by a stop. Acceleration means that the rod pulls the line all through the cast. The cast is complete when the rod stops. The acceleration bends the rod and loads it like a spring. During acceleration, the rod bend increases, when it stops, the rod straightens propelling the line to where you want it to go.

Many experts liken this to flicking paint off of a paintbrush. Most people can understand this concept making it easier to learn a basic cast. The better the stop is, the more effective the cast is because the energy transfer from the rod to line is more efficient.

The line will always follow the rod tip. When the rod stops, the line will go in the direction the rod tip was going in when the stop was made. Thus, if you want your line to go straight, make your rod tip go straight.

There are two basic stances you can use when preparing to cast. The orthodox stance calls for you to put your foot below your casting arm shoulder and slightly in front of the other foot. For example, if you are casting with your right hand, the right foot should be slightly in front of the left foot. Your feet should be slightly apart, your body relaxed and comfortable. You should be able to transfer body weight easily between the feet during the cast.

If you use an open stance, your feet will be placed the opposite way of the orthodox stance. If you cast with your right hand, your right foot will be placed slightly behind the left foot. This type of position is used mainly for distance casting allowing the caster to turn and watch the back casting without moving or turning the shoulder.

When holding the rod, you should not hold on too tightly. If you grip the rod too tightly, you won't have smooth casts and it will cause muscle pain and fatigue in your arms with too tight of a grip.

The generally recommended way to hold your fly rod is to hold with the thumb on top and slightly to the left of center so that the "V" in between the thumb and index finger is in line with the top of the rod. As we've said, your grip must be comfortable and the size of the handle should fit nicely in your hand.

You can also choose to hold the rod with your index finger running on the top of the rod or slightly curled around and the handle resting comfortably in your palm. This grip is good for short distance accuracy.

Find which stance and which hold is right for you. The more you practice and play around with various holds and castings, the better you will get.

Overhead Cast

This is the most common type of cast used by fly fishermen. Start with the line straight out in front and straight to the rod top. Keep the tip low and avoid any slack in the line. Aim the rod slightly above straight out in front of you. The wrist, rod, hand, and lower arm should all move in unison. Accelerate the rod vertically until you are at approximately 12:00 at which time, the wrist breaks crisply driving the rod forward to about 10:00.

Overall, the arc may be slightly more than 90 degrees from start to finish. Movement starts slowly and then the speed of the rod tip increases rapidly toward the end of the stroke. Maximum input speed is reached immediately before the stop but the maximum delivery speed is after the stop.

If you do it correctly, the line will be flying upwards and behind you through the air and it will become fully straight. There will be no line tension in the rod. Arm and wrist positions remain stationary while the line is extending down the back cast.

When the line is fully extended behind, you should be able to feel the line loading in the rod tip by both the hand holding the rod and the other hand holding the line. During the forward cast, the wrist retains the "broken" position until the wrist straightens around 11:00 to give the line added push. The motion is checked crisply at 10:00 allowing the line to extend straight with a well-formed loop uncoiling directly above the line from the rod tip.

You can remember the overhead cast by keeping in mind the following:

- TIP – tip of the rod down
- TOP – to the top and then pause
- TEN – stop at 10:00 and stop and drop to keep the line straight as it falls

To practice, try standing with your arm straight down. Bend your elbow horizontal with your index finger pointing straight ahead. That is the starting position for the cast. Move your hand upward until your index finger touches the top of your ear. This is the position for completion of the back cast portion. If you look out of the corner of your eye, you should be able to see the inside of your palm.

To simulate the forward cast, let your hand fall to the 10:00 position which will be just below shoulder height. Then you will have completed all three stopping positions for a basic overhead cast. It's very important to learn this cast, because it is the basis for many other casting techniques.

Roll Cast

Roll casting isn't a back cast at all. It is a circular motion cast that changes the direction of the line. Instead of being a straight line, roll casts use a tensioned curved loop of line called a "D" loop, but the three casting rules still apply.

Roll casts depend on the back cast forming a smooth, curved loop making the line have minimal contact with the water while the remainder of the loop is perfectly formed in mid-air allowing the power stroke to be delivered with a maximum of efficiency at the instant of water contact. The rod does not stop during a roll cast. It simply changes direction and speed being loaded at all times.

There should be no slack in the loop when the forward cast is made. Simple roll casts can be made with a stationary loop of line drooping to the water's surface from the rod tip. This can be very useful when casting a short distance or straightening the line in preparation for a longer cast.

Longer roll casts are made by forming the loop and delivering the stroke in one continuous motion. The forward cast or power stroke is delivered in an upward direction to insure the line is propelled clear of the water. You should make the cast crisply and aim high.

Single handed roll casts rely directly on fast, snappy wrist action. The "D" loop is formed by elevating the rod to 11:00 at a suitable angle away from the body with the arm somewhat extended. The arm is drawn back to the body while the rod is simultaneously swept backwards to 2:00 by the wrist opening up and turning into a loop preparing for the acceleration into the power stroke.

Essentially, what you are doing is moving the rod around slowly and to the back to about 2:00. Then when the line is below and behind, make the forward cast smoothly stopping at 11:00. Because the line is below and behind, the cast is made upward.

The pear shaped loop made by the tip of the rod is what constructs the "D" loop. By stopping the rearward motion of the line, it allows the leader and the tip of the line to land on the surface to provide the anchor for the power stroke. If the line is not anchored, the energy from the power stroke will be discharged immediately. Instead of the line being propelled forward, the fly will whiplash which could cause danger to you!

An adaptation of this cast is the roll lift. With this cast, the rolling motion is used as a means for lifting a dead line from the water to make a straight line false cast. To do the roll lift correctly, the line must be hit even harder and higher than normal to insure that the line is straight and the fly does not kiss the water when the straight line back cast begins.

The mechanics of each of these methods depends on sufficient energy being applied to a length of line behind the rod to propel it during the forward cast. Every cast is dependent on a good back cast.

Hauling Cast

A haul is a pull or tug on the line that is normally done during the back cast or the forward cast. It increases the speed of the line, enabling you to make longer casts with less strain on your casting arm.

You can also use it during the pickup to ease the line off the water with a shorter stroke than you'd normally need. When a caster hauls during the pickup, he's usually doing it because he is trying to pick up and back cast a long line, one so long that he just doesn't have enough rod travel in his pickup-and-back cast to get the job done.

Before you make your single haul, make sure you have enough slack between your line hand and the reel to permit the longest haul you can make without yanking line off the reel during the haul. To haul on the pickup, begin pulling on the line directly away from your rod hand the instant you begin the pickup.

Your haul should accelerate in time with the rod's acceleration, and it should have its abrupt stop at the same instant as the rod. If you don't need a haul during the pickup, save the line speed you would have used on the pickup for the back cast.

To do this, delay your haul until the line-to-leader connection begins to come off the water. Then accelerate your haul as you accelerate the rod, finishing both the haul and the back cast abruptly at the same instant.

The double haul cast is slightly different than the single haul. With a short, downward pull; draw down about five to eight inches of fly line on the back cast. Bring your hand and the line back up. Let the fly line unroll behind you like in an overhead cast.

Make your second haul in equal length as your first haul. Do this in the acceleration of the forward cast. Bring your hand holding the fly line quickly forward as if you were shooting your line. That completes the cast.

The double haul cast is good for getting you extra distance during your casts.

Reach Cast

In a conventional reach cast, the forward stroke must stop when the rod is high, say at eleven o'clock. And your forward cast must be very slow to give you time to execute the proper reach. The instant after the rod stops, gently reach the rod upstream as the line is falling.

You should finish reaching before the line first touches the water, with the rod pointing perpendicular to the line. In other words, at the finish of a good reach cast, the line does a 90-degree bend at the tip-top of the rod.

To shoot during the reach, completely let go of the line the instant you begin to move the rod upstream. It is imperative that you completely release the line at this point. You'll know you have made a good reach cast when you see the line and leader running dead straight from the rod tip to the fly.

Side Arm Cast

If you're like most people who never tried the sidearm, you'll find it a little weird at first. All the fundamental rod motions are the same— the short stroke and then the gentle acceleration to an abrupt stop. But the muscles doing them are different.

As always, be patient. Get used to the idea that this'll probably feel awkward at first and that you'll screw up a few dozen times before it becomes somewhat familiar.

To make this as easy as possible, you'll want to learn with no more than 15 feet of fly line (excluding the leader) beyond the tip-top. Because gravity pulls things down, long sidearm casts are very hard to make. With so little clearance to begin with your rod tip travels just about three feet over the ground through both strokes— there's just not time for a long back cast to straighten out behind you before it

Start with the line on the water or lawn and the rod pointing straight at the yarn or fly. As you make your pickup, do so by bringing the rod up diagonally, off to the side. As you ease into your back cast, make it in a horizontal plane. That's not just "leaned out to the side a little bit." That means that the rod travels perfectly parallel to the ground. Make some false casts in this plane, keeping your casting hand at exactly the same level— no higher — as your elbow.

You'll have best results if you make your hand travel at least 18 inches during each casting stroke, as though you are making a snow angel with your forearm. If your usual overhead casting style is with your torso square to your target, you'll have an easier time if you turn your torso out toward your rod. To do this comfortably, drop your right foot back and look toward your casting hand as you cast. Otherwise, your shoulder will have to open out a lot on the back cast, which will feel awkward.

A good sidearm cast can be done with your torso upright and comfortable. If you need to make longish sidearm casts, swivel your torso slightly with both the back cast and forward cast, as though you are watching a tennis match from the net. This will give you more line speed, more comfortably than you can generate with a fixed torso. You'll also need to bring the rod up somewhat from horizontal to give the longer line more ground clearance.

False Cast

The false cast can be used for two different operations in fly fishing. First it is used to help in changing directions between casts. It also helps us to set and determine the desistance of the cast to a given point. The false cast is repeated three or four times to help us move to the right or left, not letting it lay on the water until our final cast. Second it is a great cast to use to help dry out a water logged dry fly.

Lift the fly line off the water as in any normal cast. Let the back cast unroll behind you until you feel a slight pull backwards on the rod. Your line should make a small loop.

Bring your fly rod forward but do not let the line settle on the water. Wait until the line is out in front forming a small loop. Repeat all movement until you are ready to make your final cast.

Spey Cast

This cast is good to use in windy conditions. Fly fishing is made possible in many impossible places thanks to this casting technique.

Begin by insuring that the line is straight and tight to the rod. Once you start a spey cast, it's important not to stop the rod until the forward delivery is made. The rod will alter speed and make considerable changes in direction during the cast. Make a slight in-swing up to the 10:30 position. Rotate your body backwards.

Form a "D" loop behind you with the line the drive the line forward during the turning of your body back towards the front again. The rod is accelerated by pushing with the top hand and pulling with the bottom hand.

The cast should be aimed high and the rod tip must be moved in a straight line if the forward loop is to be kept tight to penetrate the winds. Shooting line to obtain greater distance is important when spey casting. The line is lengthened by releasing spare line immediately after the power stroke is done.

Look for the forward loop of line passing the rod tip. Once you see that, it's time to release, or shoot, the line into the cast. The amount of energy put into the forward cast must be increased to take into account any additional length that is being cast.

General Casting Tips

Take some time to practice before you actually get out into the water. A good idea is to place a target somewhere on the ground in front of you. Then practice landing your fly directly on your target using a variety of casting techniques. This is good for when you are out on the water and want to land your fly where you think the fish are.

Cast your line up river from the location where you think the fish might be. Use a "stop-drop-drop" method of laying your fly on the water. Remember that the idea is to replicate the landing and take-off motion of the fish's natural food – bugs.

When the fly hits the water, loop the fly line over the second and third finger of your rod hand and hold it loosely next to the cork handle. Then take hold of the line with your line hand just in front of the reel so you can strip (pull in) line as needed.

If you're fishing on a river, make one or two up-stream "mends" (rolls) in your line to get the line and leader floating behind your fly. Point your rod tip right at the fly and follow it down the river. Strip in line as needed to keep a straight line between the fly and the rod tip.

When the fish hits, tighten your fingers around the line and the rod handle and raise the rod sharply to set the hook. Keeping your rod tip high let the fish run as the line slides out over your fingers. Palm your reel to slow the fish down and gain control over it, but don't try to completely stop it. Remember to keep your palm flat to avoid being hit by the wind knob.

When the fish rests, reel in quickly. When the fish runs again, palm the reel. Continue this palm/reel cycle until the fish tires and is ready to come in. If the fish runs toward you, stand on your tip-toes, raise your rod as high over your head as possible, and put the line back over the second and third fingers of your rod hand.

Then strip in line as fast as possible to take up slack. If the fish then turns and runs away from you, keep your rod tip high, let the line slowly slide through your fingers, and prepare to palm the reel when all the slack is gone. When landing your fish, keep it in the water and practice proper catch and release techniques.

Of course, the flies you use are an important part of fly fishing as a sport and as recreation. Do you want to know how to tie your own flies? We'll cover that in the next section.

D-I-Y FLIES

You can buy your flies, if you like, from a sporting goods store, fishing shop, online, or even at Wal-Mart. This is good to begin with, but once you really start getting into fly fishing as a hobby, you are probably going to want to try your hand at tying your own flies eventually.

There are all sorts of books on the market that will teach you how to tie flies. They contain in-depth information for the advanced tier. What we'll do is try to cover just the basics in this section. After all, fly tying is just a small part of fly fishing, although it is important overall.

The first thing you need to know about tying your own flies is to know a little bit about the flies themselves.

Dry flies are simply flies that float. They usually represent adult insects that are emerging (breaking out of their nymphal shuck), drying their wings so they can fly away, or returning to the water to lay eggs.

Since dry flies are the most fun to use (you get to see the fish take the fly), more fly patterns have been designed as dry patterns than any of the rest. Some people separate emerger flies from dries, because they usually float.

Wet flies are simply flies that don't float. They usually represent nymphs and pupae that are swimming toward the surface of the water or trying to break through the surface film to become adults. Since many insects become lunch menu items during this stage of their existence, it's useful to know how to tie wet flies.

Nymphs represent the nymphal or larva stage in an insect's life cycle. Since insects spend most of their life in the nymph or larva stage, this is an important stage in terms of fish forage. I've heard that up to 95 percent of a stream fish's diet is nymphs and larva in some form. Need I say more about the importance of this type of fly?

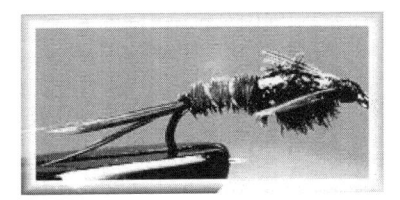

Streamers are flies that represent minnows, crayfish, leaches and a variety of other life forms that swim under the surface of lakes and streams. Since fish often eat minnows, leaches and crayfish, this is an important type of fly to learn how to tie.

Hooks

You'll need to start your fly tying expedition with a hook. Hooks are what holds the fur, feathers, and any other material you will use to make your fly. If you choose the right hook, your fly will be better proportioned and thus perform better in use. If you choose the wrong hook, you'll have a flawed fly and your success with that fly will likely be less than the success you would enjoy with a properly tied fly.

Let's take a moment to look at the anatomy of a hook. First, the hook has a "gape" or gap. That's the distance between the shank (the part of the hook you tie flies on) and the point. Hook sizes are usually rated by the size of the gape. Second, the hook has a bend.

Depending on the shape of the bend, it will have different qualities and be more suitable to certain types of flies. Third, the hook has an eye. The shape and angle of the eye help determine the possible uses for the hook. Finally, the hook has a shank. As I mentioned earlier, the shank is the length of the hook where the body of the fly is usually tied.

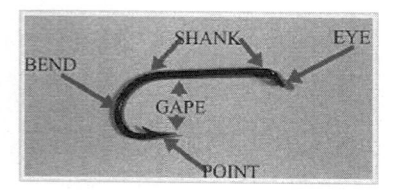

Dry fly hooks come in a variety of shapes and size. Some will have a straight shank and some will have a curved shank. Plus, some are longer than others to accommodate the type of fly you are trying to replicate.

Wet fly hooks are usually heavier than dry fly hooks. Hook bends and shank lengths vary depending on their intended use.

Nymph hooks vary in design more than any other type. Some are designed to tie scuds, others lend their design to stonefly nymphs and some are just good hooks for common nymphs like mayflies and caddis larva. Try to select a nymph hook with a shape similar to the natural nymph you wish to imitate.

Streamers usually imitate minnows, leaches, crayfish or other swimming critters. Their hooks are usually longer than the rest and often have specific bends to accommodate the swimming pattern of the subject being copied. Some hooks are designed for use in poppers for bass and pan fish. These have a hump in the shank to prevent any turning of the popper body.

Fly Vise

When you undertake tying your own flies, the most important tool you'll need is a fly vise. There are many, many choices in fly vises and you might be confused as to which one you will want to buy. Here are a few things to consider:

- The vise should hold a variety of hook sizes and shapes securely. It shouldn't hold just a few either, it should accommodate ALL hooks. If it doesn't, don't buy it.

- The jaws of the vise must be positioned or be able to be positioned at an angle that allows you to tie flies of various sizes with it. Some vises have jaws that are too big to use with a variety of hooks. Others don't have the jaws positioned at an angle that allows the tier to work with small hooks.

- Look for a vise that has jaws positioned at an angle that allows you to work around and with the smallest hooks you might someday use. That might be size 28, so check to see if the vise will hold this size hook securely while allowing complete access to the main length of the hook shank.

- Many vises have heads that pivot or rotate. These are nice features you should consider when shopping for a fly vise. Although a rotary feature isn't a necessity, it is a convenient feature you should consider.

  Many expert tiers use vises with heads that are fixed and don't pivot or rotate. You'll have to decide if these are important features you're willing to invest in. Keep in mind, a lot of extra features won't make a vise hold a hook any better.

- A good vise should be easy to adjust to fit a variety of hooks. Although many vises will adjust to hold a variety of hook sizes, some are easier to adjust than others. Less adjustment results in saved time and time is money to a commercial tier should you decide to go that route.

- Avoid any vise that takes a lot of time or manipulation to adjust to a specific hook. One or two twists of a knob should be the maximum adjustment required to set any vise to a specific hook. After adjustment, a good vise should clamp down on a hook with a simple twist of a knob, squeeze of a lever or push of a cam. If it's harder than this, let someone less informed monkey with the vise while you tie flies on your new, easy functioning vise.

- The size of the head and jaws of a vise will have an impact on how easy it is to use with certain size hooks. One specific vise on the market has a fast rotary feature that looks nice, but the jaws of the vise are so big it isn't feasible to use with small hooks. Small jaws are easier to work with.

- Another thing you need to consider is how the vise is supported. A clamp is nice if you have a permanent tying bench or you want a vise that just won't move while you're putting pressure on a hook.

A pedestal base is convenient if you are working on the kitchen table or traveling. It supports the vise with a heavy base that sets on the table like a lamp would, and it's easy to move. Most vises can be purchased with either a pedestal base or a clamp. Some vises come with both support systems. Try to get a look at both before you buy a vise.

Tools

There really aren't a lot of tools required to undertake fly tying. Here are some basic ones, though, that all fly tyers need.

First is a bobbin to hold your thread. The bobbin will also keep the thread tight while you are tying the fly. Bobbins come in a variety of sizes and shapes, but they all perform the same duty. Good bobbins never cut the thread and cheap bobbins almost always cut the thread, so it's wise to invest in a good bobbin or two.

Good scissors are an absolute necessity for fly tying. This is another tool you don't want to save money on. You'll need at least one pair of scissors to start, but in time you'll want to have several others. All your scissors should have finger loops large enough to fit over your thumb. Anything smaller is just too hard to use.

The first scissor you'll need is one with small, fine points designed to cut thread and fine materials. This should be one designed for fly tying, not something you found at the department store. It can have curved tips or straight ones depending on your desires. The serrated scissors available from Dr. Slick are excellent scissors that will last you many years without trouble. Many other companies offer good scissors too.

Another scissor you'll want to have is a heavy duty one for cutting hair. This can be any scissors designed for that purpose like a heavy fly tying scissor or a heavy hair scissor you might find in a beauty salon or barber shop. Make sure it's stout enough to handle a heavy bunch of hair without working loose at the hinge. I also have an old worn pair of scissors I use to cut wire and other hard materials.

Hackle pliers are small pliers with a constant tension designed to wrap hackle feathers around the hook. They come in all sizes and shapes but all perform the same duty. Some even have a swivel head to make it easy to rotate the hackle around the fly. If you're limited to one set of hackle pliers, select a midge one since it will do all the duties of the larger ones, and it will wrap hackles on flies that are too small for larger hackle pliers.

A bodkin is simply a needle in a handle. You can make your own or buy one at a fly shop. It has many uses including applying head cement, cleaning cement out of hook eyes, picking hair out of fuzzy flies and folding synthetic nymph wings. I'm sure you'll find dozens of other uses, so it's nice to have a couple of these handy tools around when you're tying flies.

Hair stackers are designed to align the tips of hair you're using for wings, heads and tails. They come in a variety of sizes from very small (used on small hair wings and tails) to very large (used on large clumps of hair when spinning hair heads on bass bugs). It's nice to have a variety of these things, but if you can afford only one, get a medium sized one since it will do most of the stacking you need to do.

Now that you have your tools, let's look at tying some specific flies.

Nymph

For this fly, you will need a size 10 to 16 hook, a pheasant tail feather, and black 3/0 or 6/0 thread.

Start the thread on the hook by wrapping it around the shaft a few times securing it with a knot. Then follow these steps to tie your nymph.

1. Pull about 12 strands of feather fiber from a large pheasant tail feather. Since length is important, be sure to get these fibers from the upper 2/3 of the feather. Trim the base of feather stem material.

2. Position the butt ends of the feather fibers about 1/5 of a hook shank back from the hook eye. This leaves room for the head of the fly later. Using two loose wraps, start tying the fibers down to the top of the hook. If you don't start with loose wraps, the fibers will twist around the hook. Once you have the loose wraps in place, you can snug them with downward pressure of the bobbin. This is a rule any time you start tying any material to the hook.

3. Use a slight upward lift on the fibers as you wrap them down to the hook. This will prevent twisting of the fibers and keep them on top of the hook. This is also a rule any time you tie in a tail or any other material that will extend over the bend of the hook. Tie the fibers down to the hook bend adding a couple of extra snug wraps of thread at the hook bend end of the fibers to keep them securely in place and prevent twisting. Wrap the thread back to just behind the hook eye.

4. Start wrapping the fibers forward toward the hook eye. As you get closer to the hook eye, you'll probably need to use your index finger to hold the fibers in place so you can grab them and continue wrapping. Try to adjust your wraps to cover the hook shank yet leave enough fibers to extend to the hook bend or just beyond it.

5. When you reach the place where you started tying the fibers down, tie the fibers off behind the hook eye. Be sure not to crowd the head area just behind the hook eye. This is one problem beginner tyers seem to always have; they crowd the hook eye and don't leave enough room for a proper head on the fly.

6. Tie the fibers down to the hook eye. There should not be any fiber wraps in the head area of the fly, just tied down fibers.

7. Using your thumb and index finger, fold the fibers back toward the hook bend. Grab the fibers with the thumb and index finger of the other hand and pin them to the hook. The fibers should be evenly distributed around the hook, not just on top. Tie the fibers down in the head area of the fly, forming a smooth head. You don't need to make too many thread wraps here, just enough to form a smooth head.

8. Whip finish the head with six to ten wraps of a whip finisher. Since you are tying in the head area of the hook, any whip finisher will do.

9. Cut the thread and cement your wraps with a thin head cement. I've found Griffin Thin head cement to be a good type of cement for this task, but Flexament or any other thin cement will work.

WHERE THE FISH ARE

The first step to successful fly fishing isn't fishing at all. It entails taking in your surroundings and observing the area for just a little while. Take 15 minutes or so to just watch and see if you can observe what the fish are doing.

Look at the bugs that are flying around. Look for evidence of a recent fly hatching that will provide a yummy treat for the trout that are in the water. Where the bugs are is probably where the fish are.

Take a look at grass stems and weeds near the shore line for clues of a recent hatch. Stonefly nymphs crawl out of the water to hatch into adults. This transformation occurs on weeds, grass, rocks and anything else handy near the shore line. Are their cases present anywhere? Mayflies molt after they hatch. This also occurs on grass and weeds. Can you find any clues of a recent mayfly hatch?

While you look for clues of a recent hatch, see if any aquatic insects are crawling around on nearby bushes. Streamside brush is a great hangout for aquatic insects that have recently hatched and are waiting their turn in the egg lying cycle. If you see a lot of a certain kind of insect hanging around the brush, you can bet on patterns that imitate that insect when you get to the stream.

Spider webs are a great place to look for clues. Spiders make a habit of catching insects that fly around their web. If the web is loaded with unfortunate mayflies, the fish are probably loaded with them too. Here's a perfect opportunity to match the size, shape and color of the fly without trying to catch one on the water.

What are the fish doing? Are they rising to flies, and can you see the fly they're eating? If you don't see rising fish, it's not very likely that they'll eat a fly floating on the surface. If you don't see them rising, a nymph might be in order. After all, nymphs are available to them all of the time.

Is there a cloud of caddis flies hovering above streamside brush? Caddis flies are a common sight in the summer hovering above willows and brush. If you see something that looks like a cloud of tiny moths dancing around a streamside willow, grab your box of caddis imitations and start flogging the water with one, you've just solved a mystery.

Fish have three basic needs: food, cover, and a resting place. There are other variations of those, such as fish looking for warmer water in the spring when the water is uncomfortably cold — or cooler water in summer when water temperatures rise.

The first instance puts fish in shallow areas of the stream which the sun has warmed even a few degrees. In the second example the fish move into shaded portions of the stream or to the mouth of a small feeder stream where the water is cooler. Both are examples of the fish seeking comfort.

It will help you immensely in your fly fishing if you start thinking like a fish. If the weather is hot, where do you want to be? You will want to be in a cooler, shady spot? So does the fish.

Fish will generally always face upstream into the current. If the fish were facing downstream, they would eventually end up all the way downstream or in the ocean.

Fish face upstream because that is where their food comes from. Think of it as being in a dining room, and the waitress is bringing you a plate of food — but the food is hanging in the air above the plate.

That is what the fish have, a moving dinner plate. The food comes to them floating on the surface of the water and they have to make the decision to take that food in a split second. Wait too long and it has floated past them. And if the fly you offer doesn't look like the food the fish has been eating? You probably won't get the fish to take your fly.

Also consider the following locations when looking for your fish:

- In riffles and shallows
- In front of boulders where the water speed in front is slowed by the rock behind
- Along the banks where the current is slower and insects fall in the water
- Behind boulders where there is protection from the current
- In drop-offs between riffles
- In protective pockets made naturally by the stream's layout
- In front of surface obstructions where food can get trapped
- Behind logs where there is protection and food in ants
- In back eddies where the current is slower and insects collect
- At the bottom of a deep pool
- In gravel bar shallows late in the evening
- In the shade of an overhanging streamside tree

Remember that where the food is, the fish will be. Fish are opportunists. They will eat whatever is readily available. Fish have to conserve energy. They cannot swim about day and night looking for food. By instinct, they know where the most likely places to find food are.

When you learn what the fish are eating on that particular river or stream, you automatically increase your chances of catching a fish. Get one of those small nets that pet stores use to get small fish out of a tank. Place it on top of the water and see what types of insects you'll get in the net. Match your fly to these insects and you're all set!

One of the greatest joys shared by fly fishermen is the opportunity to visit beautiful places to practice their hobby. Where do you go to find the best fly fishing?

FLY FISHING DESTINATIONS

Some people are lucky enough to live close to some great places to fly fish. Others, though, must travel to these places when they want to fly fish. This can be a great travel opportunity and a way to bond over a fishing expedition with fellow fishermen.

Where are the best destinations for fly fishing? Here are a few places recommended along with some highlights of what these destinations have to offer. These are in no particular order.

1. Jackson Hole, Wyoming

   Not only is Jackson Hole one of the most beautiful fly fishing destinations in the world, it is home to their very own unique sub-species of trout, known as the Snake River Fine-Spotted Cutthroat trout. These wild and indigenous trout are renowned for their fondness of the dry fly.
   Jackson Hole is also centrally located in the heart of trout country. Within a two hour driving radius of Jackson Hole is perhaps the most diverse fly fishing region in the world for trout. Opportunities abound, ranging from swift and rugged freestone rivers to glassy spring creeks.

   From the vastness of Yellowstone Lake to the intimate alpine lakes of the Wind River Range, still water fisheries are everywhere, providing the solitude not found on the more popular rivers. Easily accessible rivers and lakes are intermingled with remote and rarely fished locations for the adventurous angler. One could easily say that Jackson Hole is the Mecca of fly fishing.

2. Rockport, Texas

   Along the Texas coast, there are seven major bay systems that punctuate the coastline. This makes Rockport, Texas one of the most popular salt water fly fishing destinations. These bays are referred to as the Aransas Bay System.

   Sea grass carpets much of the shallows in the bay system providing an ideal hiding place for fish as well as acting as an incubator for new fish. It also acts as a filter draining out impurities and making the living environment perfect for fish like speckled trout, red fish, black drum, and flounder.

This area, while warm, is windy most of the year. If you are planning to fish in Rockport, make sure your casting technique is suitable for windy conditions as well as your equipment. Experts suggest an 8 wt. rod with 10-12 # leaders.

There is plenty of water to fish in the Aransas Bay complex. Some of the better known areas that fly fishermen frequent include the Brown and Root Flats (close to the ferry landing near Aransas Pass), the Lighthouse Lakes (just off the Lydia Ann channel), and the backsides of Mustang and St. Joseph Islands. Some of these locations require a boat or kayak to get to; others afford drive-up fishing.

3. Frying Pan River, Colorado

The Frying Pan River is among the best known and loved trout streams in the nation. It is a must for anyone fly fishing in Colorado. The river is located in Basalt, Colorado, which is about a thirty-minute drive from Aspen.

The river is managed to maximize recreation and to grow large, wild trout. Types of Fish: Brook, brown, cutthroat and rainbow, with browns and rainbows most common. Recommended flies are emergers, midges, and dry flies.

Lodging is plentiful for the fly fishing expedition with rustic cabins and hotels dotting the area. This place is well known for fly fishing, so during the busy times, expect to see a lot of other anglers on the river with you.

4. Rapid River, Maine

Some people consider the Rapid River one of the best trout rivers in the United States – even in the world. Fishermen report you can catch brook trout weighing about 5 pounds which is virtually unheard of. Some attribute the size to genetics, while others think it's the amount of smelt fed into the river from nearby Richardson Lake.

This is a short river at 3.2 miles long, but it has some of the best fishing around. You will have to walk about a mile to get to fishable waters, but it's certainly going to be worth it! This is a catch and release river and supports only fly fishing. Species that can be found in the river include brook trout and some salmon.

5. Madison River, Montana

This is a perennial favorite for many experienced anglers. It boasts the highest trout density, the most consistent action, the best dry fly fishing, and the best scenery among its attributes. Located in southwestern Montana, it is also the most fished river growing in popularity every year.

What you will find on the Madison is a straight, clear running pool of water with very few boulders, logs, or tumbling runs. This is a great river for beginners to start with because of its lack of obstacles. The river is easily accessible, easy to wade, and easily drifted.

Species that can be found in the Madison include rainbow trout, brown trout,

Yellowstone cutthroat trout, and whitefish. Because this is such a popular destination, lodging and amenities are plentiful.

6. Neah Bay, Washington

   Washington is well-known for its amazing salmon fishing. Neah Bay is the perfect place to intercept millions of salmon as they return to rivers from Oregon, Canada, and Washington. The strong currents concentrate the fish as they feed on baitfish and shrimp.

   It is possible to catch 10 to 30 fish per day when fly fishing here. Most of the salmon run between 4 and 6 pounds, but every year, there are several reports of salmon weighing in the teens.

   It is not uncommon to see fish jump as the bait hits the water, but sink line is recommended.

7. Manistee River, Michigan

   This river is a tributary of Lake Michigan and boasts a plentiful supply of trout, steelhead, and salmon. It is a medium sized trout stream in its upper reaches and a large dynamic steelhead and salmon fishery below Tippy Dam. When the trout fishing slows in late fall steel head pick up the pace and vise versa.

   The best trout water is found in its upper reaches from the vicinity of Mancelona Road (M-38) downstream over thirty miles to M-66. This stretch of river is small at first (approximately 15-25 feet wide) and gradually gets larger and swifter as it nears the M-66 bridge (approximately 100-120 feet wide).

   The upper reaches of this stretch is home to beautiful brook trout. The farther downstream you venture the more brown trout you will find. There is also a healthy population of rainbow trout in the lower reaches of this section. The size of the fish can vary greatly. The overall consensus is that the farther downstream you venture the larger the fish (There are very large trout found in the mid to lower reaches of this section).

   The river consists of a sand, silt, and gravel bottom with fallen logs, undercut banks, deep runs, beautiful pools, and sharp bends all creating good holding habitat for trout. In the upper reaches you will find a lot of over-hanging brush and good cover to provide shelter for the trout.

   The Manistee River is most famous for its steelhead and salmon fishing. Trout fishing is also excellent and provides anglers with exciting action on both the surface and subsurface for a wide size variety of trout from little brookies to large shouldered brown and rainbow trout. Hatches are prolific stirring the surface with hungry trout during the spring and summer. Streamers and nymphs will produce at almost any time. Steelhead and salmon can be caught on the usual Great Lake fly patterns; egg flies, woolly buggers, wet flies, spey flies, nymphs, etc. If your looking for an excellent Lake Michigan tributary for exciting steelhead and salmon or for a great trout fishery take a look at the Manistee River.

8. Chattahoochee River, Georgia

   Expert fly fishermen say that the tail waters of this famous river have some of the best trout fishing in the deep south. Late autumn and winter are a great time to hit the "Hooch" – as it is commonly known. River flows are more predictable. During this cool period there is less demand for hydropower and with the reservoir low from summer releases, the river flows are less volatile.

   The flora and fauna are abundant along the banks of the "Hooch". Conspicuous prehistoric fish weirs (traps) that were originally constructed by Cherokee and Creek Indians out of cobble, and later maintained by white settlers, reveal this area's rich human and natural history. Even an angler doesn't need to catch fish to escape the daily grind of the modern world in this treasure we call the "Hooch".

9. Delaware River, New York

   Located in the beautiful Catskill mountains, the Delaware is located in the south central part of New York state and has a rich fly fishing history with a reputation of being one of the best wild trout fisheries in the world. The cold water from the Cannonsville and Pepacton reservoirs, accompanied by the abundance of insects and wild trout, make this river a "must visit" for all fly fishermen.

   The greatest reward in fishing the main stem is the opportunity to catch large wild trout. You won't catch enormous quantities of fish in the main stem, but the quality of the fish here is unbelievable. Most fish average from 15 to 18 inches long and weigh between one and two pounds. Fish more than 20 inches long are not uncommon. And these fish are like rocket ships. Most fish you hook will run you into backing. The chance of fooling one or two of these fish into taking a dry fly is worth its weight in gold.

   The biggest problem in fishing the Big "D" is access to the river. Most of the river is public, but the land bordering the river is private, so, fishermen must gain permission from the land owners in order to gain access. Once on the river, you can walk up and down the river because that land is public, up to the river's high-water mark. The river does, however, have some public access points

   When fishing this river system, don't get frustrated. There's many a night on this river when fish are rising everywhere and the fishermen can't touch them. This river can humble some of the finest fisherman. These wild fish are well educated and very selective when feeding.

   However, when you are fly fishing, you want a challenge, so that is what makes the Delaware so special, and it's what keeps fishermen coming back. Once you've experienced an evening on this river, you will come to appreciate the Delaware trout and look forward to return time and again.

   There are, of course, many, many places where you can enjoy fly fishing throughout the world. Alaska, Canada, Belize, and Mexico are all popular destinations and great vacation spots as well!

Just as with any sport, there are certain "rules" that all participants are expected to follow. Fly fishing is no different.

FLY FISHING ETHICS

The way you are perceived and accepted by fellow anglers may not be high on your list of priorities when learning how to fly fish. However, there are some common courtesy points that all fishermen should abide by to make the experience as pleasant as possible for everyone.

While the rules of politeness may not always be accented in our society as much as it once was, we should have respect for our fellow sportsmen just as they should have the same respect for you.

This also extends beyond treating others with respect, it also entails respecting the resources you are fishing on. The water, the banks, the woods, and all of outdoors should be treated with common courtesy so it is not damaged for future generations. To leave no mark where you have passed in your fishing adventure is showing the ultimate respect.

Here are a few common rules of courtesy you should follow when fly fishing:

1. A section of water belongs to the first person fishing it. It is inconsiderate to crowd an angler who was there first.

2. A slow moving or stationary angler has the right to remain where he/she is. If you are moving, leave the water and quietly walk around the angler in position in the water.

3. If an angler is resting the water, or allowing the water to calm down after some form of disturbance, let them be. Generally, after a fish has been caught, the act of the fight scares the rest of the fish and makes them hesitant to hit on a fly, so you rest the water until it is fishable again. They might be planning their next move too. When an angler is resting the water, it is his or her water. Don't jump in without permission.

4. A person working upstream has the right of way over someone fishing downstream.

5. Always yield to an angler with a fish on the line.

6. Do not enter the water directly in front of someone already in the water.

7. Always recognize property rights. Leave all gates as you found them.

8. Do not litter. If you brought it in, take it out. Leave the area cleaner than you found it.

9. Try not to make tracks whenever possible.

10. Wade only when necessary. The aquatic food chain is fragile.

11. Obey all state and local fishing laws and rules.

12. Never attempt to land someone's fish for them if they have not asked you to help. You do not want the responsibility of losing some guys 'lifetime' fish.

13. Do not offer suggestions on what kind of fly to use unless asked. It is downright amazing what fish will hit on. If you have good luck and a fellow angler isn't, you might say, "This Chicken hole Special really seems to be working, I have an extra if you would like to try it." Mean it, or don't say it.

14. Respect others property rights. That means fences and gates. Close all gates behind you. No trespassing means NO trespassing. You can find out who owns the property and ask permission. Most folks will happily say yes! However, no really means NO.

15. Leave your cell-phone and beeper in the vehicle. There is no place for cell-phones, radios, boom boxes, or worse yet beepers on the river or stream. Your rights are your rights only if they do not infringe on the rights of others. Fishing ought to be an enjoyable experience for all. Don't spoil it for others.

16. Just in case you end up in a situation where some ignorant clod violates any of the "rules" above, explain as politely as possible their error. It sometimes works. Maybe no one ever told them about angling manners.

17. If the clod decides his or her fishing is more important than yours, do not stoop to their level of "clodsmanship". Move on. You probably won't catch anything with the clod (or clodette) there, and the stress of having to be around such people isn't worth it.

People fish to relieve stress, not create it. When you have someone trying to intrude on your peacefulness, it's best just to walk away rather than exacerbate it. Remember that a little common sense goes a very long way when it comes to basic etiquette.

1429980R0

Printed in Great Britain by
Amazon.co.uk, Ltd.,
Marston Gate.